GÉOMÉTRIE.

CETTE ÉDITION SE TROUVE:

Chez {
HUGARD, Libraire, à Strasbourg.
DEVILLY, Libraire, à Metz.
MALASSIS, Libraire, à Brest.
BRUN aîné, Libraire, à Nantes.
JOLY, Libraire, à Dôle.
}

Et chez les principaux Libraires.

COURS

DE

MATHÉMATIQUES,

A L'USAGE

DE LA MARINE ET DE L'ARTILLERIE;

PAR BÉZOUT.

Édition originale, revue & augmentée par PEYRARD, & renfermant toutes les connoissances mathématiques nécessaires pour l'admission à l'*École polytechnique*.

SECONDE PARTIE.

ÉLÉMENS DE GÉOMÉTRIE, TRIGONOMÉTRIE RECTILIGNE ET TRIGONOMÉTRIE SPHÉRIQUE.

A PARIS,

CHEZ LOUIS, LIBRAIRE, RUE S. SEVERIN,
N°. 110.

AN VI = 1798.

AVIS DE L'ÉDITEUR.

Bézout a publié deux Cours de Mathématiques, qui ne diffèrent que par les applications. Dans cette nouvelle édition de son Cours à l'usage de la MARINE, j'ai placé à la fin de chaque volume, les applications qui se trouvent dans le Cours à l'usage de l'ARTILLERIE : par cet arrangement, ces deux Cours sont réunis dans un seul.

Il y a dans BÉZOUT des démonstrations qui manquent de clarté ; quelques-unes sont peu rigoureuses. Ces démonstrations sont indiquées par des guillemets, & remplacées par d'autres, qu'on trouve dans les additions à la fin de chaque volume.

Outre les augmentations dont je viens

vj AVIS DE L'ÉDITEUR.

de parler, j'ai donné plusieurs propositions qu'on regrettoit de ne pas trouver dans le Cours de BÉZOUT.

Le volume suivant renferme des additions importantes. Il paroîtra incessamment : les autres volumes éprouveront peu de retard.

Nota. Les lettres placées entre deux parenthèses indiquent les notes qui sont à la fin du volume. Les lettres marquées d'une étoile, indiquent les applications à l'ARTILLERIE.

PRÉFACE.

CETTE feconde partie comprend, ainfi que le titre l'annonce, les Elémens de Géométrie, la Trigonométrie rectiligne, & la Trigonométrie fphérique.

Je ne m'arrêterai point à raffembler ici les raifons qui doivent engager les élèves deftinés à la marine à fe rendre familiers les principes répandus dans ce livre : s'il eft un art auquel l'application des Mathématiques foit plus utile qu'à un autre, c'eft la navigation : duffé-je me répéter, je dois dire que ces fciences, qui font utiles dans d'autres parties, font indifpenfables dans celle-ci.

Il ne faut pas en conclure cependant qu'un livre de Géométrie élémentaire deftiné à cet objet, doive raffembler un grand nombre de propofitions. S'il fuffifoit, pour bien inculquer les principes d'une fcience, de donner ce qui eft effentiellement nécessaire au but qu'on se propose, ceux qui connoissent un peu la Géométrie savent qu'on y satisferoit en peu de mots. Mais l'expérience démontre qu'un pareil livre seroit utile seulement à ceux qui ont acquis déjà des connoissances, & qu'il n'imprimeroit que de foibles traces dans l'esprit des commençans.

D'un autre côté, il n'y a pas moins d'inconvéniens à trop multiplier les conséquences, sur-tout quand elles ne sont (comme il arrive souvent) que de nouvelles traductions des principes. Il n'est pas douteux que des élémens destinés à un grand nombre de lecteurs, doivent suppléer aux conséquences que plusieurs n'auront pas le loisir, & peut-être la faculté de tirer ; mais il faut prendre garde aussi que ceux pour qui cette attention est nécessaire, sont le moins en état de soutenir la multitude des propositions. Le seul parti qu'il y ait à prendre, est, ce me semble, d'aller un peu plus loin que les principes, de s'arrêter aux conséquences utiles, &

PRÉFACE.

de fixer ces deux chofes dans l'efprit par des applications : c'eft ce que j'ai tâché de faire.

J'ai partagé la Géométrie en trois fections, dont la première traite des Lignes, des Angles, de leur Mefure, des Rapports des lignes, &c. La feconde confidère les Surfaces, leur mefure & leurs rapports. La troifième eft deftinée aux Solides ou Corps, & renferme les principes néceffaires pour les mefurer, & comparer leurs capacités. Dans la Trigonométrie rectiligne, j'ai donné quelques propofitions, qui ne font pas effentiellement néceffaires pour le moment ; mais elles font au moins utiles, & le feront encore plus par la fuite : d'ailleurs quelques-unes trouvent leur application dès la Trigonométrie fphérique. Dans celle-ci, je me fuis propofé de réduire à un moindre nombre les principes dont on fait dépendre communément la réfolution des triangles fphériques. Je n'entrerai pas dans un plus grand détail ; c'eft dans l'ouvrage même qu'il faut le chercher. Ceux qui ne veulent lire que la Préface, ne gagneroient pas beaucoup au temps que je perdrois à cette analyse; & ceux qui liront l'ouvrage, en jugeront mieux que par ce que je pourrois en dire ici.

Dois-je me justifier d'avoir négligé l'usage des mots, *Axiôme*, *Théoréme*, *Lemme*, *Corollaire*, *Scholie*? &c. Deux raisons m'ont déterminé: la première est que l'usage de ces mots n'ajoute rien à la clarté des démonstrations: la seconde est que cet appareil peut souvent faire prendre le change à des commençans, en leur persuadant qu'une proposition revêtue du nom de *Théoréme*, doit être une proposition aussi éloignée de leurs connoissances, que le nom l'est de ceux qui leur sont familiers. Cependant afin que ceux de mes lecteurs qui ouvriront d'autres livres de Géométrie, ne s'imaginent pas qu'ils tombent dans un pays inconnu, je crois devoir les avertir que,

Axiôme signifie une proposition évidente par elle-même;

PRÉFACE

Théorême, une proposition qui fait partie de la science dont il s'agit, mais dont la vérité, pour être apperçue, exige un discours raisonné qu'on appelle *Démonstration* ;

Lemme (1) est une proposition qui ne fait pas essentiellement partie de la théorie dont il s'agit ; mais qui sert à faciliter le passage d'une proposition à une autre ;

Corollaire est une conséquence que l'on tire d'une proposition qu'on vient d'établir ;

Scholie est une remarque sur quelque chose qui précède, ou une récapitulation de ce qui précède ;

Problême est une question dans laquelle il s'agit, ou d'exécuter quelque opération, ou de démontrer quelque proposition.

---

(1) Un *Lemme* est souvent une proposition empruntée d'une autre science.

AVERTISSEMENT.

Les nombres qu'on trouvera feuls entre deux parenthèfes, indiquent à quel numéro du livre même il faut aller chercher la propofition que le lecteur doit fe rappeler dans cet endroit; & ceux qui font précédés du mot *Arith.* renvoient à pareil numéro de l'Arithmétique.

TABLE DES MATIÈRES.

Élémens de Géométrie. page 1

PREMIÈRE SECTION.

Des Lignes.	2
Des Angles & de leur mesure.	8
Des Perpendiculaires & des Obliques.	20
Des Parallèles.	24
Des Lignes droites considérées par rapport à la circonférence du Cercle, & des circonférences de Cercle considérées les unes à l'égard des autres.	27
Des Angles considérés dans le Cercle.	34
Des Lignes droites qui renferment un espace.	40
De l'égalité des Triangles.	44
Des Polygones.	48
Des Lignes proportionnelles.	55
De la similitude des Triangles.	64
Des Lignes proportionnelles considérées dans le Cercle.	77
Des Figures semblables.	81

SECONDE SECTION.

Des Surfaces. 96
De la mesure des Surfaces. 100
Du toisé des Surfaces. 114
Table des Subdivisions de la Toise quarrée, en Rectangles d'une Toise de haut, & caractères qui représentent ces parties. 117
De la comparaison des Surfaces. 125
Des Plans. 135
Propriétés des Lignes droites coupées par des plans parallèles. 143

TROISIÈME SECTION.

Des Solides. 147
Des Solides semblables. 152
De la mesure des Surfaces des Solides. 154
Des rapports des Surfaces des Solides. 162
De la solidité des Prismes. 164
De la mesure de la solidité des Prismes & des Cylindres. 165
De la solidité des Pyramides. 168
Mesure de la solidité des Pyramides & des Cônes. 170
De la solidité de la Sphère, de ses Secteurs & de ses Segmens. 173

DES MATIÈRES.   xv

De la Mesure des autres Solides.   175
Du Toisé des Solides.   184
Du Toisé des Bois.   193
Des Rapports des Solides en général.   196

DE LA TRIGONOMÉTRIE.

De la Trigonométrie plane ou rectiligne.   203
Des Sinus, Cosinus, Tangentes, Cotangentes, Sécantes &
    Cosécantes.   206
De la Résolution des Triangles Rectangles.   232
Résolution des Triangles Obliquangles.   244
Du Nivèlement.   260

TRIGONOMÉTRIE SPHÉRIQUE.

Notions préliminaires.   266
Propriétés des Triangles sphériques.   275
Moyens de reconnoître dans quel cas les angles ou les côtés
    qu'on cherche dans les Triangles sphériques Rectangles,
    doivent être plus grands ou plus petits que 90°.   281
Principes pour la Résolution des Triangles sphériques Rec-
    tangles.   284
Table pour la Résolution de tous les cas possibles des Trian-
    gles sphériques Rectangles.   296
Des Triangles sphériques Obliquangles.   298

TABLE DES MATIÈRES.

Principes pour la Réſolution des Triangles ſphériques Obli-
    quangles. 299
Réſolution des Triangles ſphériques Obliquangles. 303
Remarque. 316
Additions. 318

FIN DE LA TABLE.

ÉLÉMENS
DE GÉOMÉTRIE.

1. L'ESPACE que les corps occupent, a toujours les trois dimensions, *Longueur*, *Largeur* & *Profondeur* ou *Epaisseur*.

Quoique ces trois dimensions se trouvent toujours ensemble, dans tout ce qui est corps, néanmoins nous les séparons assez souvent par la pensée : c'est ainsi que lorsque nous pensons à la profondeur d'une rivière, d'une rade, &c. nous ne sommes point occupés de sa longueur ni de sa largeur ; pareillement, quand nous voulons juger de la quantité de vent qu'une voile peut recevoir, nous ne nous occupons que de sa longueur & de sa largeur, & point du tout de son épaisseur (*a**).

Nous distinguerons donc trois sortes d'étendue, savoir :

L'étendue en longueur seulement, que nous appellerons *Ligne*.

L'étendue en longueur & largeur seulement, que nous nommerons *Surface* ou *Superficie*.

Enfin l'étendue en longueur, largeur & profondeur, que nous nommerons indifféremment, *volume*, *solide*, *corps*.

Nous examinerons succeſſivement les propriétés de ces trois sortes d'étendue ; c'eſt-là l'objet de la ſcience qu'on appelle *Géométrie*.

PREMIÈRE SECTION.

Des Lignes.

2. Les extrémités d'une ligne, ſe nomment des *points*. On appelle auſſi de ce nom, les endroits où une ligne eſt coupée ; ou encore, ceux où des lignes ſe rencontrent.

On peut conſidérer le point comme une portion d'étendue qui auroit infiniment peu de longueur, de largeur & de profondeur.

La trace d'un point qui feroit mu de manière à tendre toujours vers un seul & même point, eſt ce qu'on appelle une *ligne droite*. C'eſt le plus court chemin pour aller d'un point à un autre : A B (*fig.* 1) eſt une ligne droite.

On appelle, au contraire, *ligne courbe*, la trace d'un point qui, dans ſon mouvement, ſe détourne infiniment peu, à chaque pas.

On voit donc qu'il n'y a qu'une feule efpèce de ligne droite, mais qu'il y a une infinité d'efpèces de courbes différentes (*b*).

3. Pour tracer une ligne droite d'une étendue médiocre, comme lorfqu'il s'agit de conduire par les deux points A & B (*fig. 1*) une ligne droite fur le papier, on fait qu'on emploie une règle qu'on applique fur les deux points A & B, ou très-près, & à diftances égales de ces deux points, & avec un crayon ou une plume qu'on fait glifter le long de cette règle, on trace la ligne AB.

Mais lorfqu'il s'agit de tracer une ligne un peu grande, on fixe au point A l'extrémité d'une ficelle que l'on frotte avec un morceau de craie, & appliquant un autre de fes points fur le point B, on pince la ficelle pour l'élever au-deffus de AB, & la laiffant aller, elle marque, en s'appliquant fur la furface, une trace qui eft la ligne droite dont il s'agit.

Quand il eft queftion d'une ligne fort grande, mais dont les extrémités peuvent être vues l'une de l'autre, on fe contente de marquer entre fes deux extrémités, un certain nombre de points de cette ligne. Par exemple, lorfqu'on veut prendre des alignemens fur le terrein, on place à l'une des extrémités B (*fig. 2*) un bâton ou jallon BD, que par le moyen d'un fil-à-plomb, on rend le plus vertical que faire fe peut; on en fixe un autre de la même manière au point A, & se plaçant à ce même point A, on fait placer successivement plusieurs autres jallons à différens points C, C, &c. entre A & B, de manière qu'appliquant l'œil le plus près qu'il est possible du jallon AD, & regardant le jallon BD, celui CD, dont il s'agit, paroisse confondu avec BD; alors tous les points C, C, C, &c. déterminés de cette manière, sont dans la ligne droite AB (c).

Quand les deux extrémités A & B ne sont pas visibles l'une de l'autre, on a recours à des moyens que nous enseignerons par la suite.

4. Les lignes se mesurent par d'autres lignes; mais, en général, la mesure commune des lignes, c'est la ligne droite. Mesurer une ligne droite ou courbe, ou une distance quelconque, c'est chercher combien de fois cette ligne ou cette distance, contient une ligne droite connue & déterminée que l'on considère alors comme unité. Cette unité est absolument arbitraire. Aussi y a-t-il bien des espèces de mesures différentes en fait de lignes. Indépendamment de la toise & de ses parties dont nous avons fait connoître les subdivisions en Arithmétique, on distingue encore le pas ordinaire, le pas géométrique, la brasse, &c. pour les petites étendues; la lieue, le mille, le werste, &c. pour les grandes étendues.

Le pas ordinaire est de 2 pieds & demi.

DE MATHÉMATIQUES. 5

Le pas géométrique, qu'on appelle autrement pas double, eſt de 5 pieds.

La braſſe eſt de 5 pieds ; on compte par braſſe, dans la marine, les longueurs des cordages, & les profondeurs qu'on meſure à la ſonde.

La lieue eſt compoſée d'un certain nombre de toiſes ou de pas géométriques. La lieue marine eſt de 2853 toiſes. Le mille, le werſte, &c. ſont pareillement des meſures itinéraires, dont la valeur ainſi que celle de la lieue, n'eſt pas la même dans tous les pays, tant parce que chacune de ces eſpèces de meſures n'a pas par-tout le même nombre d'unités, c'eſt-à-dire, le même nombre de pas, ou de toiſes, ou de pieds, &c. que parce que le pied, qui ſert d'unité à ces toiſes ou à ces pas, n'eſt pas de même grandeur par-tout.

5. Pour faciliter l'intelligence de ce que nous avons à dire ſur les lignes, nous ſuppoſerons que les figures, dans leſquelles nous les conſidérerons, ſont tracées ſur une ſurface *plane*. On appelle ainſi une ſurface à laquelle on peut appliquer exactement une ligne droite dans tous les ſens.

6. De toutes les lignes courbes, nous ne conſidérerons dans ces Elémens, que *la Circonférence du Cercle*. On appelle ainſi une ligne courbe BCFDG (*fig.* 3), dont tous les points ſont également éloignés d'un même point A, pris dans le plan ſur lequel elle eſt tracée. Le point A ſe

nomme le *centre* ; les lignes droites AB, AC, AF, &c. qui vont de ce point à la circonférence, se nomment *rayons* ; & tous ces rayons sont égaux, puisqu'ils mesurent la distance du centre à chaque point de la circonférence.

Les lignes, comme BD, qui passant par le centre, se terminent de part & d'autre à la circonférence, sont appelées *diamètres* ; comme chaque diamètre est composé de deux rayons, tous les diamètres sont donc égaux. Il est d'ailleurs évident que tout diamètre partage la circonférence en deux parties parfaitement égales ; car si l'on conçoit la figure pliée de façon que le pli soit dans le diamètre BD, tous les points de BGD doivent s'appliquer sur $BCED$, sans quoi il y auroit des points de la circonférence qui seroient inégalement éloignés du centre.

Les portions BC, CE, ED, &c. de la circonférence, se nomment *arcs* ; & ce qu'on appelle *cercle*, c'est la surface même renfermée par la circonférence $BCFDGB$.

Une droite, comme DF, qui va de l'extrémité D d'un arc, à l'autre extrémité F, s'appelle *corde* ou *soutendante* de cet arc.

7. Il est aisé de voir que *les cordes égales d'un même cercle ou de cercles égaux, soutendent des arcs égaux, & réciproquement*. Car si la corde DG est égale à la corde DF, en imaginant qu'on trans-

porte la corde DG & son arc, pour appliquer DG sur DF, il est visible que le point D étant commun, & le point G tombant alors sur le point F, tous les points de l'arc DG, doivent tomber sur l'arc DF, puisque si quelqu'un de ces points ne tomboit pas sur l'arc DF, l'arc DG n'auroit pas tous ses points également éloignés du centre A.

8. On est convenu de partager toute circonférence de cercle, grande ou petite, en 360 parties égales auxquelles on a donné le nom de *degrés* : on partage le degré en 60 parties égales qu'on appelle *minutes* ; chaque minute, en 60 parties égales qu'on appelle *secondes* ; on continue de subdiviser de 60 en 60, en donnant aux parties, consécutivement, les noms, *tierces*, *quartes*, *quintes*, &c.

La marque du degré est celle-ci........d ou °
Celle de la minute............................'
De la seconde................................"
De la tierce..................................'''
De la quarte................................IV

Ainsi pour marquer 3 degrés 24 minutes 55 secondes, on écrit 3° 24′ 55″.

Cette division de la circonférence est admise généralement ; mais des vues de commodité dans la pratique, ont introduit dans quelques parties des Mathématiques pratiques, quelques usages particuliers dans la manière de compter les degrés

& parties de degré. Les aftronomes, par exemple, comptent les degrés, par trentaines qu'ils appellent *fignes*, c'eft-à-dire, qu'ayant à compter 66° 42′ par exemple; comme ce nombre renferme 2 fois 30° & 6° 42′ de plus, ils compteroient 2 fignes & 6° 42′, & ils écriroient 2^s 6° 42′.

Les marins, pour les ufages de la bouffole, partagent la circonférence en 32 parties égales, dont chacune fe nomme air ou *rhumb* de vent : chacune de ces parties eft donc la 32e partie de 360°, c'eft-à-dire, qu'elle eft de 11° 15′; ainfi au lieu de 45°, on dit 4 airs de vent, parce que 45° font 4 fois 11° 15′; pareillement au lieu de 18° 27′, on diroit un air de vent, & 7° 12′.

Des Angles & de leur Mefure.

9. Deux lignes, *AB*, *AC*, qui fe rencontrent, peuvent former entr'elles une ouverture plus ou moins grande, comme on le voit dans les Figures 4, 5, 6.

Cette ouverture *BAC*, eft ce qu'on appelle un angle; & cet angle eft dit angle *rectiligne*, ou *curviligne*, ou *mixtiligne*, felon que les lignes qui le comprennent font, ou toutes deux lignes droites, ou toutes deux lignes courbes; ou l'une, une ligne droite, et l'autre une ligne courbe.

Nous ne parlons, pour le préfent, que des angles rectilignes.

10. Pour fe former une idée exacte d'un angle, il faut concevoir que la ligne droite AB étoit d'abord couchée fur AC, & qu'on l'a fait tourner fur le point A, comme une branche de compas fur fa charnière, pour l'amener dans la pofition AB qu'elle a actuellement. La quantité dont AB a tourné, eft précifément ce qu'on appelle un angle.

D'après cette idée, on conçoit que la grandeur d'un angle ne dépend point de celle de fes côtés, en forte que l'angle formé par les lignes AC, AB (*fig. 4*), eft abfolument le même que celui que forment les lignes AF & AE qui font une extenfion de celles-là : en effet, la ligne AB & la ligne AE ont dû tourner chacune de la même quantité, pour venir dans leur pofition actuelle.

Le point A où fe rencontrent les deux lignes AB, AC, s'appelle le *fommet de l'angle*, & les deux lignes AB, AC, en font les côtés.

Pour défigner un angle, nous emploierons trois lettres, dont l'une marque le fommet, & les deux autres font placées le long des côtés ; & en énonçant ces lettres nous placerons toujours celle du fommet au milieu : ainfi pour défigner l'angle compris par les deux lignes AB, AC, nous dirons l'angle BAC ou CAB.

Cette attention est principalement nécessaire lorsque plusieurs angles ont leur sommet au même point ; car si dans la *figure 4*, par exemple, on disoit simplement l'angle *A*, on ne sauroit si l'on veut parler de l'angle *B A C*, ou de l'angle *B A D ;* mais lorsqu'il n'y a qu'un seul angle, comme dans la *figure 4**, on peut dire simplement l'angle *a*, c'est-à-dire, le désigner par la lettre de son sommet.

11. Puisque l'angle *B A C* (*fig.* 4) n'est autre chose que la quantité dont le côté *A B* auroit dû tourner sur le point *A*, pour venir de la position *A C* dans la position *A B ;* & que dans ce mouvement chaque point de *A B*, le point *B*, par exemple, restant toujours également éloigné de *A*, décrit nécessairement un arc de cercle qui augmente ou diminue précisément dans le même rapport que l'angle augmente ou diminue, il est naturel de prendre cet arc pour mesure de l'angle ; mais comme chaque point de *A B* décrit un arc de longueur différente, ce n'est point la longueur même de l'arc qu'il faut prendre, mais le nombre de ses degrés & parties de degré, qui sera toujours le même pour chaque arc décrit par chaque point de *A B*, puisque tous ces points commençant, continuant & finissant leur mouvement dans le même temps, font nécessairement le même nombre de pas ; toute la différence qu'il y a, c'est

que les points les plus éloignés du point *A*, font des pas plus grands. Nous pouvons donc dire que........................

12. *Un angle quelconque* BAC (fig. 4) *a pour mesure le nombre des degrés et parties de degré de l'arc compris entre ses côtés, & décrit de son sommet comme centre.*

Ainsi, quand par la suite nous dirons : Un tel angle a pour mesure un tel arc, on doit entendre qu'il a pour mesure le nombre des degrés & parties de degré de cet arc.

13. Donc *pour diviser un angle en plusieurs parties égales*, il ne s'agit que de diviser l'arc qui lui sert de mesure, en autant de parties égales, & de tirer par les points de division, des lignes au sommet de cet angle. Nous parlerons plus bas de la division des arcs.

14. Et *pour faire un angle égal à un autre ;* par exemple, pour faire au point *a* de la ligne *ac* (*fig.* 4*), un angle égal à l'angle *BAC* (*fig.* 4), il faut, d'une ouverture de compas arbitraire, & du point *a* comme centre, décrire un arc indéfini *cb* ; posant ensuite la pointe du compas sur le sommet *A* de l'angle donné *BAC*, on décrira, de la même ouverture, l'arc *BC* compris entre les deux côtés de cet angle, & ayant pris avec le compas, la distance de *C* à *B*, on la portera de *c* en *b*, ce qui donnera le point *b*, par lequel, &

par le point a tirant la ligne ab, on aura l'angle bac égal à BAC.

En effet l'angle bac a pour mesure bc (12) & l'angle BAC a pour mesure BC. Or ces deux arcs sont égaux, puisqu'appartenant à des cercles égaux, ils ont d'ailleurs des cordes égales (7) ; car la distance de b à c a été faite la même que celle de B à C.

15. L'angle BAC (*fig. 5*) se nomme angle droit, lorsque l'un AB de ses côtés ne penche ni vers l'autre côté AC, ni vers son prolongement AD.

On l'appelle angle *aigu* (*fig. 4*) lorsque l'un AB de ses côtés penche plus vers l'autre côté AC, que vers son prolongement AD.

Enfin on l'appelle *obtus* (*fig. 6*) lorsqu'un côté AB penche plus vers le prolongement de l'autre côté AC, que vers ce côté même.

16. Concluons de ce qui a été dit (12) sur la mesure des angles, 1°. *qu'un angle droit a pour mesure* 90° ; *un angle aigu, moins que* 90°, *& un angle obtus, plus que* 90°.

Car si la ligne AE (*fig. 3*) ne penche ni vers AB, ni vers son prolongement AD, les deux angles BAE, DAE seront égaux : donc les arcs BE & DE qui leur servent de mesure, feront aussi égaux ; or ces deux arcs composant ensemble la demi-circonférence, valent ensemble

180°; donc chacun d'eux est de 90°; donc aussi les deux angles BAE, DAE sont chacun de 90°.

D'après cela il est évident que BAC est de moins, & BAF de plus que 90°.

17. 2°. *Les deux angles* BAC, BAD (*fig. 4, 5, & 6*) *que forme une ligne droite* AB *tombant sur une autre droite* CD, *valent toujours ensemble* 180°. Car on peut toujours regarder le point A (*fig. 4*), comme le centre d'un cercle, dont CD est alors un diamètre : or les deux angles BAC & BAD, ont pour mesure les deux arcs BC & BD, qui composent la demi-circonférence, ils valent donc ensemble 180°, ou autant que deux angles droits.

18. 3°. *Que si d'un même point* A, (*fig. 3*), *on tire tant de droites* AC, AE, AF, AD, AG, &c. *qu'on voudra; tous les angles* BAC, CAE, EAF, FAD, DAG, GAB, *qu'elles comprennent, ne feront jamais que* 360°. Car ils ne peuvent occuper plus que la circonférence.

19. Deux angles tels que BAC & BAD (*fig. 4*), qui, pris ensemble, font 180°, sont dits *supplément* l'un de l'autre ; ainsi BAC est le supplément de BAD, & BAD est le supplément de BAC; parce que l'un de ces angles est ce qu'il faudroit ajouter à l'autre pour faire 180°.

Les angles égaux auront donc des supplémens égaux, et ceux qui auront des supplémens égaux, seront égaux.

20. Concluons de-là *que les angles* BAC, EAD *(fig. 7), opposés au sommet, & formés par les deux droites* BD *&* EC, *sont égaux.*

Car *BAC* a pour supplément *CAD*, & *EAD* a aussi pour supplément *CAD*.

21. On appelle *complément* d'un angle ou d'un arc, ce dont cet arc est plus petit ou plus grand que 90°. Ainsi (*fig.* 3), l'angle *BAC* a pour complément *CAE*; l'angle *BAF* a pour complément *FAE*. Le complément est donc ce qu'il faut ajouter à un angle, ou ce qu'il faut en retrancher, pour qu'il vaille 90°.

Les angles aigus qui auront des complémens égaux, seront donc égaux, & réciproquement, il en sera de même des angles obtus.

On rencontre sans cesse les angles, tant dans la théorie que dans la pratique (*d**).

Nous aurons assez d'occasion par la suite de nous convaincre qu'on les rencontre à chaque pas dans la théorie. Quant à la pratique, nous ferons remarquer que c'est par les angles qu'on juge de la route que suit un navire; qu'on distingue si un navire qu'on rencontre en mer, a le vent sur nous, ou si nous l'avons sur lui; c'est par les angles qu'on détermine les positions des objets, les uns à l'égard des autres; c'est en variant les angles que les voiles & le gouvernail font avec la quille, qu'on produit les différentes évolutions du navire, qu'on change sa route, & qu'on accélère ou qu'on retarde son mouvement. C'est encore par la mesure des angles qu'on parvient à déterminer en mer, en quel lieu on est.

Les instrumens qui servent à mesurer les angles, ou à former des angles, tels qu'on le juge à propos, sont en assez grand nombre. Nous allons faire connoître les principaux.

22. L'instrument représenté par la *figure 8*, & qu'on appelle *Rapporteur*, sert à mesurer les angles sur le papier, & à former sur le papier les angles dont on peut avoir besoin. L'usage en est commode & fréquent. C'est un demi-cercle de cuivre ou de corne, divisé en 180°. Le centre de cet instrument est marqué par une petite échancrure C. Quand on veut mesurer un angle tel que B A C (*fig. 4, 5, 6*, &c.) on applique le centre C sur le sommet A de l'angle qu'on veut mesurer, & le rayon C B du même instrument, sur l'un A C des côtés de cet angle ; alors le côté A B prolongé, s'il est nécessaire, fait connoître par celle des divisions de l'instrument, par laquelle il passe, de combien de degrés est l'arc du rapporteur compris entre les côtés de l'angle B A C, & par conséquent (12) de combien de degrés est cet angle B A C.

Pour faire, avec le même instrument, un angle d'un nombre déterminé de degrés, on applique le rayon C B de l'instrument sur la ligne qui doit servir de côté à l'angle qu'on veut former, & de manière que le centre C soit sur le point où cet angle doit avoir son sommet; puis cherchant sur les divisions de l'instrument, le nombre de degrés en question, on marque sur le papier un point en cet endroit; par ce point & par le sommet, on tire une ligne droite, qui fait alors avec la première, l'angle demandé.

23. Pour mesurer les angles sur le terrain, on emploie l'instrument représenté par la figure 9, on le nomme *Graphomètre*. C'est un demi-cercle divisé en 180°, & sur lequel on marque même les demi-degrés, selon la grandeur de son diamètre. Le diamètre BD fait corps avec l'instrument; mais le diamètre EC, qu'on nomme *Alidade*, n'y est assujetti que par le centre A, autour duquel il peut tourner & parcourir par son extrémité C toutes les divisions de l'instrument. Chacun de ces deux diamètres est garni à ses deux extrémités, de pinnules, à travers lesquelles on regarde les objets. L'instrument est porté par un pied, & peut, sans rien changer à la position du pied, être incliné dans tous les sens, selon qu'on en a besoin.

Quand on veut mesurer l'angle que forment deux lignes droites tirées d'un point A où l'on est, à deux autres objets F & G, on place le centre du graphomètre en G, & on dispose l'instrument de manière que regardant à travers les pinnules du diamètre fixe DAB, on apperçoive l'un F de ces deux objets, & qu'en même temps l'autre objet G, se trouve dans le prolongement du plan de l'instrument, ce qu'on fait en inclinant plus ou moins le graphomètre ; alors on fait mouvoir l'alidade EC, jusqu'à ce qu'on puisse appercevoir l'objet G à travers des pinnules E & C ; l'arc BC compris entre les deux diamètres, est alors la mesure de l'angle GAF.

On voit aussi, d'après ce que nous venons de dire, comment on peut former sur le terrein un angle d'un nombre déterminé de degrés. On fait le plus souvent sur la largeur, & à l'extrémité du diamètre mobile, des divisions qui selon la manière dont elles correspondent aux divisions mêmes de l'instrument, servent à connoître les parties de degré de 5 en 5 minutes, ou de 3 en 3.

Cet instrument est aussi, le plus souvent, garni d'une *boussole* ordinaire ou simple : on la voit dans la même figure 9.

L'aiguille aimantée qui en fait la pièce principale, est soutenue en son milieu sur un pivot sur lequel elle a toute la mobilité possible. Comme sa propriété est de rester constamment dans une même position, ou d'y revenir quand elle en a été écartée, (au moins dans un même lieu, & pendant un assez long intervalle de temps), on l'emploie utilement sur ces sortes d'instrumens, pour déterminer la position des objets à l'égard des points cardinaux, ou à l'égard de la ligne nord & sud, avec laquelle elle fait toujours le même angle dans un même lieu. Sur le bord de la cavité qui renferme l'aiguille, on marque communément les 360° de la circonférence. Quand on tourne l'instrument, l'aiguille, par la propriété qu'elle a de revenir dans une même situation, marque par la nouvelle division à laquelle elle répond, de combien de degrés l'instrument a tourné.

On emploie aussi la boussole ordinaire sans le graphomètre, mais c'est seulement pour déterminer grossièrement les points de détails d'un plan ou d'une carte, dont les points principaux ont été fixés avec exactitude, de la manière que nous exposerons par la suite.

24. La *boussole marine*, ou le *compas de mer*, ou encore le *compas de variation* (*fig. 10*), ne diffère guère de la boussole ordinaire que par une suspension qui lui est propre, & qui a pour objet de faire que les parties de cette machine, qui servent à la mesure des angles, ne participent à d'autres mouvemens du vaisseau qu'à ceux qu'il peut avoir pour tourner horizontalement. Lorsqu'elle n'est employée qu'à connoître la direction de la quille du vaisseau, on l'appelle *Compas de route*. Elle est renfermée dans une espèce d'armoire qu'on

appelle *Habitacle*, & qui est située dans le sens de la largeur du vaisseau. L'aiguille n'est pas isolée sur son pivot, comme dans la boussole ordinaire, elle seroit trop sujette à vaciller ; on la charge d'un morceau de talc taillé en rond, & collé entre deux morceaux de papier ; & on trace dessus, la rose des vents, c'est-à-dire, qu'on en partage la circonférence en rhumbs de vent. On conçoit donc que si le vaisseau vient à tourner d'une certaine quantité, comme l'aiguille reste toujours ou revient toujours à la même situation, elle ne répondra plus au même point de l'habitacle ; en observant donc quel est le rhumb de vent qui répond à celui qu'occupoit d'abord l'aiguille, on connoîtra de combien le vaisseau a tourné. On pourra donc s'en servir pour ramener & retenir constamment le vaisseau dans une même direction.

Quand on emploie la boussole à *relever* des objets, c'est-à-dire à reconnoître l'*air de vent* auquel ils répondent, on l'appelle *compas de variation* : ce nom lui vient d'un autre usage dont ce n'est pas ici le lieu de parler. Alors on la garnit de deux pinnules *A* & *B* (*fig.* 10), par lesquelles on vise aux objets dont on veut connoître la situation. En mer, il faut deux observateurs, l'un qui tourne & ajuste le compas de variation de manière à appercevoir l'objet ; & pendant ce temps, l'autre observe quelle est la position de l'aiguille à l'égard de la ligne *D E* qui eſt un fil tendu à angles droits ſur la ligne qu'on conçoit paſſer par *A* & *B*.

Des Perpendiculaires & des Obliques.

25. Nous avons dit (15) que la ligne *A B* (*fig. 5*), qui ne penche ni vers *A C*, ni vers *A D*, formoit avec ces deux parties, des angles qu'on appelle *droits*.

Cette même ligne *AB* eſt auſſi ce qu'on appelle *une Perpendiculaire* à la ligne *AC* ou *DC*, ou *AD*.

D'après cette définition, on doit regarder comme vérités évidentes, les trois propoſitions ſuivantes.

26. 1°. *Quand une ligne* A B (fig. 11) *eſt perpendiculaire ſur une autre ligne* C D, *celle-ci eſt auſſi perpendiculaire ſur la ligne* A B.

Car lorſque *A B* eſt perpendiculaire ſur *C D*, les angles *A E C*, *A E D* ſont égaux; or *A E D* eſt égal à *B E C* (20); donc *A E C* eſt égal à *B E C*; donc la ligne *C E* ou *C D* ne penche ni vers *A E* ni vers *B E* ; donc elle eſt perpendiculaire à *A B*.

27. 2°. *D'un même point* E *pris dans une ligne* C D, *on ne peut élever qu'une ſeule perpendiculaire à cette ligne.*

28. 3°. *Et d'un même point* A, *pris hors d'une ligne* C D, *on ne peut abaiſſer qu'une ſeule perpendiculaire à cette ligne.*

Car on conçoit qu'il n'y a qu'un ſeul cas où

une ligne paſſant par le point E ou par le point A, puiſſe ne pencher ni vers ED, ni vers EC.

29. *Les lignes qui partant du point* A, *s'écarteront également de la perpendiculaire, feront égales; & plus ces lignes s'écarteront de la perpendiculaire, plus elles feront longues, & par conféquent la perpendiculaire eſt la plus courte de toutes.*

Suppoſons que EG ſoit égale à EF; ſi l'on renverſe la *figure* AEG ſur la *figure* AEF, la ligne AE reſtant commune à toutes les deux, il eſt clair qu'à cauſe de l'angle AEG égal à AEF, la ligne EG s'appliquera ſur EF, & que le point G tombera ſur le point F, puiſque EG eſt ſuppoſée égale à EF; donc AG s'appliquera exactement ſur AF; donc ces deux lignes ſont égales (e).

« Quant à la ſeconde partie de la propoſition, il eſt évident que le point C de la ligne CE étant ſuppoſé plus loin de AB, que le point F de la même ligne CE, eſt néceſſairement plus éloigné de tel point de AB qu'on voudra, que le point F ne peut l'être du même point; donc AC eſt plus grande que AF; donc auſſi la perpendiculaire eſt la plus courte de toutes ».

30. Les lignes AF, AC, AG, ſont dites *obliques* à l'égard de la perpendiculaire AE & de la ligne CD; & en général, une ligne eſt oblique à une autre, quand elle fait, avec cette autre, un angle ou aigu ou obtus.

31. Puisque (29) les obliques *A F*, *A G* font égales lorsqu'elles s'éloignent également de la perpendiculaire, il faut en conclure, que *lorsqu'une ligne est perpendiculaire sur le milieu* E *d'une autre ligne* F G, *chacun de ses points est autant éloigné de l'extrémité* F *que de l'extrémité* G. Car il est évident que ce qu'on a dit du point *A* s'applique également à tout autre point de la ligne *A E* ou *A B*.

32. Il n'est pas moins évident qu'il *n'y a que les points de la perpendiculaire* A E *sur le milieu de* F G, *qui puissent être également éloignés de* F *&* de G; car tout point qui sera à droite ou à gauche de la perpendiculaire est évidemment plus près de l'un de ces points que de l'autre.

Donc, pour qu'une ligne soit perpendiculaire sur une autre, il suffit qu'elle passe par deux points dont chacun soit également éloigné de deux points pris dans cette autre.

33. Concluons de-là, 1°. que *pour élever une perpendiculaire sur le milieu d'une ligne* A B (*fig.* 12), il faut poser une pointe du compas en *B*, & d'une ouverture plus grande que la moitié de *AB* tracer un arc *I K*; poser ensuite la pointe du compas en *A*, & de la même ouverture, tracer un arc *L M* qui coupe le premier au point *C*, qui sera également éloigné de *A* & de *B*. On déterminera ensuite, de la même manière, un autre point *D*, soit au-dessous, soit au-dessus de *A B*, en pre-

nant la même ou une autre ouverture de compas. Enfin on tirera par les deux points C & D la ligne CD qui (32) sera perpendiculaire sur le milieu de AB.

34. 2°. *Si d'un point* E, *pris hors de la ligne* AB (fig. 13), *on veut mener une perpendiculaire à cette ligne*, on placera la pointe du compas en E, & d'une ouverture plus grande que la plus courte distance à la ligne AB, on tracera avec l'autre pointe, deux petits arcs qui coupent AB aux points C & D; puis de ces deux points comme centres, & d'une ouverture de compas plus grande que la moitié de CD, on tracera deux arcs qui se coupent en un point F, par lequel & par le point E, on tirera la ligne EF, qui sera perpendiculaire sur AB (32), puisqu'elle aura deux points E & F également éloignés, chacun, des deux points C & D de la ligne AB.

35. Si le point E par lequel on veut que la perpendiculaire passe, étoit sur la ligne même AB, on opéreroit encore de la même manière : *voyez fig. 14*.

Enfin, si le point E étoit tellement placé, qu'on ne pût marquer commodément qu'un des deux points C ou D, on prolongeroit la ligne AB, & on opéreroit encore de même : *voyez figures 15 & 16*. La figure 16 est pour le cas où l'on veut élever une perpendiculaire à l'extrémité de la ligne AB (*f*).

Des Parallèles.

36. Deux lignes droites, tracées fur un même plan, font dites *parallèles*, lorsqu'elles ne peuvent jamais fe rencontrer, à quelque diftance qu'on les imagine prolongées.

Deux lignes parallèles ne font donc point d'angle entr'elles.

Donc deux parallèles font par-tout également éloignées l'une de l'autre ; c'eft-à-dire, que la perpendiculaire menée entr'elles, eft par-tout la même; car il eft évident que fi en quelqu'endroit elles fe trouvoient plus près qu'en un autre, elles feroient inclinées l'une à l'autre, & par conféquent elles pourroient enfin fe rencontrer.

D'après ces notions, il eft aifé d'établir les cinq propofitions fuivantes.

37. 1°. *Lorfque deux lignes parallèles* AB & CD (fig. 17), *font coupées par une troifième ligne* EF, *qu'on appelle alors* (fécante), *les angles* BGE, DHE *ou* AGH, CHF *qu'elles forment d'un même côté, avec cette ligne, font égaux.* Car les lignes *AB* & *CD* n'ayant aucune inclinaifon entr'elles (36) doivent néceffairement être également inclinées d'un même côté, chacune à l'égard de toute ligne à laquelle on les comparera.

38. 2°. *Les angles* AGH, GHD *font égaux*. Car on vient de voir que *AGH* eft égal à *CHF* ; or

CHF (20) est égal à GHD; donc AGH est égal à GHD.

39. 3°. *Les angles* BGE, CHF *sont égaux*. Car BGE est égal à AGH (20); or on a vu (37) que AGH est égal à CHF; donc BGE est égal à CHF.

40. 4°. *Les angles* BGH, DHG *ou* AGH, CHG *sont supplément l'un de l'autre*; car BGH est supplément de BGE qui (37) est égal à DHG.

41. 5°. *Les angles* BGE, DHF, *ou* AGE, CHF *sont supplément l'un de l'autre*; car DHF a pour supplément DHG qui (37) est égal à BGE.

42. Chacune de ces cinq propriétés a toujours lieu, lorsque deux lignes parallèles sont rencontrées par une troisième; & réciproquement *toutes les fois que deux lignes droites auront dans leur rencontre avec une troisième, l'une quelconque de ces cinq propriétés, on doit conclure qu'elles sont parallèles*; cela se démontre d'une manière absolument semblable.

On a donné aux angles dont nous venons d'examiner les propriétés, des noms qui peuvent servir à fixer ces propriétés dans la mémoire. Les angles BGE, FHC, se nomment *alternes externes*, parce qu'ils sont de différens côtés de la ligne EF, & qu'ils sont tous deux hors des parallèles. Les angles AGH, GHD s'appellent *alternes internes*, parce qu'ils sont de différens côtés de la ligne EF, & tous deux entre les parallèles. Les angles BGH, DHG s'appellent *internes d'un même côté*, parce qu'ils sont entre les parallèles, & d'un même côté de la sécante EF. Enfin les angles BGE, DHF se nomment *externes d'un même côté*, parce qu'ils sont hors des parallèles & d'un même côté de la sécante.

43. Des propriétés que nous venons de démontrer, on peut conclure, 1°. *que si deux angles* ABC, DEF (fig. 18), *tournés d'un même côté, ont leurs côtés parallèles, ils sont égaux*. Car si l'on imagine le côté DE prolongé jusqu'à ce qu'il rencontre BC en G, les angles ABC, DGC seront égaux (37), & par la même raison l'angle DGC sera égal à l'angle DEF; donc ABC est égal à DEF.

44. 2°. Que *pour mener par un point donné* C, *une ligne* CD (fig. 19), *parallèle à une ligne* AB; il faut, par le point C, tirer arbitrairement la ligne indéfinie CEF qui coupe AB en un point quelconque E; mener selon ce qui a été enseigné (14) par le point C, la ligne CD qui fasse avec CE, l'angle ECD égal à l'angle FEB que celle-ci fait avec AB; la ligne CD tirée de cette manière sera parallèle à AB, (37). (*g*).

Au reste, chacune des cinq propriétés établies ci-dessus, peut fournir une manière de mener une parallèle.

45. Les perpendiculaires & les parallèles, dont nous venons de parler successivement, sont d'un

ufage très-fréquent dans toutes les parties pratiques des mathématiques. Les perpendiculaires font néceffaires dans la mefure des furfaces, & des folidités ou capacités des corps; elles reviennent à chaque pas dans toutes les opérations de l'architecture navale. Comme l'angle droit eft facile à conftruire, on fait, autant qu'on le peut, dépendre la conftruction des *figures*, plutôt des perpendiculaires que de toute autre ligne.

Les parallèles, outre leur grand ufage dans la théorie, pour démontrer facilement un grand nombre de propofitions, font la bafe de plufieurs opérations utiles. On les emploie beaucoup dans le pilotage, principalement pour marquer, fur les cartes marines, la route qu'a tenue un vaiffeau pendant fa navigation, ce qu'on appelle *pointer* ou *faire le point*. Nous en dirons un mot par la fuite.

Des lignes droites confidérées par rapport à la circonférence du Cercle, & des circonférences de Cercle confidérées les unes à l'égard des autres (*h*).

46. « La courbure uniforme du cercle met en droit de conclure, fans qu'il foit befoin d'en donner une démonftration rigoureufe..........

» 1°. Que *une ligne droite ne peut rencontrer une circonférence en plus de deux points*.

» 2°. Que *dans un même demi-cercle, la plus grande corde soutend toujours le plus grand arc, & réciproquement* ».

On appelle en général, *sécante* (*fig.* 20) toute ligne, comme DE, qui rencontre le cercle en deux points, & qui est en partie au-dehors; & on appelle *tangente*, celle qui ne fait que s'appliquer contre la circonférence : telle est AB.

47. *Une tangente ne peut rencontrer la circonférence qu'en un seul point.* Car si elle la rencontroit en deux points, elle entreroit dans le cercle, puisque de ces deux points il seroit possible de tirer au centre deux rayons en lignes égales, entre lesquelles on peut toujours concevoir une perpendiculaire sur la ligne qui joint ces deux points; & comme cette perpendiculaire (29) est plus courte que chacun des deux rayons, on voit que la tangente auroit des points plus près du centre que ceux où elle rencontre le cercle, elle entreroit donc dans le cercle, ce qui est contre la définition que nous venons d'en donner.

La tangente n'ayant qu'un point de commun avec le cercle, il s'ensuit que le rayon CA (*fig.* 21) qui va au point d'attouchement, est la plus courte ligne qu'on puisse tirer du centre à la tangente; que par conséquent (29) il est perpendiculaire à la tangente. Donc réciproquement *la tangente en un point quelconque* A *du cercle, est perpendiculaire* à l'extrémité du rayon CA qui passe par ce point.

48. On voit donc *que pour mener une tangente en un point donné* A *sur le cercle*, il faut tirer à ce point un rayon CA, & mener à son extrémité une perpendiculaire suivant la méthode donnée (35).

49. Donc *si plusieurs cercles* (fig. 22) *ont leurs centres sur la même ligne droite* CA, *& passent tous par le même point* A, *ils auront tous pour tangente commune la ligne* TG *perpendiculaire à* CA, *& se toucheront par conséquent tous*.

50. Ainsi, *pour décrire un cercle d'une grandeur déterminée, & qui touche un cercle donné* BAD (fig. 23) *en un point donné* A, il faut, par le centre C & par le point A, tirer le rayon CA qu'on prolongera indéfiniment; puis du point A vers T ou vers V (selon qu'on voudra que l'un des cercles embrasse l'autre, ou ne l'embrasse point) porter la grandeur du rayon du second cercle; après quoi du centre T ou V, & du rayon TA ou VA, on décrira la circonférence EF.

51. *La perpendiculaire élevée sur le milieu d'une corde, passe toujours par le centre du cercle, & par le milieu de l'arc soutendu par cette corde* (fig. 24).

Car elle doit passer par tous les points également éloignés des extrémités A & B (32). Or, il est évident que le centre est également éloigné des deux extrémités, A & B qui sont deux points de la circonférence ; donc elle passe par le centre.

Il n'est pas moins évident qu'elle doit passer par le milieu de l'arc ; car si E est le milieu de l'arc, les arcs égaux AE, BE ayant des cordes égales (7), le point E est également éloigné de A & de B ; donc la perpendiculaire doit passer par le point E.

52. Le centre, le milieu de l'arc, & le milieu de la corde, étant tous trois sur une même ligne droite, toutes les fois qu'une ligne droite passera par deux de ces trois points, on pourra conclure qu'elle passe par le troisième.

Et comme on ne peut mener qu'une seule perpendiculaire sur le milieu de la corde, on doit encore conclure que si une perpendiculaire sur une corde, passe par l'un quelconque de ces trois points, elle passe nécessairement par les deux autres.

De ces propriétés on peut conclure,

53. 1°. *Le moyen de diviser un angle ou un arc en deux parties égales.*

Pour diviser l'angle BAC (*fig.* 25) en deux parties égales, on décrira de son sommet A comme centre, & d'un rayon arbitraire, l'arc DE ; puis des points D & E pris successivement pour centres, & d'un même rayon, on tracera deux arcs qui se coupent en un point G par lequel & par le point A on tirera AG qui (32) étant perpendiculaire fur le milieu de la corde DE, divifera en deux parties égales l'arc DIE (51), & par conféquent auffi l'angle BAC, puifque les deux angles partiels BAG, CAG ont (12) pour mefure les deux arcs égaux DI, EI.

54. 2°. *Le moyen de faire paſſer une circonférence de cercle par trois points donnés qui ne ſoient pas en ligne droite.*

Soient A, B, C (*fig.* 26), ces trois points ; en tirant les lignes droites AB, BC, elles feront deux cordes du cercle qu'il s'agit de décrire.

Elevez une perpendiculaire (33) fur le milieu de AB ; faites la même chofe fur le milieu BC ; le point I où fe couperont ces deux perpendiculaires, fera le centre ; car ce centre doit être fur DE (51), & par la même raifon il doit être fur FG ; il doit donc être à leur rencontre I qui eft le feul point commun qu'aient ces deux lignes.

55. S'il étoit queftion de *retrouver le centre d'un cercle, ou d'un arc déjà décrit*, on voit donc qu'il n'y auroit qu'à marquer trois points à volonté fur cet arc, & opérer comme on vient de l'enfeigner (*i*).

56. « Puifqu'on ne trouve qu'un feul point I qui fatisfaffe à la queftion, il faut en conclure que par trois points donnés on ne peut faire paffer qu'un feul cercle, & par conféquent que *deux cir-*

conférences de cercle ne peuvent se rencontrer en trois points sans se confondre ».

57. 3°. *Le moyen de faire passer par un point donné* B (fig. 27 & 28) *une circonférence de cercle, qui en touche une autre, dans un point donné* A.

Il faut, par le centre C de la circonférence donnée, & par le point A où l'on veut qu'elle soit touchée, tirer le rayon CA qu'on prolongera de part ou d'autre, selon qu'il sera nécessaire; joindre le point A au point B par lequel on veut que passe la circonférence cherchée, & élever sur le milieu de AB, une perpendiculaire MN qui coupera AC, ou son prolongement, en D. Ce point D sera le centre, & AD ou BD sera le rayon du cercle demandé; car puisque la circonférence qu'on veut décrire, doit passer par le point A & par le point B, son centre doit être sur MN (51); d'ailleurs, puisque cette même circonférence doit toucher en A, son centre doit être sur CA (49) ou sur son prolongement; il est donc au point d'intersection de CA & de MN.

58. Si au lieu d'une circonférence c'étoit une ligne droite qu'il s'agît de faire toucher en un point donné A (*fig. 29*) par un cercle passant par un point donné B, l'opération seroit la même, avec cette seule différence, que la ligne AC seroit une perpendiculaire élevée au point A sur cette droite.

59. 4°. *Deux cordes parallèles* AB, CD (fig. 30), *interceptent entr'elles des arcs égaux* AC, BD.

Car la perpendiculaire GI qu'on abaisseroit du centre G sur AB, doit (51) diviser, en deux parties égales, chacun des deux arcs AIB, CID, puisqu'elle sera en même temps perpendiculaire sur AB, & sur la parallèle CD; donc si des arcs égaux AI, BI on retranche les arcs égaux, CI, DI, les arcs restans AC, BC doivent être égaux (k).

« Concluons de-là que, quand une tangente HK est parallèle à une corde AB, le point d'attouchement I est précisément au milieu de l'arc AIB ».

60. Les propositions que nous avons établies (50, 57 & 58), ont leur application dans l'architecture navale ou la construction des navires; il y est souvent question d'arcs qui doivent se toucher ou toucher des lignes droites, & passer par des points donnés. Ce que nous avons dit peut faciliter l'intelligence de quelques-unes des méthodes qu'on y prescrit. L'architecture civile fait aussi, assez souvent, usage d'arcs qui se touchent.

61. La dernière proposition que nous venons de démontrer peut, entre autres usages, servir à mener une parallèle à une ligne donnée.

GÉOMÉTRIE.

Des Angles considérés dans le cercle.

62. Nous avons vu ci-dessus (12), quelle est, en général, la mesure des angles. Ce que nous nous proposons ici, n'est point de donner une nouvelle manière de les mesurer, mais d'établir quelques propriétés qui peuvent nous être fort utiles par la suite, tant pour exécuter certaines opérations, que pour faciliter quelques démonstrations (*l*).

63. « *Un angle* MAN (fig. 31 & 32), *qui a son sommet à la circonférence, & qui est formé par deux cordes, ou par une tangente & par une corde, a toujours pour mesure la moitié de l'arc* BFED *compris entre ses côtés.*

» Menez par le centre C, le diamètre FH parallèle au côté AM, & le diamètre GE parallèle au côté AN; l'angle MAN (43) est égal à l'angle FCE; il aura donc la même mesure que celui-ci qui a son sommet au centre, c'est-à-dire, qu'il aura pour mesure l'arc FE; il ne s'agit donc que de faire voir que l'arc FE est la moitié de l'arc $BFED$. Or, BF est égal à AH (59) à cause des parallèles AM, HF; & à cause des parallèles AN & GE, l'arc ED est égal à AG; donc ED plus BF valent AG plus AH, c'est-à-dire, GH; mais GH, comme mesure de l'angle GCH, doit être égal à FE mesure de l'angle FCE qui (20) est égal à GCH; donc BF plus DE valent FE; donc FE est la moitié de $BFED$; donc l'angle MAN a pour mesure la moitié de l'arc $BFED$ qu'il comprend entre ses côtés.

» Cette démonstration suppose que le centre soit entre les côtés de l'angle, ou sur l'un des côtés; mais si le centre étoit hors des côtés, comme il arrive pour l'angle MAL (*fig. 32*), il n'en seroit pas moins vrai que cet angle auroit pour mesure la moitié de l'arc BL compris entre ses côtés. Car en imaginant la tangente AN, l'angle BAL vaut LAN moins MAN; il a donc pour mesure la différence des mesures de ces deux angles, c'est-à-dire, (puisque le centre est entre leurs côtés) la moitié de LEA moins la moitié de BEA, ou la moitié de BL ».

64. Donc 1°. *tous les angles* BAE, BCE, BDE (fig. 33), *qui ayant leur sommet à la circonférence, comprendront entre leurs côtés le même arc, ou des arcs égaux, seront égaux*. Car ils auront chacun pour mesure la moitié du même arc BE (63).

65. 2°. *Tout angle* BAC (fig. 34) *qui aura son sommet à la circonférence, & dont les côtés passeront par les extrémités d'un diamètre, sera droit ou de* 90°; car il comprendra alors entre ses côtés la demi-circonférence BOC qui est de 180°; &

comme il doit en avoir la moitié pour mesure (63), il sera donc de 90°.

66. La proposition qu'on vient de démontrer (65) peut, entre plusieurs autres usages, avoir les deux suivans.

67. 1°. *Pour élever une perpendiculaire à l'extrémité* B *d'une ligne* FB (*fig. 35*), lorsqu'on ne peut prolonger assez cette ligne, pour exécuter commodément ce qui a été enseigné (35); voici le procédé :

D'un point *D* pris à volonté hors de la ligne *FB*, & d'une ouverture égale à la distance *DB*, décrivez la circonférence *ABCH* qui coupe *FB* en quelque point *A*; par ce point & par le centre *D*, tirez le diamètre *ADC*; du point *C* où ce diamètre coupe la circonférence, menez au point *B* la ligne *CB*; elle sera perpendiculaire à *FB*. Car l'angle *CBA* qu'elle forme avec *FB*, a son sommet à la circonférence, & ses côtés passent par les extrémités du diamètre *AC*; cet angle est donc droit (65); donc *CB* est perpendiculaire sur *FB*.

68. 2°. *Pour mener d'un point donné* E (fig. 36), *hors du cercle* ABD, *une tangente à la circonférence de ce cercle*. Joignez le centre *C* & le point *E* par la droite *CE* : décrivez sur *CE* comme diamètre la circonférence *CAED*; elle coupera la circonférence *ABD* en deux points *A* & *D*, pour

chacun desquels & par le point E, tirant les lignes DE & AE, vous aurez les deux tangentes qu'on peut mener du point E à la circonférence ABD.

Pour se convaincre que ces lignes sont tangentes, il n'y a qu'à tirer les rayons CD & CA; les deux angles CDE, CAE ont chacun leur sommet à la circonférence $ACDE$, & les deux côtés de chacun passent par les extrémités du diamètre CE; donc (65) ces angles sont droits; donc DE & AE sont perpendiculaires à l'extrémité des rayons CD & CA; donc (47) ces lignes sont tangentes en D & en A.

69. Si l'on prolonge le côté BA (*fig. 31*) indéfiniment vers I, on aura un angle NAI qui aura aussi son sommet à la circonférence; cet angle qui n'est point formé par deux cordes, mais seulement par une corde & par le prolongement d'une autre corde, n'aura point pour mesure la moitié de l'arc AD compris entre ses côtés, mais la moitié de la somme des deux arcs AD & AB soutendus par le côté AD & par le côté AI prolongé; car DAI valant avec DAB, deux angles droits, ces deux angles doivent avoir ensemble pour mesure la moitié de la circonférence. Or, on vient de voir (63) que DAB avoit pour mesure la moitié de DB; donc DAI a pour mesure la moitié de AD & la moitié de AB.

70. *Un angle* BAC (fig. 37) *qui a son sommet entre le centre & la circonférence, a pour mesure la moitié de l'arc* BC *compris entre ses côtés, plus la moitié de l'arc* DE *compris entre ces mêmes côtés prolongés.*

Du point D où CA prolongé, rencontre la circonférence, tirez DF parallèle à AB; l'angle BAC est égal à FDC (37), & aura par conséquent la même mesure que celui-ci, c'est-à-dire, la moitié de l'arc FBC (63), ou la moitié de BC plus la moitié de BF, ou (à cause que (59) BF est égal à DE) la moitié de BC plus la moitié de DE.

71. *Un angle* BAC (fig. 38) *qui a son sommet hors du cercle, a pour mesure la moitié de l'arc concave* BC *moins la moitié de l'arc convexe* ED *compris entre ses côtés.*

Du point D où CA rencontre la circonférence, tirez DF parallèle à AB.

L'angle BAC est égal à FDC (37); il aura donc même mesure que celui-ci, c'est-à-dire, la moitié de CF, ou la moitié de CB moins la moitié de FB, ou (à cause que BF est (59) égal à ED) la moitié de CB moins la moitié de ED.

72. On voit donc que quand les côtés d'un angle interceptent un arc de circonférence, si cet angle a pour mesure la moitié de l'arc compris entre ses côtés, il a nécessairement son sommet à

la circonférence ; car s'il l'avoit ailleurs, les propositions démontrées (70 & 71) feroient voir qu'il n'a point la moitié de cet arc pour mesure. Donc, de quelque façon qu'on pose un même angle, si ses côtés (*fig. 33*) passent toujours par les mêmes points B & E de la circonférence, son sommet sera toujours sur quelque point de la circonférence. Donc, si deux règles AM, AN (*fig. 39*) fixement attachées l'une à l'autre, roulent ensemble dans un même plan, en touchant continuellement deux points fixes B & C, le sommet A décrira la circonférence d'un cercle qui passera par les deux points B & C.

Ceci peut servir, 1°. *à décrire un cercle qui passe par trois points donnés* B, A, C (fig. 39), *lorsqu'on ne peut approcher du centre*. Il faudra joindre le point A aux deux points B & C par deux règles AM, AN : fixer ces deux règles de manière qu'elles ne puissent s'écarter l'une de l'autre ; alors en faisant mouvoir l'angle BAC de manière que les règles AM, AN touchent toujours les points B & C, le sommet A décrira la circonférence demandée (*m*).

« 2°. *A décrire un arc de cercle d'un nombre de degrés proposé, & qui passe par deux points donnés* B *&* C, ce qui peut être nécessaire dans la pratique.

» Pour cet effet on retranchera de 360° le

nombre des degrés que cet arc doit avoir, & ayant pris la moitié du reste, on ouvrira les deux règles, de manière qu'elles fassent un angle égal à cette moitié. Fixant alors les deux règles l'une à l'autre, & les faisant tourner autour de deux pointes fixées en B & C, l'arc BAC que le sommet décrira dans ce mouvement, sera du nombre de degrés proposés.

» Il est facile de voir pourquoi on fait l'angle BAC égal à la moitié du reste ; c'est qu'il a pour mesure la moitié de BC qui est la différence entre la circonférence entière & l'arc BAC ».

Des Lignes droites qui renferment un espace.

73. Le moindre nombre des lignes droites qu'on puisse employer pour renfermer un espace, est trois ; & alors cet espace se nomme *triangle rectiligne* ou simplement *triangle*. BAC (*fig. 40*) est un triangle, parce que c'est un espace renfermé par trois lignes droites, ou plus exactement, parce que c'est une figure qui n'a que trois angles.

Il est évident que dans tout triangle, la somme de deux côtés, pris comme on le voudra, est toujours plus grande que le troisième. AB plus BC, par exemple, valent plus que AC, parce que AC étant la ligne droite qui va de A à C, est le plus court chemin pour aller d'un de ces points à l'autre.

Un triangle dont les trois côtés font égaux, se nomme triangle *équilatéral* (*fig. 41*).

Celui dont deux côtés seulement font égaux, se nomme triangle *isocèle*, (*fig. 42*).

Et celui dont les trois côtés sont inégaux, se nomme triangle *scalène* (*fig. 40*).

74. *La somme de trois angles de tout triangle rectiligne, vaut deux angles droits ou* 180°.

Prolongez indéfiniment le côté AC vers E (*fig. 40*), & concevez la ligne CD parallèle au côté AB.

L'angle BAC est égal à l'angle DCE (37), puisque les lignes AB & CD sont parallèles. L'angle ABC est égal à l'angle BCD par la seconde propriété des parallèles (38); donc les deux angles BAC & ABC, valent ensemble autant que les deux angles BCD & DCE, c'est-à-dire, autant que l'angle BCE; mais BCE est supplément (17 & 19) de BCA; donc les deux angles BAC & ABC forment ensemble le supplément de BCA; donc ces trois angles valent ensemble 180°.

75. La démonstration que nous venons de donner, prouve donc en même temps que *l'angle extérieur* BCE *d'un triangle* ABC, *vaut la somme des deux intérieurs* BAC & ABC *qui lui sont opposés*.

Concluons de ce qu'on vient de dire (74),

1°. *qu'un triangle rectiligne ne peut avoir qu'un seul angle qui soit droit :* & alors on l'appelle triangle rectangle (*fig.* 43).

2°. Qu'à plus forte raison *il ne peut avoir qu'un seul angle qui soit obtus ;* dans ce cas on l'appelle triangle *obtusangle* (*fig.* 44).

3°. Mais *il peut avoir tous ses angles aigus ;* & alors il est dit triangle *acutangle* (*fig.* 45).

4°. Que *connoissant deux angles, ou seulement la somme de deux angles d'un triangle ;, on connoît le troisième angle,* en retranchant de 180° la somme des deux angles connus.

5°. Que *lorsque deux angles d'un triangle sont égaux à deux angles d'un autre triangle, le troisième angle de chacun est nécessairement égal ;* puisque les trois angles de chaque triangle valent 180°.

6°. Que *les deux angles aigus d'un triangle rectangle sont toujours complément* (21) *l'un de l'autre.* Car dès que l'un des angles du triangle est de 90°, il ne reste plus que 90° pour les deux autres ensemble.

76. Nous avons vu ci-dessus (54) qu'on pouvoit toujours faire passer une circonférence de cercle, par trois points qui ne sont pas en ligne droite ; concluons-en que............

On peut toujours faire passer une circonférence de cercle, par les sommets des trois angles d'un trian-

gle. On appelle cela *circonscrire* un cercle à un triangle.

77. De-là il est aisé de conclure, 1°. que *si deux angles d'un triangle sont égaux, les côtés qui leur sont opposés seront aussi égaux ; & réciproquement si deux côtés d'un triangle sont égaux, les angles opposés à ces côtés seront égaux.*

Car en faisant passer une circonférence par les trois angles A, B, C (*fig.* 46), si les angles ABC, ACB sont égaux, les arcs ADC, AEB, dont les moitiés leur servent de mesure (65) seront nécessairement égaux ; donc (7) les cordes AC, AB seront égales. Et réciproquement si les côtés AC, AB sont égaux, les arcs ADC, AEB seront égaux ; donc les angles ABC, ACB, qui ont pour mesure la moitié de ces arcs, seront égaux.

Donc les trois angles d'un triangle équilatéral sont égaux, & valent, par conséquent, chacun le tiers de 180° ou 60°.

78. 2°. *Dans un même triangle* ABC (fig. 47), *le plus grand côté est opposé au plus grand angle, le plus petit côté au plus petit angle, & réciproquement.*

Car si l'angle ABC est plus grand que l'angle ACB, l'arc AC sera plus grand que l'arc AB, & par conséquent la corde AC plus grande que la corde AB. La réciproque se démontre de même.

De l'égalité des Triangles.

79. Il y a plusieurs propositions dont la démonstration est fondée sur l'égalité de certains triangles qu'on y considère; il est donc à propos d'établir ici les caractères auxquels on peut reconnoître cette égalité. Ils sont au nombre de trois.

80. *Deux triangles sont égaux, quand ils ont un angle égal compris entre deux côtés égaux chacun à chacun.*

Que l'angle B du triangle BAC (*fig.* 48) soit égal à l'angle E du triangle EDF (*fig.* 49); que le côté AB soit égal au côté DE; & le côté BC égal au côté EF; voici comment on peut se convaincre que ces deux triangles sont égaux.

Concevez la figure ABC appliquée sur la figure DEF, de manière que le côté AB soit exactement appliqué sur son égal DE; puisque l'angle B est égal à l'angle E, le côté BC tombera sur EF; & le point C tombera sur le point F, puisque BC est supposé égal à EF. Le point A étant sur D, & le point C sur F, il est donc évident que AC s'applique exactement sur DF, & que par conséquent les deux triangles conviennent parfaitement.

Donc pour construire un triangle dont on connoîtroit deux côtés & l'angle compris, on tirera (*fig. 49*) une ligne DE égale à l'un des côtés connus : fur cette ligne on fera (14) un angle DEF égal à l'angle connu, & ayant fait EF égal au fecond côté connu, on tirera DF, ce qui achèvera le triangle demandé.

81. *Deux triangles font égaux, quand ils ont un côté égal adjacent à deux angles égaux chacun à chacun.*

Que le côté AB (*fig. 48*) foit égal au côté DE (*fig. 49*), l'angle B égal à l'angle E, & l'angle A égal à l'angle D.

Concevez le côté AB appliqué exactement fur le côté DE ; BC fe couchera fur EF, puifque l'angle B eft égal à l'angle E ; pareillement, puifque l'angle A eft égal à l'angle D, le côté AC fe couchera fur DF ; donc AC & BC fe rencontreront au point F ; donc les deux triangles font égaux.

Donc pour conftruire un triangle, dont on connoîtroit un côté & les deux angles adjacens, on tirera (*fig. 49*) une ligne DE égale au côté connu ; aux extrémités de cette ligne, on fera (14) les angles E & D égaux aux deux angles connus ; alors les côtés EF, DF de ces angles, termineront, par leur rencontre, le triangle demandé.

82. La propofition (81) peut fervir à démontrer que *les parties* AC, BD (*fig. 50*) *de deux pa-*

rallèles, interceptées entre deux autres parallèles AB, CD, font égales.

Abaiffez les deux perpendiculaires AE, BF; les angles AEC, BFD font égaux, puifqu'ils font droits; & à caufe des parallèles AC & BD, AE & BF, l'angle EAC eft égal à l'angle FBD (43). D'ailleurs AE eft égal à BF (36); donc les deux triangles AEC, BFD font égaux, puifqu'ils ont un côté égal adjacent à deux angles égaux chacun à chacun; donc AC eft égal à BD.

On démontrera de même que fi AC eft égal & parallèle à BD, AB fera égal & parallèle à CD; car outre le côté AC égal à BD, & l'angle droit en E ainfi qu'en F, l'angle ACE fera égal à BDE, puifque AC eft parallèle à BD (37); donc (75) le troifième angle EAC fera égal au troifième angle DBF; donc les deux triangles auront un côté égal adjacent à deux angles égaux chacun à chacun; donc ils feront égaux; donc AE eft égal à BF, & par conféquent les deux lignes font parallèles. Or, de-là & de ce qu'on vient de démontrer (82), il s'enfuit que AB eft égal à CD.

83. *Deux triangles font égaux lorfqu'ils ont les trois côtés égaux chacun à chacun.*

Que le côté AB (*fig.* 48) foit égal au côté DE (*fig.* 49); le côté BC, égal au côté EF; & le côté AC, égal au côté DF.

Concevez le côté AB exactement appliqué sur DE, & le plan BAC couché sur le plan de la figure DEF; je dis que le point C tombe sur le point F.

Décrivez des points D & E comme centre, & des rayons DF & EF, les deux arcs IK & HG qui se coupent en F; il est évident que le point C doit tomber sur quelque point de IK, puisque AC est égal à DF; par une semblable raison le point C doit tomber sur quelque point de GH, puisque BC est égal à EF; il doit donc tomber sur le point F qui est le seul point commun que ces deux arcs puissent avoir d'un même côté de DE; donc les deux triangles conviennent parfaitement, & sont par conséquent égaux.

Donc pour construire un triangle dont on connoîtroit les trois côtés, il faut (*fig. 49*) tirer une droite DE égale à l'un des côtés connus; du point D comme centre, & d'un rayon égal au second côté connu, décrire l'arc IK; pareillement du point E comme centre, & d'un rayon égal au troisième côté connu, décrire l'arc GH: enfin du point d'intersection F, tirer aux points D & E, les droites FD & FE.

Des Polygones.

84. Une figure de plusieurs côtés, s'appelle en général un *Polygone*.

Lorsqu'elle a trois côtés, on l'appelle
....*Triangle* ou *Trilatère* :
lorsqu'elle en a 4... *Quadrilatère* :
        5... *Pentagone* :
        6.... *Hexagone* :
        7... *Eptagone* :
        8... *Octogone* :
        9... *Ennéagone* :
      10... *Décagone*.
      11... *Endécagone* :
      12... *Dodécagone*.

Nous n'étendrons pas davantage la liste de ces noms, parce qu'une figure est aussi bien désignée en énonçant le nombre de ses côtés, qu'en employant ces différens noms, dont le grand nombre chargeroit assez inutilement la mémoire ; nous n'exposons ceux-ci que parce qu'ils se rencontrent plus fréquemment que les autres.

On appelle angle *saillant*, celui dont le sommet est hors de la figure ; la figure 51 a tous ses angles saillans.

L'angle *rentrant* est au contraire celui dont le

sommet entre dans la figure ; l'angle CDE (*fig. 52*) est un angle rentrant (*n**).

On appelle *diagonale*, une ligne tirée d'un angle à un autre, dans une figure quelconque. AD, AC (*fig. 51*) sont des diagonales.

85. *Tout polygone peut être partagé par des diagonales menées d'un de ses angles, en autant de triangles moins deux, qu'il a de côtés.*

L'inspection des *figures 51 & 52*, suffit pour faire sentir que cela est vrai généralement.

86. Donc *pour avoir la somme de tous les angles intérieurs d'un polygone quelconque, il faut prendre 180° autant de fois moins deux qu'il y a de côtés.*

Car il est évident que la somme des angles intérieurs des polygones ABCDE (*fig. 51*) & ABCDEF (*fig. 52*) est la même que celle des angles des triangles ABC, ACD, &c. Or la somme des trois angles de chacun de ces triangles est de 180° ; il faut donc prendre 180° autant de fois qu'il y a de triangles, c'est-à-dire (85) autant de fois moins deux qu'il y a de côtés.

REMARQUE. Dans la figure 52, l'angle CDE, pour être compris dans la proposition précédente, doit être compté, non pas pour la partie CDE extérieure au polygone, mais pour la partie CDE composée des angles ADE, ADC; c'est un angle de plus de 180°, & qu'on ne doit pas moins considérer comme angle, que tout autre angle au-dessous de 180°. Car un angle n'est en général (10) que la quantité dont une ligne a tourné autour d'un point fixe, & soit qu'elle tourne de plus ou de moins que 180°, la quantité dont elle a tourné est toujours un angle.

87. *Si l'on prolonge dans le même sens, tous les côtés d'un polygone qui n'a point d'angles rentrans, la somme de tous les angles extérieurs vaudra 360°, quelque nombre de côtés qu'ait le polygone :* voyez (*fig. 51*).

Car chaque angle extérieur est le supplément de l'angle intérieur qui lui est contigu; ainsi les angles, tant intérieurs qu'extérieurs, valent autant de fois 180° qu'il y a de côtés; mais (86) les intérieurs ne diffèrent de cette somme, que de deux fois 180°, ou 360° : il reste donc 360° pour les angles extérieurs.

88. On appelle polygone *régulier*, celui qui a tous ses angles égaux, & tous ses côtés égaux : *voyez* (*fig. 53*).

Il est donc toujours facile de savoir combien vaut chaque angle intérieur d'un polygone régulier; car ayant trouvé par la proposition enseignée (86) combien valent ensemble tous les angles intérieurs, il n'y aura qu'à diviser cette valeur totale par le nombre des côtés; par exemple, si l'on demande combien vaut chaque angle intérieur d'un pentagone régulier ; comme il y a 5 côtés, je prends 180°, 5 fois moins deux, c'est-à-dire, 3 fois ; ce qui donne 540° pour la valeur des 5 angles intérieurs ; donc puisqu'ils sont tous égaux, chacun doit valoir la cinquième partie de 540°, c'est-à-dire, 108°, (*o*).

89. « De la définition du polygone régulier, il suit qu'*on peut toujours faire passer une même circonférence de cercle, par tous les angles d'un polygone régulier*.

» Car il est prouvé (54) qu'on peut faire passer une circonférence de cercle par les trois points *A*, *B*, *C* (*fig. 53*) ; or je dis qu'elle passe aussi par l'extrémité du coté *CD* ; en effet, il est facile de prouver que le point *D* où cette circonférence doit rencontrer le côté *CD*, est éloigné de *C* d'une quantité égale à *BC* ; car l'angle *ABC* étant égal à *BCD*, les arcs *AEC*, *BFD*, dont les moitiés servent de mesure à ces angles (63) doivent être égaux ; retranchant de chacun l'arc commun *AF*, *ED*, les arcs restans *CD* & *AB* doivent être égaux ; donc aussi (7) les cordes *CD* & *AB* sont égales ; donc le point *D* où le côté *CD* est rencontré par la circonférence qui passe par *A*, *B*, *C*, est le même que le sommet de l'angle du polygone. On démontrera la même chose des angles *E* & *F*.

90. » On voit donc que *pour circonscrire un cercle à un polygone régulier, la question se réduit à*

faire passer un cercle par les sommets de trois de ses angles, ce qui se fait de la manière enseignée (54) ».

91. *Toutes les perpendiculaires abaissées du centre d'un polygone régulier sur les côtés, sont égales.* Car ces perpendiculaires OH, OL, devant tomber sur le milieu de chaque côté (52), les lignes AH & AL seront égales. Or AO est commun aux deux triangles OHA & OLA; d'ailleurs, à cause des triangles ABO, AOF, qui ont tous leurs côtés égaux, chacun à chacun, les angles OAH, OAL sont égaux; donc les deux triangles OAH, OAL, qui ont un angle égal compris entre deux côtés égaux chacun à chacun sont égaux (80); donc OH est égal à OL.

Donc si d'un rayon égal à l'une de ces perpendiculaires, on décrit une circonférence, elle touchera tous les côtés. Cette circonférence est dite *inscrite* au polygone.

Les perpendiculaires OH, OL s'appellent chacune l'*apothême* du polygone.

92. Il est clair que si du centre du polygone régulier on tire des lignes à tous les angles, ces lignes comprendront entr'elles des angles égaux, puisque ces angles auront pour mesure des arcs qui sont soutendus par des cordes égales; donc *pour avoir l'angle au centre d'un polygone régulier, il faut diviser 360° par le nombre des côtés.* Car ces angles égaux ont tous ensemble pour mesure

la circonférence entière. Par exemple, pour l'hexagone, chaque angle au centre fera la fixième partie de 360°, c'eft-à-dire, fera de 60°.

93. Donc *le côté de l'hexagone eft égal au rayon du cercle circonfcrit.* Car en tirant les rayons AO & BO, le triangle AOB fera ifocèle, & par conféquent (77) les deux angles BAO & ABO feront égaux ; or comme l'angle AOB eft de 60°, les deux autres doivent valoir enfemble 120° (75) ; donc chacun d'eux eft de 60°, les trois angles font donc égaux, & par conféquent le triangle eft équilatéral (77) ; donc AB eft égal au rayon AO.

94. Nous n'en dirons pas davantage fur les polygones réguliers, dont les autres propriétés font d'ailleurs très-faciles à déduire de celles qu'on vient d'expofer ; la feule chofe que nous ajouterons, eft l'ufage de la dernière propofition pour la divifion de la circonférence, de 15 en 15 degrés.

On tirera deux diamètres AB, DE (*fig.* 54) perpendiculaires l'un à l'autre, & ayant pris une ouverture de compas égale au rayon CE, on la portera fucceflivement de E en F, & de A en G ; le quart de circonférence AE fera, par ce moyen, divifé en trois parties égales AF, FG, GE ; car puifqu'on a pris le rayon pour l'ouverture du compas, il fuit de ce qui vient d'être dit (93) que l'arc EF est de 60°; or EA est de 90°; donc AF est de 30°. Par la même raison AG est de 60°; & comme AE est de 90°, GE est donc de 30°; enfin, si de l'arc total AE de 90°, vous retranchez les arcs AF & GE qui valent ensemble 60°, l'arc restant FG sera de 30°. Ayant ainsi divisé le quart de circonférence en arcs de 30°, il sera facile d'avoir l'arc de 15°, en divisant en deux parties égales, chacun des arcs AF, FG, & GE par la méthode donnée (53). On fera les mêmes opérations sur chacun des trois autres quarts AD, DB, & BE.

Si on vouloit conduire cette division jusqu'à l'arc de 1°, il faudroit y aller par tâtonnement; car il n'y a pas de méthode géométrique pour cela. Il y a cependant une méthode géométrique pour venir directement jusqu'à l'arc de 3°; mais comme les propositions qui y conduisent ne peuvent nous être d'aucune autre utilité, nous n'en parlerons point.

Remarquons seulement que ce que nous entendons ici par opérations géométriques, ce sont celles dans lesquelles la chose dont il s'agit, peut être exécutée par un nombre *déterminé* d'opérations faites avec la règle & le compas seuls.

Des Lignes proportionnelles.

95. Avant que d'entrer en matière fur ce qui regarde les lignes proportionnelles, nous placerons ici quelques propofitions fur les proportions, qui font une fuite immédiate de ce que nous avons enfeigné dans l'Arithmétique. Mais pour abréger le difcours, nous conviendrons pour l'avenir que lorfque deux quantités devront être ajoutées l'une à l'autre, nous indiquerons cette opération par ce figne +, qui équivaudra au mot *plus*; ainfi 4 + 3 fignifiera 4 plus 3, ou 4 ajouté à 3, ou 3 ajouté à 4. Pareillement pour marquer la fouftraction, nous nous fervirons de ce figne —, qui équivaudra au mot *moins*; ainfi 5 — 2 fignifiera 5 moins 2, ou qu'on doit retrancher 2 de 5. Comme il n'eft pas toujours queftion de faire réellement les opérations, mais de raifonner fur des circonftances de ces opérations, il eft fouvent plus utile de les repréfenter que d'en donner le réfultat.

Pour marquer la multiplication, nous nous fervirons de ce figne ×, qui équivaudra à ces mots *multiplié par*; ainfi 5 × 4, fignifiera 5 multiplié par 4.

Et pour marquer la divifion, nous ferons comme en Arithmétique; nous écrirons le dividende & le diviseur en forme de fraction dont le dividende sera numérateur, & le diviseur dénominateur; ainsi $\frac{12}{7}$ marquera 12 divisé par 7.

Cela posé, nous avons vu (*Arith.* 185) que dans toute proportion, la somme des antécédens est à la somme des conséquens, comme un antécédent est à son conséquent; & qu'il en est de même de la différence des antécédens comparée à celle des conséquens.

96. Nous pouvons donc conclure de-là, que *dans toute proportion la somme des antécédens est à la somme des conséquens, comme la différence des antécédens est à la différence des conséquens;* car puisque dans la proportion 48 : 16 :: 12 : 4, par exemple, on a (*Arith.* 185)

48 + 12 : 16 + 4 :: 12 : 4
& ... 48 — 12 : 16 — 4 :: 12 : 4

il est évident (à cause du rapport commun de 12 : 4) qu'on peut conclure 48 + 12 : 16 + 4 :: 48 — 12 : 16 — 4. Le raisonnement est le même pour toute autre proportion.

97. On peut donc, en mettant dans cette dernière proportion le troisième terme à la place du second, & le second à la place du troisième, ce qui est permis (*Arith.* 182), dire aussi que *la somme des antécédens est à leur différence, comme la somme des conséquens est à leur différence.*

98. Si dans la proportion 48 : 16 :: 12 : 4

DE MATHÉMATIQUES. 57

on échange les places des deux moyens, ce qui donnera $48:12::16:4$, & qu'on applique à celle-ci la proposition qu'on vient de démontrer (96), on aura $48+16:12+4::48-16:12-4$ qui à l'égard de la proportion $48:16::12:4$, fournit cette proposition, *la somme des deux premiers termes d'une proportion est à la somme des deux derniers termes, comme la différence des deux premiers est à la différence des deux derniers ;* ou (en mettant le troisième terme à la place du second, & le second à la place du troisième), *la somme des deux premiers termes est à leur différence, comme la somme des deux derniers est à leur différence.*

99. *Si un rapport est composé du produit de plusieurs autres rapports, on peut, à chacun des rapports composans, substituer un rapport exprimé par d'autres termes, pourvu que ces deux termes aient le même rapport que ceux auxquels on les substituera.*

Par exemple, dans le rapport de $6 \times 10 : 2 \times 5$, on peut, au lieu des facteurs 6 & 2, substituer 3 & 1, ce qui donnera le rapport composé $3 \times 10 : 1 \times 5$ qui est le même que le rapport $6 \times 10 : 2 \times 5$. En effet, puisque $6:2::3:1$, on peut, sans changer cette proposition (*Arith. 183*), multiplier les antécédens par 10, & les conséquens par 5, & alors on aura $6 \times 10 : 2 \times 5 :: 3 \times 10 : 1 \times 5$.

Il est facile de voir que ce raisonnement s'applique à tout autre rapport.

100. Si deux, ou un plus grand nombre de proportions sont telles que dans le premier rapport de l'une, l'antécédent se trouve égal au conséquent de l'autre, on pourra, lorsqu'il s'agira de multiplier ces proportions par ordre, omettre les termes qui se trouveront communs d'antécédent à conséquent ; par exemple, si on a les deux proportions

$$6 : 4 :: 12 : 8$$
$$4 : 3 :: 20 : 15$$

on pourra conclure $6 : 3 :: 12 \times 20 : 8 \times 15$.

Car quand on admettroit le multiplicateur commun 4, le rapport de 6×4 à 4×3 qu'on auroit alors, ne différeroit pas du rapport de 6 à 3 (*Arith*. 170) que l'on a en omettant ce facteur.

De même si on a $6 : 4 :: 12 : 8$
$$4 : 3 :: 20 : 15$$
$$3 : 7 :: 21 : 49$$

on en conclura $6 : 7 :: 12 \times 20 \times 21 : 8 \times 15 \times 49$.

La même chose aura lieu pour les seconds rapports, & par la même raison.

Cette observation est utile pour trouver le rapport de deux quantités, lorsque ce rapport doit être composé, parce qu'alors on compare chacune de ces quantités à d'autres quantités qu'on emploie comme auxiliaires, & qui ne doivent plus rester après la démonstration.

Nous allons maintenant transporter aux lignes les connoissances que nous avons tirées des nombres sur les proportions. Mais pour rendre nos démonstrations plus courtes & plus générales, nous ne donnerons aucune valeur particulière à ces lignes, sinon dans quelques applications; au reste on peut toujours s'aider par des comparaisons avec des nombres.

Les rapports que nous considérons ici sont les rapports géométriques. Ainsi quand nous dirons une telle ligne est à une telle ligne, comme 5 est à 4, par exemple, on doit entendre que la première contient la seconde, autant que 5 contient 4 (*p*).

101. « *Si sur un des côtés* A Z *d'un angle quelconque* Z A X (fig. 55), *on marque les parties égales* A B, B C, C D, D E, *&c. de telle grandeur & en tel nombre qu'on voudra; & si après avoir tiré à volonté, par l'un* F *des points de division, la ligne* F L *qui rencontre le côté* A X *en* L, *on mène par les autres points de division, les lignes* B G, C H, D I, E K, *&c. parallèles à* F L; *je dis que les parties* A G, G H, H I, *&c. du côté* A X, *seront aussi égales entre elles*.

» Menons par les points *G, H, I*, &c. les lignes *GM, HN, IO*, &c. parallèles à *AZ*; les triangles ABG, GMH, HNI, IOK, &c. feront tous égaux entre eux; car 1°. les lignes GM, HN, IO, &c. font chacune égales à AB, puifque (82) elles font égales à BC, CD, DE, &c. 2°. les angles GMH, HNI, IOK, &c. font tous égaux entre eux, puifqu'ils font tous égaux à l'angle ABG (43); 3°. les angles MGH, NHI, OIK, &c. font tous égaux entre eux, puifqu'ils font tous égaux à l'angle BAG (43).

» Tous les triangles BAG, MGH, NHI, &c. ont donc un côté égal adjacent à deux angles égaux chacun à chacun; ils font donc tous égaux; donc les côtés AG, GH, HI, &c. de ces triangles font tous égaux entre eux; donc la ligne AX eft en effet divifée en parties égales par les parallèles.

Il eft donc évident que fi AB eft telle partie que ce foit de AG, BC fera une femblable partie de GH; CD fera une femblable partie de HI; fi, par exemple, AB eft les $\frac{2}{5}$ de AG, BC fera les $\frac{2}{5}$ de GH, & ainfi de fuite.

» Il en fera de même de 2, 3, 4, &c. parties de AF comparées à 2, 3, 4, &c. parties de AL; donc une portion quelconque AD ou DF de la ligne AF, eft même partie de la portion correfpondante AI ou IL de la ligne AL, que AB l'eft de AG, c'eft-à-dire, que.....

$$AD : AI :: AB : AG$$
$$\& \; DF : IL :: AB : AG.$$

» On peut dire de même, que $AF : AL :: AB : AG$;

» Donc (à cause du rapport de $AB : AG$ commun à ces trois proportions) on peut dire que...... $AD : AI :: DF : IL$
& $AD : AI :: AF : AL$.

102. » Donc *si par un point* D (fig. 56) *pris à volonté sur un des côtés* AF *d'un triangle* AFL, *on mène une ligne* DI *parallèle au côté* FL ; *les deux côtés* AF, AL, *seront coupés proportionnellement*, c'est-à-dire, qu'on aura toujours

$AD : AI :: DF : IL$
& $AD : AI :: AF : AL$;

ou bien, en échangeant les places des deux moyens (*Arith.* 182.),

$AD : AI :: DF : IL$
& $AD : AI :: AF : AL$

quel que soit d'ailleurs l'angle FAL.

» En effet, on peut toujours concevoir le côté AF coupé en tel nombre de parties égales qu'on voudra, & par conséquent en un nombre infini de parties égales : or, dans ce cas le point D ne pouvant manquer d'être un des points de division, le raisonnement de l'article précédent s'applique ici mot à mot.

103. » Donc, 1°. *Si d'un point* A *pris à volonté hors de la ligne* GL (fig. 57) *on tire à différens points de cette ligne, plusieurs lignes* AG, AH,

AI, AK, AL; *toute parallèle* BF *à la ligne* GL, *coupera toutes ces lignes, en parties proportionnelles*; c'est-à-dire, qu'on aura...........

AB : BG :: AC : CH :: AD : DI :: AE : EK :: AF : FL
& *AB : AG :: AC : AH :: AD : AI :: AE : AK :: AF : AL.*

» Car en considérant successivement les angles *GAH, GAI, GAK, GAL*, comme on fait l'angle *FAL* dans la figure 56, on démontrera de la même manière que tous ces rapports sont égaux.

104. » 2°. *La ligne* AD (fig. 56*) *qui divise en deux parties égales un angle* BAC *d'un triangle, coupe le côté opposé* BC *en deux parties* BD, DC, *proportionnelles aux côtés correspondans* AB, AC; *c'est-à-dire, de manière qu'on a* BD : DC :: AB : AC.

» Car si par le point *B*, on mène *BE* parallèle à *AD*, & qui rencontre *CA* prolongée en *E*; les lignes *CE*, *CB* étant alors coupées proportionnellement (102), on aura *BD : CD :: AE : AC*.

» Or, il est facile de voir que *AE* est égal à *AB*; car à cause des parallèles *AD* & *BE*, l'angle *E* est égal à l'angle *DAC* (37), & l'angle *EBA* est égal à son alterne *BAD* (38); donc puisque *DAC* & *BAD* sont égaux comme étant les moitiés de *BAC*, les angles *E* & *EBA* seront égaux; donc les côtés *AE* & *AB* sont aussi égaux ; donc la proportion $BD : CO :: AE : AC$, se change en celle-ci $BD : CD :: AB : AC (p^*)$.

105. » *Si on coupe les lignes* AF & AL (fig. 56) *proportionnellement aux points* D & I, *c'est-à-dire, de manière que* $AF : AD :: AL : AI$, *la ligne* DI *sera parallèle à* FL.

» Car la partie de AL que couperoit la parallèle menée du point D, doit (102) être contenue dans AL, autant que AD l'est dans AF; or, par la suppofition, AI est contenue dans AL précifément ce même nombre de fois ; donc cette partie ne peut être autre que AI.

106. » Donc *si on coupe proportionnellement aux points* B, C, D, E, F (fig. 57), *les lignes* AG, AH, AI, AK, AL, *menées du point* A *à différens points de la ligne* GL, *la ligne* $BCDEF$ *qui passera par tous ces points, sera une ligne droite parallèle à* GL.

107. » Les propositions enseignées, (102 & suiv.) sont également vraies, lorsque la ligne BF, au lieu d'être entre le point A & la ligne GL, comme dans la figure 57, tombe au-delà du point A, comme dans la figure 58. Car tout ce qui a été dit de la figure 55, & qui sert de base aux propofitions établies (102 & suiv.) auroit également lieu pour les parallèles qui couperoient ZA & XA prolongées dans la figure 55.

De la similitude des Triangles.

108. » On appelle côtés *homologues* de deux triangles, ou en général de deux figures semblables, ceux qui ont des positions semblables, chacun dans la figure à laquelle il appartient (*q*).

109. » *Deux triangles qui ont les angles égaux chacun à chacun, ont les côtés homologues proportionnels, & sont par conséquent semblables.*

» Si les deux triangles ADI, AFL (*fig.* 59 & 60), sont tels que l'angle A du premier soit égal à l'angle A du second, l'angle D égal à l'angle F, & l'angle I égal à l'angle L, je dis qu'on aura $AD : AF :: AI : AL :: DI : FL$.

» Car puisque l'angle A du premier est égal à l'angle A du second, on peut appliquer ces deux triangles l'un sur l'autre de la manière représentée dans la figure 56 ; alors puisque l'angle D est égal à l'angle F, les lignes DI & FL seront parallèles (42) ; donc selon ce qui a été dit (102), on aura $AD : AF :: AI : AL$.

» Tirons maintenant par le point I la droite IH parallèle à AF ; selon ce qui a été dit (102), on voit que $AI : AL :: FH : FL$, (ou à cause que FH est égal à DI (82) $:: DI : FL$; donc $AD : AF :: AI : AL :: DI : FL$.

Comme on peut échanger les places des moyens,

on peut dire aussi $AD : AI :: AF : AL$, & $AI : DI :: AL : FL$.

110. " Puisque (74) lorsque deux angles d'un triangle sont égaux à deux angles d'un autre triangle, le troisième angle est nécessairement égal au troisième angle ; concluons-en que *deux triangles sont semblables lorsqu'ils ont deux angles égaux chacun à chacun*.

111. " On a vu (43) que deux angles qui ont les côtés parallèles, & qui sont tournés d'un même côté, sont égaux ; donc *deux triangles qui ont les côtés parallèles, ont les angles égaux chacun à chacun, & ont, par conséquent,* (109) *les côtés proportionnels*.

" Donc aussi *deux triangles qui ont les côtés perpendiculaires chacun à chacun, ont aussi ces mêmes côtés proportionnels* ; car si on fait faire un quart de révolution à l'un de ces triangles, ses côtés deviendront parallèles à ceux du second.

112. " *Si de l'angle droit A d'un triangle rectangle* BAC (fig. 43), *on abaisse une perpendiculaire* AD *sur le côté opposé* BC (*qu'on appelle hypothénuse*), 1°. *les deux triangles* ADB, ADC *seront semblables entre eux & au triangle* BAC. 2°. *La perpendiculaire* AD *sera moyenne proportionnelle entre les deux parties* BD & DC *de l'hypothénuse*. 3°. *Chaque côté* AB *ou* AC *de l'angle droit, sera moyen proportionnel entre l'hypothénuse & le segment correspondant* BD *ou* DC.

» Car les deux triangles ADB, ADC, ont chacun un angle droit en D; comme le triangle BAC en a un en A; d'ailleurs ils ont de plus chacun un angle commun avec ce même triangle BAC, puisque l'angle B appartient tout-à-la-fois au triangle ADB & au triangle BAC; pareillement l'angle C appartient tout-à-la-fois au triangle ADC & au triangle BAC; donc (110) ces trois triangles sont semblables. Donc (109) comparant les côtés homologues des deux triangles ADB & ADC, on aura

$$BD : AD :: AD : DC$$

comparant les côtés homologues des deux triangles ADB, BAC, on aura

$$BD : AB :: AB : BC$$

enfin, comparant les côtés homologues des triangles ADC & BAC, on aura

$$CD : AC :: AC : BC$$

où l'on voit que AD est (*Arith.* 174) moyenne proportionnelle entre BD & DC; AB moyenne proportionnelle entre BD & CB; & enfin AC moyenne proportionnelle entre CD & BC.

113. » *Deux triangles qui ont un angle égal compris entre deux côtés proportionnels, ont aussi les deux autres angles égaux, & sont, par conséquent, semblables.*

» Si les deux triangles ADI, AFL (*fig.* 59 & 60), sont tels que l'angle A du premier soit

DE MATHÉMATIQUES. 67

égal à l'angle A du second, & qu'en même temps les côtés qui comprennent ces angles, soient tels qu'on ait $AD : AF :: AI : AL$; je dis qu'ils seront semblables, c'est-à-dire, qu'ils auront les autres angles égaux chacun à chacun, & leurs troisièmes côtés DI & FL en même rapport que AD & AF, ou que AI & AL.

„ Car on peut appliquer l'angle A du triangle ADI sur l'angle A du triangle AFL, de la manière représentée par la figure 56. Or, puisqu'on suppose que $AD : AF :: AI : AL$, les deux droites AF & AL sont donc coupées proportionnellement aux points D & I; donc DI est parallèle à FL (105); donc (37) l'angle AFL est égal à l'angle ADI, & l'angle ALF égal à l'angle AID.

„ De-là & de ce qui a été dit (109), il suit que $DI : FL :: AD : AF :: AI : AL$.

114. „ *Deux triangles qui ont leurs trois côtés homologues proportionnels, ont les angles égaux chacun à chacun, et sont, par conséquent, semblables.*

„ Si on suppose (*fig.* 61 & 62) que $DE : AB :: EF : BC :: DF : AC$; je dis que l'angle D est égal à l'angle A, l'angle E égal à l'angle B, & l'angle F égal à l'angle C.

„ Imaginons qu'on ait construit sur DE, un triangle DGE, dont l'angle DEG soit égal à l'angle B, & l'angle GDE à l'angle A; le triangle DEG sera semblable au triangle ABC (110); donc (109) $DE:AB::GE:BC::DG:AC$; mais par la supposition on a $DE:AB::EF:BC::DF:AC$; donc à cause du rapport commun de $DE:AB$, on aura ces deux proportions :

$$GE:BC::EF:BC$$
$$\& \; DG:AC::DF:AC.$$

» Donc puisque les deux conséquens sont égaux entre eux dans chacune de ces deux proportions, les antécédens seront aussi égaux entre eux ; donc GE est égal à EF, & DG égal à DF. Le triangle DEG a donc ses trois côtés égaux à ceux du triangle DEF ; il est donc (83) égal à ce triangle DEF ; or on vient de voir que le triangle DEG est semblable à ABC ; donc DEF est aussi semblable à ABC.

115. » Nous avons prouvé ci-dessus (111) que quand la ligne DI (*fig. 56*), est parallèle au côté FL, les deux triangles ADI, AFL sont semblables ; comme cette vérité a lieu, de quelque grandeur que puisse être l'angle A, on doit donc conclure (*fig. 57*) que les triangles AGH, AHI, AIK, AKL, sont semblables aux triangles ABC, ACD, ADE, AEF chacun à chacun, & que par conséquent, (109) $KL:EF::AK:AE::KI:DE::AI:AD::IH:CD::AH:AC::GH:BC$; donc, en ne

tirant de cette fuite de rapports, que ceux qui renferment des parties des lignes GL & BF, on aura $KL:EF::KI:DE::IH:CD::GH:BC$; c'est-à-dire, que *si d'un point* A, *on tire à différens points d'une ligne droite* GL, *plusieurs autres lignes droites ; ces lignes couperont toute parallèle à* GL, *de la même manière qu'elles coupent* GL, *c'est-à-dire, en parties qui auront entre elles les mêmes rapports que les parties correspondantes de* GL. ».

116. Les principes que nous venons d'exposer, sont la base de toutes les parties des Mathématiques théoriques ou pratiques. Comme il importe de se rendre ces principes familiers, nous insisterons un peu sur leur usage, tant par cette vue, que parce que cela nous fournira l'occasion d'expliquer plusieurs pratiques utiles.

117. La proposition enseignée (101) fournit un moyen bien naturel de diviser une ligne donnée en parties égales, ou en parties qui aient entre elles des rapports donnés. Supposons que AR (*fig. 55*) soit une ligne qu'on veut diviser en deux parties qui aient entre elles un rapport donné, par exemple, celui de 7 à 3, on tirera par le point A, & sous tel angle qu'on voudra, une ligne indéfinie AZ, & ayant pris arbitrairement une ouverture de compas AB, on la portera dix fois le long de AZ ; je suppose que Q soit l'extrémité de la dernière partie ; on joindra

les extrémités Q & R de la ligne AQ, & de la ligne donnée AR; alors si par le point D, extrémité de la troisième division, on tire DI parallèle à QR; la ligne AR sera divisée en deux parties RI & AI qui seront entre elles :: 7 : 3, car (101 & 102) elles sont entre elles :: DQ : AD que l'on a faites de 7 & de 3 parties.

On voit par-là que si l'on vouloit diviser la ligne AR en un plus grand nombre de parties, par exemple, en 5 parties qui fussent entre elles comme les nombres 7, 5, 4, 3, 2 : on ajouteroit tous ces nombres entre eux, ce qui donneroit 21 ; on porteroit 21 ouvertures de compas sur la ligne AZ, & on tireroit des parallèles à la ligne QR par les extrémités de la 7e, 5e, 4e, 3e, 2e division.

118. Si les rapports étoient donnés en lignes, on mettroit toutes ces lignes bout à bout sur la ligne AZ.

On voit donc ce qu'il y auroit à faire, si l'on vouloit diviser la ligne AR en parties égales.

Mais quand les parties de la ligne qu'on doit diviser, doivent être petites, ou quand cette ligne elle-même est petite, le plus léger défaut dans les parallèles influe beaucoup sur l'égalité ou l'inégalité des parties, c'est pourquoi il ne sera pas inutile d'exposer la méthode suivante.

119. fg (*fig.* 63) est la ligne qu'il s'agit

de diviser en parties égales, en 6, par exemple : on tirera une ligne indéfinie BC, sur laquelle on portera six fois de suite une même ouverture de compas arbitraire : soit BC la ligne qui comprend ces six parties ; on décrira sur BC un triangle équilatéral BAC, en décrivant des deux points B & C comme centres, & de l'intervalle BC comme rayon, deux arcs, qui se coupent en A. Sur les côtés AB, AC, on prendra les parties AF, AG égales chacune à fg ; & ayant tiré FG, cette ligne sera égale à fg ; on mènera du point A à tous les points de division de BC, des lignes droites, qui couperont FG de la même manière que BC est coupée.

Car les lignes AF, AG étant égales entre elles, & les lignes AB, AC aussi égales entre elles, on a $AB : AF :: AC : AG$; donc AB, AC sont coupées proportionnellement en F & G ; donc FG est parallèle à BC, & par conséquent (111) le triangle FAG est semblable à ABC ; donc FAG est équilatéral ; donc FG est égal à AF ; & par conséquent à fg ; de plus FG étant parallèle à BC, ces deux lignes (115) doivent être coupées proportionnellement par les lignes menées du point A à la droite BC.

Ce que nous venons d'exposer peut servir à former & à diviser l'échelle qui doit servir lorsqu'on veut réduire une figure, du grand au petit ; mais l'échelle la plus commode dans un grand nombre d'opérations est celle qu'on appelle échelle de *dixmes* : voici comment elle se construit. Aux extrémités A & B de la ligne AB (*fig.* 64) qu'on veut diviser en 100 parties, on élève les perpendiculaires AC, BD, sur chacune desquelles on porte dix ouvertures de compas égales entre elles, mais de grandeur arbitraire ; ayant tiré CD, on divise AB en dix parties, & on porte ces parties sur CD, après quoi on tire des transversales comme on le voit dans la figure ; & par les points de division correspondans de CA & de BD, on tire des lignes droites qui sont autant de parallèles à AB ; alors on est dans le même cas que si l'on avoit divisé AB en 100 parties : si l'on veut, par exemple, avoir 47 parties dont AB en contient 100, je prends sur la ligne qui passe au n°. 7, la partie $7H$ depuis CA jusqu'à la transversale qui passe par le n°. 40, & ainsi pour tout autre nombre.

En effet, à cause des triangles semblables $C7v$, CAx, il est évident que $7v$ contient 7 parties dont Ax en contiendroit 10 ; donc puisque vH contient 4 intervalles égaux à Ax, la ligne entière $7H$ vaut 47 parties dont Ax en contiendroit 10, c'est-à-dire, 47 parties, dont AB en contiendroit 100.

120. La proposition démontrée (102) peut

servir à *trouver une quatrième proportionnelle à trois lignes données* a b, c d, e f (*fig. 56*), c'est-à-dire, une ligne qui soit le quatrième terme d'une proportion dont les trois premiers seroient *ab*, *cd*, *ef*. Pour cet effet, après avoir tiré deux droites indéfinies AF, AL, qui fassent entre elles tel angle qu'on voudra, on portera *a b* de A en D, & *c d* de A en F; on portera pareillement *e f* de A en I; & ayant joint les deux points D & I par la droite DI, on mènera par le point F la ligne FL parallèle à DI qui déterminera AL pour la quatrième proportionnelle cherchée.

On peut aussi, en vertu de la proposition enseignée (109), s'y prendre de cette autre manière. Prendre sur une ligne indéfinie AF (*fig. 56*), les deux parties AD, AF égales à *ab*, *cd* respectivement; & ayant tiré DI égale à *ef*, & sous tel angle qu'on voudra, on tirera par le point A & le point I, la droite AIL que l'on coupera par une ligne FL parallèle à DI; cette parallèle sera le quatrième terme cherché.

Quand les deux termes moyens d'une proportion sont égaux, le quatrième terme s'appelle alors *troisième proportionnel*, parce qu'il n'y a que trois quantités différentes dans la proportion. Ainsi quand on demande une troisième proportionnelle à deux lignes données, il faut entendre qu'on demande le quatrième terme d'une proportion dans laquelle la feconde des deux lignes données fait l'office des deux moyens, l'opération est la même que celle qu'on vient d'enfeigner (9).

121. Les propofitions enfeignées (109, 113 & 114) peuvent fervir à réfoudre ce problême général : *Etant données trois des fix chofes (angles & côtés) qui entrent dans un triangle, trouver les trois autres, pourvu que parmi les trois chofes connues il y ait un côté.*

Nous allons en donner quelques exemples.

Suppofons qu'étant au point B (*fig. 65*) dans la campagne, on veut favoir quelle diftance il y a de ce point B à un objet A dont on ne peut approcher.

On plantera un piquet à une certaine diftance B C que l'on mefurera, & qu'on fera à-peu-près égale à B A eftimée groffièrement. Puis avec le graphomètre que nous avons décrit (23) on mefurera les angles A B C, A C B que font avec la ligne B C les deux lignes qu'on imaginera aller de fes extrémités au point A. Cela pofé, on tirera fur le papier une ligne b c (*fig. 66*) qu'on fera d'autant de parties d'une échelle que l'on conftruira arbitrairement, d'autant de parties, dis-je, qu'on a trouvé de pieds dans C B, fi l'on a mefuré en pieds ; & avec le rapporteur décrit (22), on fera au point b, un angle qui ait autant de degrés qu'on en a trouvé à l'angle B ; & au point

DE MATHÉMATIQUES. 75

e un angle qui ait autant de degrés qu'on en a trouvé à l'angle C; alors les deux lignes ab, ac se rencontreront en un point a qui représentera le point A; en sorte que si vous mesurez ab sur votre échelle, le nombre de parties que vous lui trouverez, sera le nombre de pieds que contient AB. Car les deux angles b & c ayant été faits égaux aux deux angles B & C, le triangle bac est semblable au triangle BAC (110), & par conséquent leurs côtés sont proportionnels.

C'est ainsi qu'on peut mesurer la distance d'une île à une côte, lorsque l'on peut observer cette île de deux points de cette côte, dont la distance seroit connue.

122. Par la proposition démontrée (114) on peut se dispenser de mesurer les angles, dans le cas dont nous venons de parler. En effet, il suffit, après avoir planté un piquet en un point E (*fig. 65*) qui soit sur l'alignement des points A & B, & un autre en un point F qui soit sur l'alignement des deux points A & C, il suffit, dis-je, de mesurer les lignes BC, BE, CE, BF & CF; alors on fera un triangle bec (*fig. 66*) dont les côtés bc, be, ce aient autant de parties d'une même échelle, que BC, BE, CE ont de pieds; on fera de même sur bc un autre triangle bcf dont les côtés bf, cf aient autant de parties de l'échelle, que BF & CF ont de pieds; alors pro-

longeant les côtés be & cf, ils se rencontreront en un point a, qui représentera le point A; en sorte que mesurant ba sur l'échelle, on jugera par le nombre de parties qu'on trouvera, combien de pieds doit avoir AB.

En effet, le triangle bec ayant les côtés proportionnels à ceux du triangle BEC, ces deux triangles doivent avoir les angles égaux ; donc l'angle EBC ou ABC est égal à l'angle ebc ou abc : la même raison prouve que l'angle FCB ou ACB est égal à l'angle fcb ou acb; donc les deux triangles ACB & acb sont semblables.

On voit en même temps que par cette construction on peut déterminer les angles ABC & ACB, en mesurant avec le rapporteur les angles abc & acb sur le papier.

Au reste, quoique ces expédiens & beaucoup d'autres qu'on peut facilement imaginer d'après eux, puissent être souvent utiles, nous ne nous y arrêterons pas plus long-temps, parce que la Trigonométrie que nous enseignerons par la suite, nous fournira des moyens plus expéditifs & plus susceptibles de précision ; car, quoique les opérations que nous venons de décrire soient rigoureusement exactes dans la théorie, elles ne donnent cependant qu'une exactitude assez bornée dans la pratique, parce que les erreurs qu'on peut commettre dans la figure abc, toutes petites qu'elles puiſſent être, peuvent influer ſenſiblement ſur les concluſions qu'on en tire pour la figure *A B C* qui eſt toujours incomparablement plus grande.

Des Lignes proportionnelles conſidérées dans le Cercle.

123. Deux lignes ſont dites coupées en raiſon *inverſe* ou *réciproque*, lorſque pour former une proportion avec les parties de ces lignes, les deux parties de l'une ſe trouvent être les extrêmes, & les deux parties de l'autre, les moyens de la proportion.

Et deux lignes ſont dites réciproquement proportionnelles à leurs parties, lorſqu'une de ces lignes & ſa partie forment les extrêmes, tandis que l'autre ligne & ſa partie forment les moyens.

124. *Deux cordes* A C & B D (fig. 67) *qui ſe coupent dans le cercle, en quelque point* E *que ce ſoit, & ſous quelque angle que ce ſoit, ſe coupent toujours en raiſon réciproque,* c'eſt-à-dire, que AE : BE :: DE : CE.

Car ſi l'on tire les cordes *A B*, *CD*, on forme deux triangles *B E A*, *C E D* qu'il eſt aiſé de démontrer être ſemblables, puiſqu'outre l'angle *B E A* égal à *C E D* (20), l'angle *A B E* ou *A B D* eſt égal à l'angle *D C E* ou *D C A*; car ces deux angles ont leur sommet à la circonférence, & s'appuient fur le même arc AD (63). Donc les triangles BEA & CED font femblables (110); donc ils ont leurs côtés homologues proportionnels, c'eſt-à-dire, que $AE : BE :: DE : CE$, où l'on voit que les parties de la corde AC font les extrêmes, et les parties de la corde BD font les moyens.

125. Puiſque la propoſition qu'on vient de démontrer a lieu, quelque part que ſoit le point E, & ſous quelque angle que ſe coupent les deux cordes AC & BD, elle a donc lieu auſſi lorſque les deux cordes (*fig. 68*) ſont perpendiculaires l'une à l'autre, & que l'une des deux, AC, par exemple, paſſe par le centre; or, dans ce cas la corde BD étant coupée en deux parties égales (51), les deux termes moyens de la proportion $AE : BE :: DE : CE$ deviennent égaux, & la proportion ſe change en cette autre $AE : BE :: BE : CE$; donc *toute perpendiculaire* BE *abaiſſée d'un point* B *de la circonférence ſur le diamètre, eſt moyenne proportionnelle entre les deux parties* AE, CE *de ce diamètre*.

126. Cette propoſition a pluſieurs applications utiles. Nous n'en expoſerons qu'une pour le préſent. C'eſt pour *trouver une moyenne proportionnelle entre deux lignes données*, a e, e c (*fig. 70*).

On tirera une droite indéfinie AC ſur laquelle

on placera bout à bout deux lignes AE, EC égales aux lignes ac, ec; & ayant décrit sur la totalité AC comme diamètre, le demi-cercle ABC, on élèvera au point de jonction E, la perpendiculaire EB sur AC; cette perpendiculaire sera la moyenne proportionnelle demandée.

127. *Deux sécantes* AB, AC (fig. 69), *qui partant d'un même point* A *hors du cercle, vont se terminer à la partie concave de la circonférence, sont toujours réciproquement proportionnelles à leurs parties extérieures* AD, AE, *à quelque endroit que soit le point* A *hors du cercle, & quelque angle que fassent entre elles ces deux sécantes.*

Concevez les cordes CD & BE, vous aurez deux triangles ADC, AEB, dans lesquels 1°. l'angle A est commun : 2°. l'angle B est égal à l'angle C, parce que l'un & l'autre ont leur sommet à la circonférence, & embrassent le même arc DE (63); donc (110) ces deux triangles sont semblables, & ont par conséquent les côtés proportionnels; donc $AB : AC :: AE : AD$, où l'on voit que la sécante AB & sa partie extérieure AD forment les extrêmes, tandis que la sécante AC & sa partie extérieure AE forment les moyens.

128. Puisque cette proposition est vraie, quel que soit l'angle BAC, si l'on conçoit que le côté AB demeurant fixe, le côté AC tourné au-

tour du point A pour s'écarter de AB, les deux points de section E & C s'approcheront continuellement l'un de l'autre, jusqu'à ce qu'enfin la droite AC tombant sur la tangente AF, ces deux points se confondront, & AC, AE deviendront chacune égale à AF; en sorte que la proportion $AB:AC::AE:AD$ deviendra $AB:AF::AF:AC$; donc

129. *Si d'un point* A, *pris hors du cercle, on mène une sécante quelconque* A B *& une tangente* A F, *cette tangente sera moyenne proportionnelle entre la sécante* A B *& la partie extérieure* A D *de cette même sécante* (r).

130. Cette proposition peut, entre autres usages, servir à *couper une ligne en moyenne & extrême raison*. On dit qu'une ligne AB (*fig. 71*) est coupée en moyenne & extrême raison, lorsqu'elle est coupée en deux parties AC, BC, telle que l'une BC de ces parties est moyenne proportionnelle entre la ligne entière AB & l'autre partie AC, c'est-à-dire, telles que l'on ait

$$AC:BC::BC:AB.$$

Voici comment on y parvient. On élève à l'une A des extrémités, une perpendiculaire AD égale à la moitié de AB : du point D comme centre, & d'un rayon égal à AD, on décrit une circonférence qui coupe en E la ligne BD qui joint les deux points B & D. Enfin, on porte BE de B en

C, & la ligne AB est coupée en moyenne & extrême raison au point C.

En effet, la ligne AB étant perpendiculaire sur AD, est tangente (48); & puisque BF est sécante, on a (129) $BF:AB::AB:BE$ ou BC. Donc (*Arith.* 185) $BF-AB:AB-BC::AB:BC$; or AB est égal à FE, puisque AB est double de AD; donc $BF-AB$ est égal à BE ou BC; & comme $AB-BC$ est à AC, on a donc $BC:AC::AB:BC$, ou (*Arith.* 181) $AC:BC::BC:AB$ (*r*).

Des Figures semblables.

131. Deux figures d'un même nombre de côtés, sont dites *semblables*, lorsqu'elles ont les angles homologues égaux, & les côtés homologues proportionnels.

Les deux figures $ABCDE$, $abcde$, (*fig. 72 & 73*) sont semblables si l'angle A est égal à l'angle a; l'angle B, à l'angle b; l'angle C, égal à l'angle c, & ainsi de suite; & si en même temps le côté AB contient le côté ab, autant que BC contient bc, autant que CD contient cd, & ainsi de suite.

Ces deux conditions sont nécessaires à la fois dans les figures de plus de trois côtés. Il n'y a que dans les triangles où l'une de ces conditions suffise, parce qu'elle entraîne nécessairement l'autre (109 & 114).

132. *Si de deux angles homologues* A *&* a, *de deux polygones semblables, on mène des diagonales* AC, AD, ac, ad *aux autres angles, les deux polygones seront partagés en un même nombre de triangles semblables chacun à chacun.*

Car l'angle B est (par la supposition) égal à l'angle b & le côté $AB : ab :: BC : bc$; donc les deux triangles ABC, abc qui ont un angle égal compris entre deux côtés proportionnels, sont semblables (113); donc l'angle BCA est égal à l'angle bca, & $AC : ac :: BC : bc$.

Si des angles égaux BCD, bcd, on ôte les angles égaux BCA, bca, les angles restans ACD, acd seront égaux. Or, $BC : bc :: CD : cd$; donc, puisqu'on vient de prouver que $BC : bc :: AC : ac$, on aura $CD : cd :: AC : ac$; donc les deux triangles ACD, acd sont aussi semblables, puisqu'ils ont un angle égal compris entre deux côtés proportionnels. On prouvera la même chose, & de la même manière, pour les triangles ADE & ade, & pour tous les autres triangles qui suivroient, si ces polygones avoient un plus grand nombre de côtés.

133. *Si deux polygones* ABCDE, abcde *sont composés d'un même nombre de triangles sem-*

blables chacun à chacun, & semblablement disposés, ils seront semblables.

Car les angles B & E sont égaux aux angles b & e, dès que les triangles sont semblables; & par cette même raison, les angles partiels BCA, ACD, CDA, ADE sont égaux aux angles partiels bca, acd, cda, ade; donc les angles totaux BCD, CDE sont égaux aux angles totaux bcd, cde, chacun à chacun. D'ailleurs la similitude des triangles fournit cette suite de rapports égaux $AB:ab::BC:bc::AC:ac::CD:cd::AD:ad::DE:de::AE:ae$; ne tirant de cette suite que les rapports qui renferment les côtés des deux polygones, on a $AB:ab::BC:bc::CD:cd::DE:de::AE:ae$. Donc ces polygones ont aussi les côtés homologues proportionnels; donc ils sont semblables.

Donc pour construire une figure semblable à une figure proposée $ABCDE$ (*fig. 72*), & qui ait pour côté homologue à AB, une ligne donnée; on portera cette ligne donnée sur AB, de A en f; par le point f, on tirera fg parallèle à BC, & qui rencontre AC en g; par le point g, on menera gh parallèle à CD, & qui rencontre AD en h; enfin par le point h, on tirera hi parallèle à DE, & l'on aura le polygone $Afghi$ semblable à $ABCDE$.

134. *Les contours de deux figures semblables*

sont entre eux comme les côtés homologues de ces figures, c'est-à-dire, que la somme des côtés de la figure $ABCDE$ contient la somme des côtés de la figure $abcde$, autant que le côté AB contient le côté ab.

Car dans la suite des rapports égaux $AB:ab :: BC:bc :: CD:cd :: DE:de :: AE:ae$, la somme des antécédens est (*Arith. 186*) à la somme des conséquens, comme un antécédent est à son conséquent $:: AB:ab$; or il est évident que ces sommes sont les contours des deux figures.

135. Si l'on conçoit la circonférence $ABCDEFGH$ (*fig. 74*), divisée en tel nombre de parties égales qu'on voudra; & si ayant tiré du centre I, aux points de division, des rayons IA, IB, &c. on décrit d'un autre rayon Ia, la circonférence $abcdefgh$, rencontrée par ces rayons aux points a, b, c, d, &c. il est évident que si, dans chaque circonférence, on joint les points de division par des cordes, on formera deux polygones semblables; car les triangles ABI, abI, &c. sont semblables, puisqu'ils ont un angle commun en I compris entre deux côtés proportionnels; car IA étant égal à IB, & Ia égal à Ib, on a évidemment $AI:BI :: aI:bI$, & la même chose se démontre de même pour les autres triangles. De-là & de ce qui vient d'être dit (134), on conclura donc que le contour

$ABCDEFGH$ est au contour $abcdefgh :: AB : ab$, ou (à cause des triangles semblables ABI, abI) $:: AI : aI$. Comme cette similitude ne dépend point du nombre des côtés de ces deux polygones, elle aura donc encore lieu lorsque le nombre des côtés de chacun sera multiplié à l'infini : or dans ce cas on conçoit qu'il n'y a plus aucune différence entre la circonférence & le polygone inscrit ; donc les circonférences mêmes $ABCDEFGH, abcdefgh$ seront entre elles $:: AI : aI$, c'est-à-dire, comme leurs rayons, & par conséquent aussi comme leurs diamètres.

136. Concluons donc, 1°. qu'on *peut regarder la circonférence du cercle comme un polygone régulier d'une infinité de côtés.*

2°. *Les cercles sont des figures semblables.*

3°. *Les circonférences des cercles sont entre elles comme leurs rayons, ou comme leurs diamètres* (s).

137. « En général, si dans deux polygones semblables, on tire deux lignes également inclinées à l'égard de deux côtés homologues, & terminées à des points semblablement placés à l'égard de ces côtés, ces lignes, qu'on appelle *lignes homologues*, seront entre elles dans le rapport de deux côtés homologues quelconques ; car dès qu'elles font des angles égaux avec deux côtés homologues, elles feront aussi des angles égaux avec deux autres côtés homologues quelconques, puis-

que les angles de deux polygones femblables font égaux chacun à chacun ; or fi dans ce cas elles n'étoient pas dans le même rapport que deux côtés homologues, il eſt facile de ſentir que les points où elles ſe terminent, ne pourroient pas être femblablement placés comme on le fuppofe ».

138. C'eſt ſur les principes que nous venons de pofer, concernant les figures femblables, que porte, en grande partie, l'art de lever les plans. Nous difons en grande partie, parce que lorſque l'efpace dont il s'agit de former le plan, eſt d'une très-grande étendue, comme l'Europe, la France, &c. l'art d'en fixer les points principaux tient à d'autres connoiſſances, dont ce n'eſt point encore ici le lieu de parler. Mais pour les détails d'un pays, d'une côte, d'une rade, &c. on peut les déterminer, & les préfenter enſuite fur un plan de la manière que nous allons décrire. Obſervons auparavant que nous fuppofons ici que tous les angles qu'il va être queſtion de meſurer, font tous dans un même plan horizontal, ou à-peu-près. S'ils n'y étoient point, il faudroit, avant de former le plan, les y réduire ; nous en donnerons les moyens dans la Trigonométrie.

Suppofons donc que $A, B, C, D, E, F, G, H, I, K$ (*fig. 75*), foient pluſieurs objets remarquables dont on veut repréfenter les pofitions refpectives fur un plan.

On deffinera groffièrement fur un papier ces objets dans la pofition qu'on leur juge à l'œil ; pour cet effet, on fe tranfportera aux différens lieux où il fera néceffaire pour prendre une connoiffance légère de tous ces objets. Ce premier deffin qu'on appelle un *croquis*, fervira à marquer les différentes mefures qu'on prendra dans le cours des opérations.

On mefurera une bafe AB, dont la longueur ne foit pas moindre que la dixième ou la neuvième partie de la diftance des deux objets les plus éloignés qu'on puiffe voir de fes extrémités, & qui foit telle en même temps, que de ces mêmes extrémités, on puiffe appercevoir le plus grand nombre d'objets que faire fe pourra ; alors avec un inftrument propre à mefurer les angles, avec le graphomètre, par exemple, on mefurera au point A les angles EAB, FAB, GAB, CAB, DAB, que font au point A avec la ligne AB les lignes qu'on imaginera menées de ce point aux objets E, F, G, C, D que je fuppofe pouvoir être apperçus des extrémités A & B de la bafe. On mefurera de même au point B, les angles EBA, FBA, GBA, CBA, DBA, que font en ce point avec la ligne AB, les lignes qu'on imaginera menées de ce même point B, aux mêmes objets que ci-deffus. S'il y a des objets, comme H, I, qu'on n'ait pas pu voir des deux extrémités A & B, on se transportera en deux des lieux E & F qu'on vient d'observer, & d'où l'on puisse voir ces deux points H & I; alors regardant EF comme une base, on mesurera les angles HEF, IEF, HFE, IFE, que font avec cette nouvelle base les lignes qui iroient de ses extrémités aux deux objets H & I; enfin s'il y a quelqu'autre objet, comme K, qu'on n'ait pu voir ni des extrémités de AB, ni de celles de EF, on prendra encore pour base quelque autre ligne comme FG qui joint deux des points observés, & on mesurera de même à ses extrémités les angles KFG, KGF.

Toutes ces opérations faites, & après avoir déterminé & construit l'échelle du plan qu'on se propose de faire, on tirera sur ce plan une ligne ab qu'on fera d'autant de parties de l'échelle, que l'on a trouvé de toises ou de pieds dans AB, selon qu'on aura mesuré en toises ou en pieds. On fera ensuite au point a, avec le rapporteur, un angle bae, d'autant de degrés & minutes qu'on en a trouvé pour BAE, & au point b un angle eba d'autant de degrés & minutes qu'on en a trouvé à l'angle EBA; les deux lignes ae, be, qui formeront ces angles avec ab, se couperont en un point e qui représentera sur la carte la position de l'objet E sur le terrain; car, par cette construction, le triangle abe sera semblable au triangle ABE, puisqu'on a fait deux angles de celui-là égaux à deux angles de celui-ci (110). On se conduira précisément de la même manière pour déterminer les points f, g, d, c qui doivent représenter les points ou objets F, G, D, C. Pour avoir ensuite les points h, i & k, on tirera les lignes ef & fg que l'on considérera comme bases; & on déterminera la position des points h & i à l'égard de ef, & du point k à l'égard de fg, de la même manière qu'on a déterminé celles des autres points à l'égard de ab. Bien entendu que toutes les lignes qu'on tirera dans ces différentes opérations, seront tracées au crayon seulement, parce qu'elles n'ont d'autre usage que de déterminer les points c, d, e, &c. Lorsqu'ils sont une fois trouvés, on efface tout le reste.

Je ne m'arrête pas à démontrer en détail que les points c, d, e, f, g, h, i, k sont placés entre eux de la même manière que les objets C, D, E, F, G, &c. le sont entre eux; il suffit d'observer que les points c, d, e, f, g sont (par la construction) placés à l'égard de ab, comme les points C, D, F, G le sont à l'égard de AB, puisque les triangles cab, dab, eab, &c. ont été faits semblables aux triangles CAB, DAB, EAB, & disposés de la même manière; ainsi la difficulté, s'il y en a, ne peut tomber que sur les points h, i & k; or (par la construction) les points h & i sont placés à l'égard de ef, comme les points H & I le font à l'égard de EF; donc puisque ces deux dernières lignes font placées de la même manière à l'égard des lignes ab & AB, les points h & i feront aussi placés à l'égard de ab de la même manière que H & I le font à l'égard de AB. Ainsi les distances respectives des points a, e, f, g, &c. mesurées sur l'échelle du plan, feront connoître les distances des objets A, E, F, G, &c.

On voit assez, sans qu'il soit nécessaire d'y insister, que cette même méthode peut servir à vérifier des points que l'on soupçonneroit douteux sur une carte, ainsi qu'à y ajouter des points qu'on auroit omis.

On peut aussi employer la boussole à déterminer la position des objets E, F, G, &c. & l'on l'y emploie même assez souvent; mais alors on observe au point A, non pas les angles EAB, FAB, mais les angles que les lignes AE, AF, &c. & la base même AB, font avec la direction de l'aiguille aimantée; on fait la même chose au point B; & pour marquer les objets sur la carte, on tire par le point a une ligne qui représente la direction de l'aiguille aimantée, & on mène les lignes ab, ac, af, &c. de manière qu'elles fassent avec celle-là les angles qu'on a observés au point A; fixant ensuite la grandeur qu'on veut donner à ab, on se conduit à l'égard du point b

de la manière qu'on a fait à l'égard du point a. Quant aux autres points H & I qui n'étoient point visibles de A & B, on les détermine à l'égard de EF, de la même manière qu'on a déterminé les autres à l'égard de AB ; enfin on marque ces points en h & i en les déterminant à l'égard de ef, de la même manière que les autres points c, f, &c. ont été déterminés à l'égard de ab. Au reste, on ne doit, autant qu'on le peut, lever ainsi à la boussole que les petits détails, comme les détours d'un chemin, les sinuosités d'une rivière, &c. Quand les points principaux ont été déterminés avec exactitude, on peut prendre ces détails avec une attention moins scrupuleuse, parce que les objets qu'on relève alors, étant peu distans entre eux, l'erreur qu'on peut commettre sur les angles ne peut pas être d'une grande conséquence.

Lorsque quelques circonstances déterminent à marquer sur la carte déjà construite quelque nouveau point, il n'est pas indispensable d'observer ce point de deux autres points connus : on le détermine souvent au contraire en observant de ce point deux autres points connus ; par exemple, supposons que le point H soit un point d'une rade où l'on a mesuré la profondeur à la sonde, & qu'on veut marquer cette sonde sur la carte ; on observera du point H les angles EHM, FHM, que font avec la direction LM de l'aiguille aimantée, les deux lignes EH, FH, qui vont à deux objets connus E, F; puis, pour marquer le point H sur la carte, on tirera à part (*fig. 77*), une ligne lm qui marque la direction de l'aiguille aimantée, & en un point n de cette ligne, on fera les angles onm, pnm, égaux aux angles EHM, FHM; enfin par le point f on mènera fh parallèle à pn, & par le point e, la ligne eh parallèle à no; ces deux lignes se rencontreront au point cherché h.

Cette même méthode sert aussi à se reconnoître en mer à la vue de deux terres. Au reste, la rose des vents, qui est marquée sur les cartes marines, fournit des expédiens pour abréger quelques-unes de ces opérations; nous ne pouvons entrer dans ces détails qui appartiennent immédiatement au pilotage: il nous suffit d'exposer les principes sur lesquels ces différentes pratiques sont fondées.

Observons cependant qu'on ne doit déterminer les fondes de cette manière, que quand les circonstances ne permettent pas de faire autrement; car quelque exercé qu'on puisse être à se servir du compas de variation, on ne parvient jamais à relever du point H en mer les objets E, F avec une précision sur laquelle on puisse autant compter, que sur le relèvement qu'on feroit d'un objet H, tel que seroit une chaloupe, une bouée, &c. en observant des points E & F à terre. Les fondes font affez importantes pour qu'on doive, autant qu'on le peut, employer, pour les déterminer, la méthode la plus fufceptible d'exactitude.

Il y a encore une autre manière de lever un plan, qui eft d'autant plus commode, qu'elle exige peu d'appareil, & qu'en même temps qu'on obferve les différens points dont on veut avoir les pofitions, on les trace fur le plan fans les perdre de vue. L'inftrument qu'on emploie à cet effet, eft repréfenté par la figure 78. $ABCD$ eft une planche de 15 à 16 pouces de long, & à peu-près de pareille largeur, portée fur un pied comme le graphomètre. Sur cette planche, on étend une feuille de papier qu'on arrête par le moyen d'un chaffis qui entoure la planche. LM eft une règle garnie de pinnules à fes deux extrémités.

Lorfqu'on veut faire ufage de cet inftrument, qu'on appelle *planchette*, pour tracer le plan d'une campagne, on prend une bafe am, comme dans les opérations ci-deffus, & pofant le pied de l'inftrument en a, on fait planter un piquet en m. On applique la règle LM fur le papier, & on la dirige de manière à voir le piquet m à travers des deux pinnules ; alors on tire le long de la règle une ligne EF, à laquelle on donne autant de parties de l'échelle du plan, qu'on aura trouvé de pieds entre le point E, d'où l'on obferve d'abord, & le point f, d'où l'on obfervera à la feconde ftation. On fait enfuite tourner la règle autour du point E, jufqu'à ce qu'on rencontre, en regardant à travers des pinnules, quelqu'un des objets I, H, G; & à mefure qu'on en rencontre un, on tire le long de la règle une ligne indéfinie. Ayant ainfi parcouru tous les objets qu'on peut voir lorfqu'on eft en a, on tranfporte l'inftrument en m, & on laiffe un piquet en a. Alors on fait au point f les mêmes opérations à l'égard des objets I, H, G, qu'on a faites à l'autre ftation. Les lignes fI, fH, fG, qui dans ce fecond cas vont, ou font imaginées aller à ces objets, rencontrent les premières aux points g, h, i, qui font la repréfentation des objets G, H, I.

C'eft encore fur la théorie des figures femblables qu'eft fondée la méthode de faire *le point*, c'eft-à-dire, de repréfenter fur une carte la route qu'a tenue un vaiffeau pendant fa navigation, ou pendant une partie de fa navigation.

Suppofons qu'un vaiffeau parti d'un lieu connu, ait d'abord couru 28 lieues au fud-eft, puis 20 lieues au fud, & enfin 26 lieues au fud-oueft; on veut déterminer fur la carte la route qu'a tenue le vaiffeau & le lieu de l'arrivée.

On cherche d'abord fur la carte le point du départ; je fuppofe que ce foit le point d (*fig. 79*). On cherche pareillement parmi les divifions de la rose des vents marquée sur la carte, quelle est la ligne qui va au sud-est ; je suppose que ce soit ici la ligne CF; on tire par le point d la ligne de parallèle à CF, & on donne à de autant de parties de l'échelle de la carte, que l'on a couru de lieues au sud-est. Par le point e on tire pareillement une ligne eb parallèle à la ligne CE qui est dirigée au sud ; & on fait eb d'autant de parties de l'échelle, qu'on a couru de lieues au sud ; enfin par le point b, on mène ba parallèle à CD qui va au sud-ouest ; & ayant fait ba d'autant de parties de l'échelle qu'on a couru de lieues au sud-ouest, le point a est le point d'arrivée, & la trace $deba$ représente la route qu'a tenue le vaisseau. En effet, les lignes de, eb, ba font entre elles les mêmes angles qu'ont faits entre elles successivement les différentes parties de la route du vaisseau ; d'ailleurs les parties ed, eb, ba, ont entre elles les mêmes rapports que les espaces que le vaisseau a réellement décrits ; donc la figure $deba$ est (131) absolument semblable à la route qu'a tenue le vaisseau ; enfin le point d est situé sur la carte comme le point de départ l'est à l'égard de la terre (*) ;

(*) Cette expression n'est pas rigoureusement exacte, sans doute ; mais ce n'est point ici le lieu d'en fixer le sens rigoureux. Les points d'une carte, sur-tout d'une carte réduite, ne sont pas situés entre eux comme les points de la terre qu'ils

donc *d e b a* est non-seulement semblable à la route du vaisseau, mais encore située à l'égard des différens points de la carte, comme la route du vaisseau l'a été à l'égard des différens points de la terre.

IIe SECTION.

Des Surfaces.

139. Nous voici arrivés à la seconde des trois sortes d'étendue que nous avons distinguées, c'est-à-dire, à l'étendue en longueur & largeur.

Nous ne considérerons dans cette Section que les *surfaces* ou *superficies planes* ; nous nous bornerons même à celle des figures rectilignes, & du cercle.

La mesure des surfaces se réduit à celle des triangles ou des quadrilatères.

On distingue les quadrilatères en *Quadrilatère* simplement dit, *Trapèze* & *Parallélogramme*.

La figure de quatre côtés, qu'on appelle simplement *Quadrilatère*, est celle parmi les côtés de

représentent ; mais il suffit ici qu'ils aient le même usage. Nous reviendrons ailleurs sur cet objet.

laquelle il ne s'en trouve aucun qui soit parallèle à un autre. *Voyez figure 80.*

Le *trapèze* est un quadrilatère, dont deux côtés seulement sont parallèles (*fig. 81*).

Le *Parallélogramme* est un quadrilatère dont les côtés opposés sont parallèles (*fig. 82, 83, 84, 85, 86, 86**). On distingue quatre sortes de parallélogrammes : le *rhomboïde*, le *rhombe*, le *rectangle* & le *quarré*.

Le *rhomboïde*, est le parallélogramme dont les côtés contigus, & les angles sont inégaux (*fig. 82*).

Le *rhombe*, autrement dit *lozange*, est celui dont les côtés sont égaux, & les angles inégaux (*fig. 83*).

Le *rectangle*, est celui dont les angles sont égaux, & les côtés contigus inégaux (*fig. 84*).

Le *quarré*, est celui dont les côtés & les angles sont égaux (*fig. 85*).

Quand les angles d'un quadrilatère sont égaux, ils sont nécessairement droits, parce que les quatre angles de tout quadrilatère valent ensemble quatre angles droits (86).

La perpendiculaire EF (*fig. 82*), menée entre les deux côtés opposés d'un parallélogramme, s'appelle la *hauteur* de ce parallélogramme ; & le côté BC sur lequel tombe cette perpendiculaire, s'appelle la *base*.

La hauteur d'un triangle ABC (*fig. 87, 88 & 89*), est la perpendiculaire AD abaissée d'un angle A

de ce triangle sur le côté opposé *BC*, prolongé s'il est nécessaire ; & ce côté *BC* se nomme alors la *base*.

140. *Un triangle rectiligne quelconque* A B C (fig. 89) *est toujours la moitié d'un parallélogramme de même base & de même hauteur que lui.*

Car on peut toujours concevoir tirée, par le sommet de l'angle *C*, une ligne *CE* parallèle au côté *BA*, & par le sommet de l'angle *A*, une ligne *AE* parallèle au côté *BC*; ce qui forme avec les côtés *AB* & *BC*, un parallélogramme *ABCE* de même base & de même hauteur que le triangle *ABC*; cela posé, il est aisé de voir que les deux triangles *ABC*, *CEA* sont égaux ; car le côté *AC* leur est commun ; d'ailleurs les angles *BAC*, *ACE* sont égaux à cause des parallèles (38) ; & par la même raison, les angles *BCA* & *CAE* sont égaux : ces deux triangles ayant un côté égal adjacent à deux angles égaux chacun à chacun, sont donc égaux ; donc le triangle *ABC* est la moitié du parallélogramme *ABCE*.

141. *Les parallélogrammes* A B C D, E B C F (fig. 86 & 86*) *de même base & de même hauteur, sont égaux en surface.*

Les deux parallélogrammes *ABCD*, *EBCF* (*fig. 86*) ont une partie commune *EBCD*; ainsi leur égalité ne dépend que de l'égalité des triangles *ABE*, *DCF*; or il est aisé de prouver que ces deux triangles font égaux ; car AB est égale à CD, ces lignes étant des parallèles comprises entre parallèles (82) ; & par la même raison, BE est égale à CF; d'ailleurs (43) l'angle ABE est égal à l'angle DCF; ces deux triangles ont donc un angle égal compris entre deux côtés égaux chacun à chacun ; ils sont donc égaux : donc aussi le parallélogramme $ABCD$ & le parallélogramme $EBCF$ sont égaux.

Dans la figure 86*, on démontrera de la même manière que les deux triangles ABE, DCF sont égaux ; donc retranchant de chacun le triangle DIE, les deux trapèzes restans $ABID$, $EICF$ seront égaux ; enfin ajoutant à chacun de ces trapèzes le triangle BIC, le parallélogramme $ABCD$ & le parallélogramme $EBCF$ qui en résulteront, seront égaux.

142. On peut donc dire aussi que *les triangles de même base & de même hauteur, ou de bases égales & de hauteurs égales sont égaux*, puisqu'ils sont moitié de parallélogrammes de même base & de même hauteur qu'eux (140).

143. De cette dernière proposition on peut conclure que *tout polygone peut être transformé en un triangle de même surface*. Par exemple, soit $ABCDE$ (*fig. 91*) un pentagone ; si l'on tire la diagonale EC qui joigne les extrémités des deux côtés contigus ED, DC, & qu'après avoir mené

DF parallèle à EC, & qui rencontre en F, le côté AE prolongé, on tire CF, on aura un quadrilatère $ABCF$ égal en surface au pentagone $ABCDE$; car les deux triangles ECD, ECF ont pour base commune EC; & étant de plus compris entre mêmes parallèles EC, DF, ils sont de même hauteur; donc ils sont égaux; donc si l'on ajoute à chacun le quadrilatère $EABC$, on aura le pentagone $ABCDE$ égal au quadrilatère $ABCF$.

Or de même qu'on vient de réduire le pentagone à un quadrilatère, on réduira de même le quadrilatère à un triangle; donc, &c. (*t*).

De la mesure des Surfaces.

144. *Mesurer une surface*, c'est déterminer combien de fois cette surface contient une autre surface connue.

Les mesures qu'on emploie sont ordinairement des quarrés; quelquefois aussi ce sont des parallélogrammes rectangles : ainsi, mesurer la surface $ABCD$ (*fig. 90*), c'est déterminer combien elle contient de quarrés tels que $abcd$, ou de rectangles tels que $abcd$; si le côté ab du quarré $abcd$ est d'un pied, c'est déterminer combien la surface $ABCD$ contient de pieds quarrés; si le côté ab du rectangle $abcd$ étant d'un pied, le côté bc est de 3 pieds, c'est déterminer combien la surface $ABCD$ contient de rectangles de 3 pieds de long sur un pied de large.

Pour mesurer en parties quarrées la surface du rectangle $ABCD$, il faut chercher combien de fois le côté AB contient le côté ab du quarré $abcd$ qui doit servir d'unité ou de mesure; chercher de même combien de fois le côté BC contient ab; & alors multipliant ces deux nombres l'un par l'autre, on aura le nombre de quarrés tels que $abcd$ que la surface $ABCD$ peut renfermer. Par exemple, si AB contient ab 4 fois; & si BC contient ab 7 fois, je multiplie 7 par 4, & le produit 28 marque que le rectangle $ABCD$ contient 28 quarrés tels que $abcd$.

Car si par les points de division E, F, G, on mène des parallèles à BC, on aura quatre rectangles égaux, dont chacun pourra contenir autant de quarrés, tels que $abcd$, qu'il y a de parties égales ab dans le côté BC; donc il faut répéter les quarrés contenus dans l'un de ces rectangles autant de fois qu'il y a de rectangles, c'est-à-dire, autant de fois que le côté AB contient ab; & comme le nombre des quarrés contenus dans chaque rectangle est le même que le nombre des parties de BC, il est donc évident qu'en multipliant le nombre des parties BC, par le nombre des parties égales de AB, on a le nombre de quarrés tels que $abcd$, que le rectangle $ABCD$ peut renfermer.

Quoique nous ayons supposé dans le raisonnement que nous venons de faire, que les côtés AB & BC contenoient un nombre exact de mesures ab, ce raisonnement ne s'étend pas moins au cas où la mesure ab n'y seroit pas contenue exactement. Par exemple, si BC ne contenoit que six mesures & $\frac{1}{2}$, chaque rectangle ne contiendroit que 6 quarrés & $\frac{1}{2}$; & si le côté AB ne contenoit que trois mesures & $\frac{1}{3}$, il n'y auroit que 3 rectangles & $\frac{1}{3}$, chacun de six quarrés & $\frac{1}{2}$; il faudroit donc multiplier $6\frac{1}{2}$ par $3\frac{1}{3}$, c'est-à-dire, le nombre des mesures de BC par le nombre des mesures de AB (u).

145. Puisque (141) le parallélogramme rectangle $ABCD$ (*fig. 86 & 86**) est égal au parallélogramme $EBCF$ de même base & de même hauteur, il s'ensuit donc que pour avoir la surface de celui-ci, il faudra multiplier le nombre des parties de sa base BC par le nombre des parties de sa hauteur AB ; on peut donc dire en général que...

Pour avoir le nombre de mesures quarrées contenues dans la surface d'un parallélogramme quelconque $ABCD$ (fig. 82), *il faut mesurer la base* BC, *& la hauteur* EF, *avec une même mesure ; & multiplier le nombre des mesures de la base par le nombre des mesures de la hauteur.*

On voit donc par ce qui a été dit (140), que lorsqu'on veut évaluer la surface $ABCD$ (*fig. 90*), on ne fait autre chose que répéter la surface $GBCH$ ou le nombre de quarrés qu'elle contient, autant de fois que son côté GB est contenu dans le coté AB; ainsi le multiplicande est réellement une surface, & le multiplicateur est un nombre abstrait qui ne fait que marquer combien de fois on doit répéter ce multiplicande.

On dit cependant très-communément que *pour avoir la surface d'un parallélogramme, il faut multiplier sa base par sa hauteur*; mais on doit regarder cela comme une expression abrégée dans laquelle on sous-entend le *nombre* des quarrés correspondans aux parties de la base, & le *nombre* des parties de la hauteur. En un mot, on ne peut pas dire qu'on multiplie une ligne par une ligne. Multiplier, c'est prendre un certain nombre de fois; de sorte que quand on multiplie une ligne, on ne peut jamais avoir qu'une ligne, & quand on multiplie une surface, on ne peut jamais avoir qu'une surface. Une surface ne peut avoir d'autres élémens que des surfaces; & quoiqu'on dise souvent que le parallélogramme $ABCD$ (*fig. 82*) peut être considéré comme composé d'autant de lignes égales & parallèles à BC, qu'il y a de points dans la hauteur EF, on doit sous-entendre que ces lignes ont une largeur infiniment petite; (car plufieurs lignes fans largeur ne peuvent pas compofer une furface) ; & alors chacune de ces lignes eft une furface qui, étant répétée autant de fois que fa hauteur eft dans la hauteur EF, donne la furface $ABCD$.

Nous adopterons néanmoins cette expreffion, *multiplier une ligne par une ligne* ; mais on ne doit pas perdre de vue, que ce n'eft que comme manière abrégée de parler. Ainfi nous dirons que le produit de deux lignes exprime une furface, quoique dans le vrai on dût dire, le *nombre* des parties d'une ligne multiplié par le nombre des parties d'une autre ligne, exprime le nombre des parties quarrées contenues dans le parallélogramme qui auroit une de ces lignes pour hauteur, & l'autre ligne pour bafe.

Pour marquer la furface du parallélogramme $ABCD$ (*fig. 82*), nous écrirons $CB \times EF$; dans la figure 84, nous écrirons $BA \times BC$, & dans la figure 85 où les deux côtés AB & BC font égaux, au lieu de $AB \times BC$ ou $AB \times AB$, nous écrirons $\overline{AB}^2$; de forte que $\overline{AB}^2$ fignifiera la ligne AB multipliée par elle-même, ou la furface du quarré fait fur la ligne AB ; de même pour marquer que la ligne AB eft élevée au cube, nous écrirons $\overline{AB}^3$ qui équivaudra à $AB \times AB \times AB$ ou $\overline{AB}^2 \times AB$.

146. Il suit de ce que nous venons de dire, que pour que deux parallélogrammes soient égaux en surface, il suffit que le produit de la base de l'un multipliée par la hauteur, soit égal au produit de la base du second, multipliée par la hauteur. *Donc lorsque deux parallélogrammes sont égaux en surface, ils ont leurs bases réciproquement proportionnelles à leurs hauteurs*, c'est-à-dire, que la base & la hauteur de l'un peuvent être considérées comme les extrêmes d'une proportion, dont la base & la hauteur de l'autre formeront les moyens ; car en les considérant ainsi, le produit des extrêmes est égal au produit des moyens ; or dans ce cas il y a nécessairement proportion (*Arith.* 180).

Au reste, on peut voir cette vérité immédiatement, en faisant attention que si la base de l'un est plus petite, par exemple, que celle de l'autre, il faut que sa hauteur soit plus grande à proportion pour former le même produit.

147. Puisqu'un triangle est la moitié d'un parallélogramme de même base & de même hauteur (140), il suit de ce qui vient d'être dit (145), que *pour avoir la surface d'un triangle, il faut multiplier la base par la hauteur, & prendre la moitié du produit.*

Ainsi, si la hauteur *A D* (*fig. 87*) est de 34 pieds, & la base *B C* de 52, la surface contiendra

884 pieds quarrés ; c'eſt la moitié du produit de 52 par 34.

Il eſt inutile, je penſe, d'inſiſter pour faire ſentir qu'on aura le même produit en multipliant la baſe par la moitié de la hauteur, ou la hauteur par la moitié de la baſe.

148. Donc, 1°. *pour avoir la ſurface du trapèze*, il faut ajouter enſemble les deux côtés parallèles, prendre la moitié de la ſomme, & la multiplier par la perpendiculaire menée entre ces deux parallèles ; car ſi l'on tire la diagonale BD (*fig. 81*), on a deux triangles ABD, BDC dont la hauteur commune eſt EF. Pour avoir la ſurface du triangle ABD, il faudroit donc multiplier la moitié de AD par EF, & pour le triangle BDC, il faudroit multiplier la moitié de BC auſſi par EF ; donc la ſurface du trapèze vaut la moitié de AD multipliée par EF, plus la moitié de BC multipliée par EF, c'eſt-à-dire, la moitié de la ſomme AD plus BC, multipliée par EF.

Si par le milieu G de la ligne AB, on tire GH parallèle à BC, cette ligne GH ſera la moitié de la ſomme des deux lignes AD & BC. Car, ſoit I le point où GH coupe la diagonale BD, les triangles BAD, BGI, ſemblables à cauſe des parallèles AD & GI font connoître (109) que GI eſt moitié de AD, puiſque BG eſt moitié de AB. Or GH étant parallèle à BC & à AD, DC (102) eft coupé de la même manière que AB; on prouvera donc de même que IH eft moitié de BC, en confidérant les triangles femblables BDC & IDH.

Donc, & en vertu de ce qui a été dit ci-deſſus, on peut dire *que la furface d'un trapèze* $ABCD$, *eft égale au produit de fa hauteur* EF *par la ligne* GH *menée à diftances égales des deux bafes oppoſées*.

149. 2°. *Pour avoir la furface d'un polygone quelconque*, il faut le partager en triangles par des lignes menées d'un même point à chacun de fes angles, & calculer féparément la furface de chacun de ces triangles; en réuniſſant tous ces produits, on aura la furface totale du polygone. Mais pour avoir le moindre nombre de triangles qu'il foit poſſible, il conviendra de faire partir toutes ces lignes de l'un des angles; *voyez figure 92*.

150. *Si le polygone étoit régulier* (*fig. 53*), comme tous les côtés font égaux, & que toutes les perpendiculaires, menées du centre, font égales, en le concevant compofé de triangles qui ont leur fommet au centre, on auroit la furface en multipliant un des côtés par la moitié de la perpendiculaire, & multipliant ce produit par le nombre des côtés; ou, ce qui revient au même,

en multipliant le contour par la moitié de la perpendiculaire.

151. Puisqu'on peut (136) considérer le cercle comme un polygone régulier d'une infinité de côtés, il faut donc conclure *que pour avoir la surface d'un cercle, il faut multiplier la circonférence par la moitié du rayon.*

Car la perpendiculaire menée sur un des côtés ne diffère pas du rayon, lorsque le nombre des côtés est infini.

152. Puisque les circonférences des cercles sont entre elles comme les rayons ou comme les diamètres (136), il est visible que si l'on connoissoit la circonférence d'un cercle d'un diamètre connu, on seroit bientôt en état de déterminer la circonférence de tout autre cercle dont on connoîtroit le diamètre, puisqu'il ne s'agiroit que de calculer le quatrième terme de cette proposition : *le diamètre de la circonférence connue, est à cette même circonférence, comme le diamètre de la circonférence cherchée, est à cette seconde circonférence.*

On ne connoît point exactement le rapport du diamètre à la circonférence ; mais on en a des valeurs assez approchées pour qu'un rapport plus exact puisse être regardé comme absolument inutile dans la pratique.

Archimède a trouvé qu'un cercle qui auroit 7 pieds de diamètre, auroit 22 pieds de circonférence, à très-peu de chose près. Ainsi, si l'on demande quelle sera la circonférence d'un cercle qui auroit 20 pieds de diamètre, il faut chercher (*Arith. 179*) le quatrième terme de la proportion, dont les trois premiers sont

$$7 : 22 :: 20 :$$

Ce quatrième terme qui est $62\frac{6}{7}$, est à très-peu de chose près, la longueur de la circonférence d'un cercle de 20 pieds de diamètre. Je dis à très-peu de chose près ; car il faudroit que le cercle n'eût pas moins de 800 pieds de diamètre, pour que la circonférence déterminée, d'après le rapport de 7 à 22, fût fautive d'un pied. Au reste, en employant le rapport de 7 à 22, on peut se dispenser de faire la proportion ; il suffit de tripler le diamètre, & d'ajouter au produit la septième partie de ce même diamètre, parce que $3\frac{1}{7}$ est le nombre de fois que 22 contient 7.

Adrien Métius a donné un rapport beaucoup plus approché ; c'est celui de 113 à 355. Ce rapport est tel, qu'il faudroit que le diamètre d'un cercle fût de 3000000 de pieds au moins, pour qu'on fît, en se servant de ce rapport, une erreur d'un pied sur la circonférence (*). Enfin, si l'on veut

---

(*) Pour retenir aisément ce rapport, il faut faire attention que les nombres qui le composent se trouvent, en partageant en deux parties égales, les trois premiers nombres

avoir la circonférence avec encore plus de précision, il n'y a qu'à employer le rapport de 1 à 3,1415926535897932, qui passe de beaucoup les limites des besoins ordinaires, & dont on peut supprimer plus ou moins de chiffres sur la droite, selon qu'on a moins ou plus besoin d'exactitude. Comme ce rapport a pour premier terme l'unité, il est assez commode en ce que, pour trouver la circonférence d'un cercle proposé, l'opération se réduit à multiplier le nombre 3,1415926, &c. par le diamètre de ce cercle.

Il est donc facile actuellement de trouver la surface d'un cercle proposé, du moins aussi exactement que peuvent l'exiger les besoins les plus étendus de la pratique.

Si l'on demande de combien de pieds quarrés est la surface d'un cercle qui auroit 20 pieds de diamètre, je calcule sa circonférence comme ci-dessus; & ayant trouvé qu'elle est de 62 pieds & $\frac{6}{7}$, je multiplie 62 $\frac{6}{7}$, par 5 qui est la moitié du rayon (151), & j'ai 314 $\frac{2}{7}$ pieds quarrés pour la surface de ce cercle.

153. On appelle *secteur de cercle*, la surface comprise entre deux rayons IA, IB (*fig. 74*),

---

impairs 1, 3, 5, écrits deux fois de suite en cette manière 113,355.

& l'arc *A V B* ; & on appelle *segment* la surface comprise entre l'arc *A V B* & sa corde *A B*.

Puisque le cercle peut être considéré comme un polygone régulier d'une infinité de côtés, un secteur de cercle peut donc être considéré comme une portion de polygone régulier, & sa surface comme composée d'une infinité de triangles qui ont tous leur sommet au centre, & pour hauteur le rayon. Donc *pour avoir la surface d'un secteur de cercle*, il faut multiplier l'arc qui lui sert de base par la moitié du rayon.

A l'égard du segment, il est évident que pour en avoir la surface, il faut retrancher la surface du triangle *I A B*, de celle du secteur *I A V B*.

Il est évident que, dans un même cercle, les longueurs des arcs sont proportionnelles à leurs nombres de degrés ; que par conséquent, quand on connoît la longueur de la circonférence, on peut avoir celle d'un arc de tel nombre de degrés qu'on voudra, en faisant cette proportion : 360° *sont au nombre de degrés de l'arc dont on cherche la longueur, comme la longueur de la circonférence est à celle de ce même arc.*

S'il s'agit de trouver la surface d'un secteur dont on connoît le nombre de degrés & le rayon, on cherchera, par la proportion qu'on vient de donner, la longueur de l'arc qui est la base de ce secteur, & on la multipliera par la moitié du rayon. Par exemple, fi l'on demande quelle est la surface du secteur de 32° 40′ dans un cercle qui a 20 pieds de diamètre, on trouvera, comme ci-dessus (151), que la circonférence est de 62 $\frac{6}{7}$ pieds ; cherchant le quatrième terme d'une proportion dont les trois premiers sont 360° : 32° 40′ :: 62 $\frac{6}{7}$: ce quatrième terme qu'on trouvera de 5 $\frac{19}{27}$, sera la longueur de l'arc de 32° 40′, laquelle étant multipliée par 5, moitié du rayon, donne 28 $\frac{14}{27}$ pour la surface du secteur de 32° 40′.

Il est aifé, d'après cela, d'avoir la surface du segment, en déterminant (*fig. 74*) le côté AB & la hauteur IZ du triangle IAB, par une opération fondée sur les mêmes principes que celle que nous avons enseignée (121) ; mais la Trigonométrie, que nous verrons par la suite, nous donnera des moyens encore plus expéditifs & plus susceptibles d'exactitude.

154. Quoique ce que nous avons dit (149), suffise pour mesurer toute espèce de figure rectiligne, néanmoins il est à propos que nous exposions ici une autre méthode qui est plus simple dans la pratique. Elle consiste (*fig. 93*) à tirer dans la figure une ligne AG; abaisser de chacun des angles, des perpendiculaires BM, LC, DK, EI, FH, sur cette ligne AG; mesurer chacune de ces lignes, ainsi que les intervalles AN, NO,

OP, PQ, QR, RG; alors la figure est partagée en plusieurs parties, dont les deux extrêmes, tout au plus, sont des triangles, & les autres sont des trapèzes; les premiers se mesurent en multipliant la hauteur par la moitié de la base (147); à l'égard des trapèzes, chacun se mesure en multipliant la moitié de la somme des deux côtés parallèles, par la distance perpendiculaire de ces mêmes côtés (148).

Lorsque la figure est une ligne courbe, on la mesurera avec une exactitude suffisante pour la pratique, en partageant la ligne AT (*fig. 94*) qu'on tirera suivant sa plus grande longueur, en un assez grand nombre de parties pour que les arcs interceptés AB, BC, CD, &c. puissent être regardés comme des lignes droites; & pour rendre le calcul le plus simple qu'il soit possible, on fera les parties AO, OP, &c. égales entre elles; alors pour avoir la surface, on ajoutera ensemble toutes les lignes BN, CM, DL, EK, FI, & la moitié seulement de la dernière GH, si la courbe est terminée par une droite GH perpendiculaire à AT : on multipliera le tout par l'un des intervalles AO, & le produit sera la surface cherchée; c'est une suite immédiate de ce qui a été dit (148); car pour avoir la surface ABN, il faut multiplier AO par la moitié de BN; pour avoir celle de $BCMN$, il faut multiplier OP ou AO, par la moitié de BN & de CM; pour avoir celle de $CDLM$, il faut multiplier AO par la moitié de CM & de DL, & ainsi de suite; donc, en réunissant ces produits, on voit que AO sera multiplié par 2 moitiés de BN, plus 2 moitiés de CM, plus 2 moitiés de DL, plus 2 moitiés de EK, plus 2 moitiés de FI, plus enfin une moitié seulement de GH, c'est-à-dire, que AO doit être multiplié par la totalité des lignes BN, CM, DL, EK, FI, plus la moitié de la dernière.

S'il s'agissoit de l'espace $BNHG$ terminé par les deux lignes BN, GH, on prendroit non pas BN entière, mais sa moitié seulement.

La règle que nous venons d'exposer pour mesurer les surfaces planes terminées par des courbes, peut être employée fort utilement dans diverses recherches relatives aux navires. On a souvent besoin, dans ces recherches, de connoître la surface de quelques coupes horizontales du navire; nous aurons occasion d'en faire usage par la suite.

Du Toisé des Surfaces.

155. Ce qu'on entend par toisé des surfaces, c'est la méthode de faire les multiplications nécessaires pour évaluer les surfaces, lorsqu'on a mesuré les dimensions en toises & parties de toise.

DE MATHÉMATIQUES. 115

Il y a deux manières d'évaluer les surfaces en toises quarrées, & parties de la toise quarrée.

Dans la première on compte par toises quarrées, pieds quarrés, pouces quarrés, lignes quarrées, &c.

La toise quarrée contient 36 pieds quarrés, parce que c'est un rectangle qui a 6 pieds de long sur 6 pieds de large. Le pied quarré contient 144 pouces quarrés, parce que c'est un rectangle qui a 12 pouces de long sur 12 pouces de large. Par une raison semblable, on voit que le pouce quarré vaut 144 lignes quarrées, &c.

Ainsi, pour évaluer une surface en toises quarrées, & parties quarrées de la toise quarrée, il n'y a autre chose à faire qu'à réduire les deux dimensions qu'on doit multiplier chacune à la plus petite espèce (en lignes, si la plus petite espèce est des lignes); & après avoir fait la multiplication, on réduira le produit en pouces quarrés, ensuite en pieds quarrés, & enfin en toises quarrées, en divisant successivement par 144, 144 & 36. Par exemple, pour trouver la surface d'un rectangle qui auroit 2^T 3^P 5^p de long, & 0^T 4^P 6^p de large, je réduis ces deux dimensions en pouces, & j'ai 185^p à multiplier par 54^p, ce qui me donne 9990 pouces quarrés, & s'écrit ainsi 9990^{pp}. Pour les réduire en pieds quarrés, je divise par 144; j'ai 69^{pp} pieds quarrés & 54^{pp} de reste, c'est-à-dire, $69^{pp}\ 54^{pp}$; pour réduire les 69^{pp} en toises quarrées, je divise par 36; j'ai une toise quarrée ou 1^{TT} pour quotient, & 33^{pp} de reste; en sorte que la surface cherchée est de 1^{TT} $33^{pp}\ 54^{pp}$.

Dans la seconde manière d'évaluer les surfaces en toises quarrées, & parties de la toise quarrée, on conçoit la toise quarrée, composée de six rectangles qui ont tous une toise de haut & un pied de base, & que pour cette raison on nomme *Toises-pieds* : on subdivise chaque toise-pied en 12 parties ou rectangles qui ont chacun une toise de haut & un pouce de base, & qu'on appelle *Toises-pouces* : on subdivise chacune de celles-ci en 12 parties qui ont chacune une toise de haut & une ligne de base, & qu'on appelle *Toises-lignes*; en un mot, on se représente la toise quarrée divisée & subdivisée continuellement en rectangles, qui ont constamment une toise de haut sur un pied, ou un pouce, ou une ligne, ou un point de base. Les subdivisions qui passent le point, se marquent comme les secondes, tierces, quartes, &c. pour les degrés, excepté qu'on fait précéder la marque par un T, signe de la toise; ainsi les marques successives & les valeurs des subdivisions de la toise quarrée, sont telles qu'on les voit dans la table suivante.

Table des Subdivisions de la Toise quarrée en Rectangles d'une Toise de haut, & caractères qui représentent ces parties.

La Toise-quarrée vaut 6 Toises-pieds, ou............	6^{TP}
La Toise-pied vaut 12 Toises-pouces, ou............	12^{TP}
La Toise-pouce..	12^{Tl}
La Toise-ligne...	12^{Tpt}
La Toise-point..	$12^{T'}$
La T' ou Toise-prime...................................	$12^{T''}$
La T'' ou Toise-seconde..............................	$12^{T'''}$
La Toise-tierce..	12^{Tiv}

    & ainsi de suite.

Quand on aura donc à multiplier les parties de deux lignes pour évaluer une surface, il faut concevoir que les toises du multiplicande sont des toises quarrées; les pieds, des toises-pieds; les pouces, des toises-pouces, & ainsi de suite. A l'égard du multiplicateur, il représentera toujours combien de fois on doit prendre le multiplicande. Par exemple, si ayant à mesurer la surface du rectangle $ABCD$ (*fig. 95*), je trouve le côté AD de 4^T 3^P 6^p, & le côté AB de 2^T 3^P; je vois que si AE représente une toise, la surface $ABCD$ est composée de deux rectangles qui ont chacun une toise de haut sur 4^T 4^P 6^p de long, & d'un rectangle qui a 3^P ou une demi-toise de haut, sur

$4^T\ 3^P\ 6^p$ de long, & qui par conséquent est la moitié de l'un des deux autres; de sorte que je vois qu'il s'agit de répéter 2 fois $\frac{1}{2}$ un rectangle de 1^T de haut sur $4^T\ 3^P\ 6^p$ de long, c'est-à-dire de répéter 2 fois $\frac{1}{2}$ la quantité de $4^{TT}\ 4^{TP}\ 6^{Tp}$. Ceci prouve ce que nous avons dit dans la note du n°. 47 de l'Arithmétique, sur la nature des unités du produit & de ses facteurs dans la multiplication géométrique.

On voit en même temps qu'il n'y a ici aucune nouvelle règle à apprendre pour faire ces sortes de multiplications qui sont évidemment les mêmes que celles que nous avons données en Arithmétique sous le nom de *Multiplication des Nombres complexes*. Ainsi, pour nous borner à un exemple, si l'on me demande quelle est la surface d'un rectangle qui auroit $52^T\ 4^P\ 5^p$ de long, & $44^T\ 4^P\ 8^p$ de large, je fais l'opération comme il suit :

DE MATHÉMATIQUES. 119

$$52^T \quad 4^P \quad 5^P$$
$$44^T \quad 4^P \quad 8^P$$

208^{TT}	0^{TP}	0^{Pp}	0^{Tl}	0^{Tpt}
208				
22				
7	2			
2	2	8		
0	3	8		
26	2	2	6	
8	4	8	10	
2	5	6	11	4
2	5	6	11	4

$$2361^{TT} \quad 2^{TP} \quad 5^{Tp} \quad 2^{Tl} \quad 8^{Tpt}$$

C'est-à-dire, je multiplie 52 par 44, puis les 4^P du multiplicande, par 44, en prenant pour 3^P la moitié de 44, & pour 1^P le tiers de ce que j'aurai eu pour 3^P; ensuite je multiplie 5^P par 44, en prenant pour 4^P le $\frac{1}{5}$ de ce que j'ai eu pour 1^P; & pour 1^P je prends le quart de ce que j'ai eu pour 4^P.

Pour multiplier ensuite, par les 4^P qui se trouvent dans le multiplicateur, je prends pour 3^P la moitié du multiplicande total, & pour 1^P, le tiers de ce que j'ai eu pour 3^P. Enfin, pour multiplier par 8^P, je prends le tiers de ce que j'ai eu pour

120 COURS

1^P, & je l'écris deux fois; réuniſſant tous ces produits particuliers, j'ai $2361^{TT}\ 2^{TP}\ 5^{Tp}\ 2^{TI}\ 8^{Tpi}$ pour produit total. Ainſi on voit que nous avons été fondés à dire dans l'Arithmétique, que les règles que nous donnions pour les nombres complexes, renfermoient le toiſé, & qu'il n'y avoit autre choſe à expoſer, que la nature des unités du produit & des facteurs.

Quand on a ainſi évalué une ſurface en toiſes-quarrées, toiſes-pieds, toiſes-pouces, &c. il eſt fort aiſé d'en trouver la valeur en toiſes quarrées, pieds quarrés, pouces quarrés, &c. Il faut écrire alternativement les deux nombres de 6 & $\frac{1}{2}$ ſous les parties de la toiſe, à commencer des toiſes-pieds, comme on le voit ci-deſſous; multiplier chaque partie par le nombre inférieur qui lui répond, & porter les produits des deux nombres conſécutifs 6 & $\frac{1}{2}$ dans une même colonne; lorſqu'en multipliant par $\frac{1}{2}$ il reſtera 1, écrivez 72 ſous ce multiplicateur $\frac{1}{2}$, pour commencer une ſeconde colonne. Ainſi, pour réduire en toiſes-quarrées, pieds-quarrés, pouces-quarrés, &c. les parties du produit que nous avons trouvé ci-deſſus, j'écris:

2361^{TT} 2^{TP} 5^{Tp} 2^{Tl} 8^{Tpt}
$\phantom{2361^{TT}}$ 6 $\tfrac{1}{2}$ 6 $\tfrac{1}{2}$

2361^{TT} 12^{PP} 72^{pp}
$\phantom{2361^{TT}\ 1}$ 2 12
$\phantom{2361^{TT}\ 12^{PP}\ \ }4$

2361^{TT} 14^{PP} 88^{pp}

Et je multiplie les toises-pieds par 6, parce que la toise-pied vaut 6 pieds quarrés, ayant 6 pieds de haut sur un pied de base. Je multiplie les toises-pouces par $\tfrac{1}{2}$, & je porte les deux entiers que me donne cette multiplication au rang des pieds quarrés, parce que la toise-pouce étant la 12ᵉ partie de la toise-pied, doit valoir la 12ᵉ partie de 6 pieds quarrés, c'est à-dire, un demi-pied quarré ; donc les 5 toises-pouces valent 2 pieds quarrés & demi ; & comme le demi-pied quarré vaut 72 pouces quarrés, au lieu du demi, j'écris 72 ; ensuite pour réduire les toises-lignes, je les multiplie par 6, parce que la toise-ligne étant la douzième partie de la toise-pouce, doit valoir la douzième partie de 72 pouces-quarrés, c'est-à-dire, 6 pouces quarrés ; un raisonnement semblable prouve qu'on doit multiplier ensuite par $\tfrac{1}{2}$, puis par 6, &c. ainsi que nous venons de le dire.

Donc, réciproquement, si l'on veut réduire en

toises-pieds, toises-pouces, &c. des parties quarrées de la toise quarrée, l'opération se réduira, 1°. à prendre le sixième du nombre des pieds quarrés, ce qui donnera des toises-pieds. 2°. On doublera le reste, s'il y en a, & on y ajoutera une unité si le nombre des pouces quarrés, est ou excède 72 ; & l'on aura les toises-pouces. 3°. Ayant retranché 72 du nombre des pouces quarrés, lorsque ce nombre sera ou excédera 72, on divisera le reste par 6, & l'on aura les toises-lignes. 4°. On doublera le reste, & on y ajoutera une unité si le nombre des lignes quarrées excède 72, & on aura le nombre des toises-points. On voit par-là comment on doit continuer pour avoir les parties suivantes lorsqu'il doit y en avoir. Ainsi si l'on proposoit de réduire 52^{TT} 25^{P} 87^{PP} 92^{ll}, en toises-pieds, toises-pouces, &c. je diviserois 25 par 6, & j'aurois 4^{TP}, & 1 de reste ; je double cet 1, & j'y ajoute 1, parce que le nombre des pouces quarrés excède 72 ; j'ai donc 3^{Tp}. Je retranche 72 de 87, & je divise le reste 15 par 6 ; j'ai 2^{Tl}, & 3 de reste. Je double ce reste, & j'y ajoute une unité, parce que le nombre des lignes quarrées excède 72 ; j'ai 7^{Tpts}. Je retranche 72 de 92, & je divise le reste 20 par 6 ; j'ai $3^{T'}$ & 2 de reste ; je double ce reste, & j'ai $4^{T''}$; en sorte que j'ai en total 52^{TT} 4^{TP} 3^{Tp} 2^{Tl} 7^{Tpts} $3^{T'}$ $4^{T''}$.

DE MATHÉMATIQUES. 123

156. Puisque pour avoir la surface d'un parallélogramme, il faut multiplier le nombre des parties de la base par le nombre des parties de la hauteur, il s'ensuit (*Arith.* 74) que si connoissant la surface & le nombre des parties de la hauteur ou de la base, on veut avoir la base ou la hauteur, il faudra diviser le nombre qui exprime la surface par le nombre qui exprime celle des deux dimensions qui sera connue. Mais il faut bien observer que ce n'est point une surface que l'on divise alors par une ligne; la division d'une surface par une ligne n'est pas moins chimérique que la multiplication d'une ligne par une ligne. Ce que l'on fait véritablement alors, on divise une surface par une surface.

En effet, selon ce que nous avons dit (155) lorsqu'on évalue la surface du rectangle $ABCD$ (*fig.* 95), on répète la surface du rectangle ED de même base, & qui a pour hauteur l'unité ou la mesure principale AE; on répète, dis-je, cette surface autant de fois que sa hauteur AE est comprise dans la hauteur AB; ainsi, quand on veut connoître le nombre de parties de AB, ou le nombre des unités AE qu'il contient, il faut chercher combien de fois la surface $ABCD$ contient celle du rectangle ED. Donc, si la surface $ABCD$ étant exprimée par $361^{TT} 2^{TP} 5^{Tp} 2^{TI} 8^{Tpts}$, la base AD est de $4^{T} 3^{P} 6^{p}$; pour avoir la hauteur AB, il faut concevoir que l'on a $361^{TT}\ 2^{TP}$, &c. à divifer non par $4^T\ 3^P\ 6^P$, mais par $4^{TT}\ 3^{TP}\ 6^{TP}$; & comme la toife eft alors facteur commun du dividende & du divifeur, il eft évident que le quotient fera le même que fi l'un & l'autre exprimoient des toifes & parties de toifes linéaires; donc l'opération fe réduit à divifer $361^T\ 2^P$, &c. par $4^T\ 3^P$, &c. C'eft-à-dire, que l'on confidérera le dividende & le divifeur, comme exprimant des toifes linéaires, & par conféquent comme étant de même efpèce; & comme l'état de la queftion fait voir que le quotient doit être auffi de cette même efpèce, c'eft-à-dire, exprimer des toifes & parties de toifes linéaires, il s'enfuit que la divifion doit fe faire alors précifément felon la règle donnée (*Arith. 126 & 128*).

Si la furface étoit donnée en toifes quarrées & parties quarrées de la toife quarrée, alors pour plus de fimplicité, on réduiroit ces parties en toifes-pieds, toifes-pouces, &c. par ce qui vient d'être dit (155); après quoi on opéreroit comme dans le cas précédent. Par exemple, fi l'on demande la hauteur d'un parallélogramme ou d'un rectangle qui auroit $2^T\ 5^P$ de bafe, & $120^{TT}\ 29^{PP}\ 54^{PP}$ de furface; on réduira (155) cette furface à $120^{TT}\ 4^{TP}\ 10^{TP}\ 6^{Tl}$; & la queftion d'après ce qui précède, fera réduite à divifer $120^T\ 4^P\ 10^P\ 9^l$, par $2^T\ 5^P$, ce qui, en fuivant la règle donnée (*Arith. 126 & 128*), donne $42^T\ 3^P\ 10^{p}\ 1^{l}\tfrac{15}{17}$.

De la comparaison des Surfaces.

157. *Les surfaces des parallélogrammes sont entre elles en général comme les produits des bases par les hauteurs.*

C'est-à-dire, que la surface d'un parallélogramme contient celle d'un autre parallélogramme, autant que le produit de la base du premier par sa hauteur contient le produit de la base du second par sa hauteur.

Cela est évident, puisque tout parallélogramme est égal au produit de la base par sa hauteur.

De-là il est aisé de conclure que lorsque deux parallélogrammes ont même hauteur, ils sont entre eux comme leurs bases; & que lorsqu'ils ont même base, ils sont entre eux comme leurs hauteurs; car le rapport des produits ne changera point, si l'on omet dans chacun le facteur qui leur est commun (*Arith. 170*). (*x*).

158. Puisque les triangles sont (140) moitié de parallélogrammes de même base & de même hauteur, il faut donc conclure que *les triangles de même hauteur sont entre eux comme leurs bases; & les triangles de même base sont entre eux comme leurs hauteurs.*

159. *Les surfaces des parallélogrammes ou des triangles semblables, sont entre elles comme les quarrés de leurs côtés homologues.*

Car les surfaces des deux parallélogrammes $ABCD$ & $abcd$ (*fig. 96 & 97*), sont entre elles (157) comme les produits des bases par leurs hauteurs, c'est-à-dire, que $ABCD : abcd :: BC \times AE : bc \times ae$. Mais si les parallélogrammes $ABCD$, $abcd$ sont semblables, & si AB & ab sont deux côtés homologues, les triangles AEB, aeb, feront semblables, parce qu'outre l'angle droit en E & en e, ils doivent avoir de plus l'angle B égal à l'angle b; on aura donc (108) $AE : ae :: AB : ab$, ou $:: BC : bc$ à cause des parallélogrammes semblables; on peut donc (99) dans les produits $BC \times AE$ & $bc \times ae$, substituer le rapport de $BC : bc$ à celui de $AE : ae$; & alors le rapport de ces produits sera celui de $\overline{BC}^2 : \overline{bc}^2$; donc $ABCD : abcd :: \overline{BC}^2 : \overline{bc}^2$; & comme on peut prendre indifféremment pour base tel côté qu'on voudra, on voit donc qu'en général les surfaces des parallélogrammes semblables, sont entre elles comme les quarrés de leurs côtés homologues.

160. A l'égard des triangles semblables, il est évident qu'ils ont la même propriété, puisqu'ils

font moitiés de parallélogrammes de même bafe & de même hauteur.

161. En général, *les furfaces de deux figures femblables quelconques, font entre elles comme les quarrés des côtés, ou des lignes homologues de ces figures.*

Car les furfaces de deux figures femblables peuvent toujours être regardées comme compofées d'un même nombre de triangles femblables chacun à chacun ; alors la furface de chaque triangle de la première figure fera à celle du triangle correfpondant dans la feconde, comme le quarré d'un côté du premier eft au quarré du côté homologue du fecond (160) ; donc puifque tous les côtés homologues étant en même rapport, leurs quarrés doivent être auffi tous en même rapport (*Arith.* 191), chaque triangle du premier polygone fera au triangle correfpondant du fecond, comme le quarré d'un côté quelconque du premier polygone eft au quarré du côté homologue du fecond ; donc (*Arith.* 186) la fomme de tous les triangles du premier fera à la fomme de tous les triangles du fecond, ou la furface du premier à la furface du fecond auffi dans ce même rapport.

162. *Les furfaces des cercles font donc entre elles comme les quarrés de leurs rayons ou de leurs diamètres.*

Car les cercles font des figures femblables (136),

dont les rayons & les diamètres font des lignes homologues.

On doit dire la même chose des secteurs & des segmens de même nombre de degrés.

On voit donc qu'il n'en est pas des surfaces des figures semblables comme de leurs contours ; les contours suivent le rapport simple des côtés (134), c'est-à-dire, que de deux figures semblables, si un côté de l'une est double, ou triple, ou quadruple, &c. d'un côté homologue de l'autre, le contour de la première sera aussi double ou triple, ou quadruple du contour de la seconde; mais il n'en est pas ainsi des surfaces ; celle de la première figure seroit alors quatre fois, 9 fois, 16 fois, &c. aussi grande que celle de la seconde.

On peut rendre cette vérité sensible par les figures 98 & 99, où l'on voit (*fig. 98*) que le parallélogramme $ABCD$, dont le côté AB est double du côté AG du parallélogramme semblable $AGIE$, contient quatre parallélogrammes parfaitement égaux à celui-ci ; & dans la figure 99, le triangle ADF dont le côté AD est double du côté AB du triangle semblable ABC, contient quatre triangles égaux à celui-ci ; pareillement le triangle AGK dont le côté AG est triple de AB, contient 9 triangles égaux à ABC. Il en seroit de même des cercles ; un cercle qui auroit un rayon double, ou triple, ou quadruple, &c.

de celui d'un autre cercle, auroit 4 fois, ou 9 fois, ou 16 fois, &c. autant de furface que celui-ci.

On voit par-là que deux navires qui feroient parfaitement femblables, auroient des voilures dont les furfaces feroient entre elles comme les quarrés des hauteurs des mâts, c'est-à-dire, comme nous le verrons par la fuite, comme les quarrés des longueurs des navires ou de leurs largeurs ; & par conféquent, on peut dire que deux navires femblables, & qui préfentent leurs voiles au vent de la même manière, reçoivent des quantités de vent qui font comme les quarrés des longueurs de ces navires. Il n'en faut pas conclure pour cela que leurs vîteffes feront dans ce rapport. Nous verrons en mécanique ce qui doit en être.

Au refte, nous n'examinerons pas ici fi les navires femblables doivent avoir des voilures femblables ; c'eft un examen qui appartient auffi à la mécanique.

163. Si l'on vouloit donc conftruire une figure femblable à une autre, & dont la furface fût à celle de celle-ci dans un rapport donné, par exemple, dans le rapport de 3 à 2, il ne faudroit pas faire les côtés homologues dans le rapport de 3 à 2, car alors les furfaces feroient comme 9 à 4 ; mais il faudroit faire ces côtés de telle grandeur que leurs quarrés fuffent entre eux ::

3 : 2, c'est-à-dire, en supposant que le côté AB de la figure X (*fig. 100*) soit de 50^P, par exemple, il faudroit, pour trouver le côté homologue ab de la figure cherchée x (*fig. 101*) calculer le quatrième terme d'une proportion, dont les trois premiers seroient $3 : 2 :: \overline{50}^2$ ou 50×50 est à un quatrième terme ; ce quatrième terme qui est $1666\frac{2}{3}$ seroit le quarré du côté ab ; c'est pourquoi tirant la racine quarrée (*Arith. 145*) de $1666\frac{2}{3}$, on trouveroit 40^P, 824, c'est-à-dire, $40^P\ 9^P\ 10^1$ à-peu-près pour le côté ab. Quand on a un côté de la figure x, il est aisé de construire cette figure, selon ce qui a été dit (133). (*y*).

164. « *Si sur les trois côtés* AB, BC, AC, *d'un triangle rectangle* ABC (fig. 102) *on construit trois quarrés* $BEFA$, $BGHC$, $AILC$, *celui qui occupera l'hypothénuse, vaut toujours la somme des deux autres.*

» Abaissons de l'angle droit B sur l'hypothénuse AC, la perpendiculaire BD ; les deux triangles BDA, BDC seront chacun semblable au triangle ABC (112), & par conséquent les surfaces de ces trois triangles, seront entre elles comme les quarrés de leurs côtés homologues ; on a donc cette suite de rapports égaux ABD : $\overline{AB}^2 :: BDC : \overline{BC}^2 :: ABC : \overline{AC}^2$ ou ABD : $ABEF :: BDC : BGHC :: ABC : AILC$;

donc (*Arith. 186*) $ABD + BDC : ABEF + BGHC :: ABC : AILC$. Or, il est évident que ABC vaut les deux parties $ABD + BDC$; donc $AILC$ vaut $ABEF + BGHC$; ce qu'on peut encore exprimer en cette manière $\overline{AC}^2$ vaut $\overline{AB}^2 + \overline{BC}^2$ ».

165. Puisque le quarré de l'hypothénuse vaut la somme des quarrés des deux côtés de l'angle droit, concluons donc que le *quarré d'un des côtés de l'angle droit, vaut le quarré de l'hypothénuse, moins le quarré de l'autre côté*; c'est-à-dire, que $\overline{BC}^2$ vaut $\overline{AC}^2 - \overline{AB}^2$, & $\overline{AB}^2$ vaut $\overline{AC}^2 - \overline{BC}^2$.

166. Donc *lorsqu'on connoît deux côtés d'un triangle rectangle, on peut toujours calculer le troisième* (*z*). Supposons, par exemple, que le côté AB soit de 12 pieds, le côté BC de 25; on demande l'hypothénuse AC. J'ajoute 144, qui est le quarré du côté AB, avec 625 qui est le quarré du côté BC; la somme 769 est égale au quarré de l'hypothénuse AC; donc si je tire la racine quarrée de 769, j'aurai l'hypothénuse AC; cette racine est 27, 73 à moins d'un centième près; donc le côté AC est de 27, 73 pieds, c'est-à-dire, de $27^P \ 8^p \ 9^l$.

Si au contraire on donnoit l'hypothénuse &

un des côtés, on trouveroit le second côté par ce qui vient d'être dit (165). Par exemple, si l'hypothénuse AC étoit de 54 pieds, & le côté BC de 42, & qu'on demandât de combien est le côté AB; alors de 2916 qui est le quarré de l'hypothénuse 54, je retrancherois 1764 qui est le quarré du côté BC; le reste 1152 seroit donc la valeur du quarré du côté AB; tirant la racine quarrée de 1152, cette racine qui est de 33,94 seroit la valeur de AB, c'est-à-dire, que AB seroit de 33^{p}, 94 ou 33^{p} 11^{p} 3^{l} à-peu-près.

Cette proposition est d'une très-grande utilité; nous aurons plus d'une occasion de nous en convaincre par la suite.

167. Puisque le quarré de l'hypothénuse vaut la somme des quarrés des deux côtés de l'angle droit, il s'ensuit que si le triangle rectangle est isocèle, comme il arrive, par exemple, dans un quarré lorsqu'on tire la diagonale AC (*fig. 103*), alors le quarré de l'hypothénuse sera double du quarré d'un de ses côtés: donc la surface d'un quarré est à celle du quarré fait sur la diagonale comme 1 est à 2; donc (*Arith. 192*) le côté d'un quarré est à sa diagonale, comme 1 est à la racine quarrée de 2; & comme cette racine ne peut être exprimée exactement en nombres, il s'ensuit qu'on ne peut avoir exactement en nombres le rapport du côté d'un quarré à sa diagonale, c'est-à-dire,

DE MATHÉMATIQUES. 133

que la diagonale est *incommensurable*, ou n'a aucune commune mesure avec son côté. (*aa*).

168. Dans la démonstration du n°. 164, on a vu que la similitude des triangles ABC, ADB, CDB donne $ABC : \overline{AC}^2 :: ADB : \overline{AB}^2 :: BDC : \overline{BC}^2$, ou bien $ABC : ADB : BDC :: \overline{AC}^2 : \overline{AB}^2 : \overline{BC}^2$; mais les triangles ABC, ADB, BDC étant tous trois de même hauteur, sont entre eux comme leurs bases (158); donc $ABC : ADB : BDC :: AC : AD : DC$, donc aussi $\overline{AC}^2 : \overline{AB}^2 : \overline{BC}^2 :: AC : AD : DC$; donc *le quarré fait sur l'hypothénuse, est à chacun des quarrés faits sur les deux autres côtés, comme l'hypothénuse est à chacun des segmens correspondans à ces côtés.*

169. De-là on peut conclure le moyen de faire par lignes, ce que nous avons enseigné à faire par nombres (163), c'est-à-dire, de construire une figure x semblable à une figure proposée X (*fig.* 100 & 101), & dont la surface soit à celle de celle-ci dans un rapport donné.

On tirera (*fig.* 104) une ligne indéfinie DE, sur laquelle on prendra les deux parties DP & PE, telles que DP soit à PE comme la surface de la figure donnée X (*fig.* 100) doit être à celle de la figure cherchée x (*fig.* 101), c'est-à-dire,

:: 3 : 2, si l'on veut que x soit les $\frac{2}{3}$ de X. Sur DE (*fig. 104*) comme diamètre, on décrira le demi-cercle DBE, & ayant élevé au point P la perpendiculaire PB, on mènera, du point B où elle rencontre la circonférence aux deux extrémités D & E les cordes DB, BE. Sur DB on prendra BA égal à un côté AB de la figure X, & ayant mené AC parallèle à DE, on aura BC pour le côté homologue de la figure cherchée x, qu'on construira ensuite comme il a été dit (133). En voici la raison : la surface de la figure X doit être à celle de la figure x, comme le quarré du côté AB est au quarré du côté cherché ab, c'est-à-dire, :: $\overline{AB}^2 : \overline{ab}^2$; or, on veut que ces deux surfaces soient aussi l'une à l'autre :: 3 : 2; il faut donc que $\overline{AB}^2 : \overline{ab}^2$ :: 3 : 2. Or, (*fig. 104*) $AB : BC :: BD : BE$, & par conséquent (*Arith.* 191) $\overline{AB}^2 : \overline{BC}^2 :: \overline{BD}^2 : \overline{BE}^2$; mais comme le triangle DBE est rectangle, on a (168) $\overline{BD}^2 : \overline{BE}^2 :: DP : PE$, c'est-à-dire, :: 3 : 2; donc $\overline{AB}^2 : \overline{BC}^2$ :: 3 : 2; donc aussi $\overline{AB}^2 : \overline{BC}^2 :: \overline{AB}^2 : \overline{ab}^2$; donc ab doit être égal à BC.

170. Il suit encore de ce qu'on vient de dire (168), que *les quarrés des cordes* AC, AD, *&c.*

menées par l'extrémité d'un diamètre AB (fig. 105), sont entre eux comme les parties AP, AO que coupent sur ce diamètre les perpendiculaires abaissées des extrémités de ces cordes.

Car en tirant les cordes BC & BD, on aura (168) dans le triangle rectangle ABC ;

$$\overline{AB}^2 : \overline{AC}^2 :: AB : AP,$$

& dans le triangle rectangle ADB,

$$\overline{AD}^2 : \overline{AB}^2 :: AO : AB$$

donc (100) $\overline{AD}^2 : \overline{AC}^2 :: AO : AP$.

Des Plans.

171. Après avoir établi la mesure & les rapports des surfaces planes, il ne nous reste plus pour pouvoir passer aux solides qu'à considérer les propriétés des lignes droites dans leurs différentes positions à l'égard des plans, & celles des plans dans leurs différentes positions les uns à l'égard des autres ; c'est ce dont nous allons nous occuper actuellement.

Nous ne supposons aux plans dont il va être question aucune grandeur ni aucune figure déterminée ; nous les supposons étendus indéfiniment dans tous les sens ; ce n'est que pour aider l'imagination que nous leur donnons les figures par lesquelles nous les repréfentons ici.

172. *Une ligne droite ne peut être en partie dans un plan, & en partie élevée ou abaiſſée à ſon égard.*

Car le plan (5) eſt une ſurface à laquelle une ligne droite s'applique exactement.

173. *Il en eſt de même d'un plan à l'égard d'un autre plan.*

Car une ligne droite qu'on tireroit dans la partie plane commune à ces deux plans, pouvant être prolongée indéfiniment dans l'un & dans l'autre, ſe trouveroit en partie dans l'un de ces plans, & en partie élevée ou abaiſſée à ſon égard, ce qui ne peut être (172).

174. *Deux lignes* AB, CD (fig. 106), *qui ſe coupent, ſont dans un même plan.*

Car il eſt évident qu'on peut faire paſſer un plan par l'une *AB* de ces lignes, & par un point pris arbitrairement dans la ſeconde; & comme le point d'interſection *E*, en tant qu'appartenant à *AB*, eſt dans ce même plan, la ligne *CD* a donc deux points dans ce plan : elle y eſt donc toute entière.

175. *La rencontre ou l'interſection de deux plans, ne peut être qu'une ligne droite.*

Il eſt évident qu'elle doit être une ligne, puiſqu'aucun des deux plans n'a d'épaiſſeur : de plus, elle doit être une ligne droite; car une ligne droite qu'on tireroit par deux points de cette intersection, est nécessairement toute entière dans chacun des deux plans ; elle est donc l'intersection même.

176. *On peut donc faire passer par une même ligne droite une infinité de plans différens.*

177. Nous disons qu'*une ligne est perpendiculaire à un plan*, quand elle ne penche d'aucun côté de ce plan.

178. *Une perpendiculaire* A B *à un plan* G E (fig. 107) *est donc perpendiculaire à toutes les lignes* B C, B C, B C, *&c. qu'on peut mener par son pied dans ce plan ;* car s'il y en avoit une à laquelle elle ne fût pas perpendiculaire, elle inclineroit vers cette ligne, & par conséquent vers le plan.

179. *La ligne* A B (fig. 108) *étant perpendiculaire au plan* G E, *si par son pied* B *on tire une ligne* B C *dans le plan* G E, *& qu'on conçoive que le plan* ABC *tourne autour de* AB ; *je dis que, dans ce mouvement, la ligne* BC *ne sortira point du plan* GE.

Imaginons le plan *A B C* arrivé dans une position quelconque *A B D* ; si la ligne *B C*, qui alors est en *B D*, n'étoit point dans le plan *G E*, le plan *A B D* rencontreroit donc le plan *G E* dans une ligne droite *B F*, à laquelle *A B* seroit perpendiculaire (178) ; *B F* seroit donc aussi perpendiculaire sur *A B* ; & comme *B D* est supposée perpendiculaire sur *A B* au même point *B*, il s'enfuivroit donc qu'au même point B & dans un même plan ABD, on pourroit élever deux perpendiculaires à AB, ce qui (27) est impossible ; donc BF ne peut être différente de BD ; donc BC ne peut, dans son mouvement autour de AB, sortir du plan GE.

180. *Donc, pour qu'une ligne droite* AB (fig. 108) *soit perpendiculaire à un plan* GE, *il suffit qu'elle soit perpendiculaire à deux lignes* BC, BD *qui se rencontrent à son pied dans ce plan.*

Car si l'on conçoit que le plan de l'angle droit ABC, tourne autour de AB, la ligne BC tracera (179) un plan auquel AB sera perpendiculaire ; or je dis que ce plan ne peut être autre que le plan GE des deux lignes BC & BD ; car l'angle ABD étant droit, ainsi que l'angle ABC, la ligne BC, en tournant autour de AB, aura nécessairement la ligne BD pour une de ses positions ; donc BD est dans le plan tracé par BC; donc AB est perpendiculaire au plan CBD.

181. *Si d'un point* A *d'une droite* AI *oblique à un plan* GE (fig. 109), *on abaisse une perpendiculaire* AB *sur ce plan, & qu'ayant joint les points* B *&* I *de la perpendiculaire & de l'oblique, par une droite* BI, *on mène à cette dernière une perpendiculaire* CD *dans le plan* GE ; *je dis que* AI *sera aussi perpendiculaire à* CD.

Prenons, à commencer du point I, les parties

égales IC, ID, & tirons les lignes BC & BD; ces deux dernières lignes seront égales entre elles (29); donc les deux triangles ABC, ABD seront égaux; car outre l'angle ABC égal à l'angle ABD, comme étant chacun droit, le côté AB est commun; & BC est égal à BD selon ce qu'on vient de prouver: ils ont donc un angle égal compris entre deux côtés égaux chacun à chacun; ils sont donc égaux; donc AD est égal à AC; la ligne AI a donc deux points A & I également éloignés du point C & du point D; elle est donc perpendiculaire sur CD (32).

182. *Un plan* est dit *perpendiculaire à un autre plan*, quand il ne penche ni d'un côté ni de l'autre de ce dernier.

183. Donc, *par une même ligne* CD (fig. 110) *prise dans un plan* GE, *on ne peut conduire plus d'un plan perpendiculaire à ce plan* GE.

184. *Un plan* CK *est perpendiculaire à un autre plan* GE, *quand il passe par une droite* AB *perpendiculaire à celui-ci*; car il est évident qu'il ne peut incliner d'aucun côté du plan GE.

185. *Si par un point* A *pris dans le plan* CK *perpendiculaire au plan* GE, *on mène une perpendiculaire* AB *à la commune section* CD, *cette ligne sera aussi perpendiculaire au plan* GE.

Car si elle ne l'étoit pas, on pourroit par le point B où elle tombe, élever une perpendiculaire au plan *G E*, & conduire par cette perpendiculaire & par la commune section *CD*, un plan qui (184) feroit perpendiculaire au plan *G E*; on pourroit donc, par une même ligne *CD*, prife dans le plan *G E*, mener deux plans perpendiculaires à celui-ci; ce qui eft impoffible (183) : donc *AB* eft perpendiculaire au plan *G E*.

186. Donc *le plan* C K *étant perpendiculaire au plan* G E, *la perpendiculaire* A B *qu'on élèvera fur le plan* GE *par un point* B *de la section commune, fera néceffairement dans le plan* CK.

De cette propofition il fuit que *deux perpendiculaires* B A, LM *à un même plan* G E, *font parallèles.*

Car fi l'on joint leurs pieds *B* & *L* par une ligne *B L*, & que par cette ligne & par *A B* on conduife un plan *CK*, ce plan fera perpendiculaire au plan *G E* (184); & puifque *L M* eft alors une perpendiculaire au plan *G E*, menée par un point *L* du plan *C K*, elle fera donc dans le plan *C K* (186); or, puifque les deux lignes *A B*, *LM* font toutes deux dans un même plan & perpendiculaires à la même ligne *B L*, elles font parallèles (36 & 37).

187. Donc, *fi deux droites* A B, CD (fig. 112) *font parallèles chacune à une troifième* H F, *elles feront auffi parallèles entre elles*; car les lignes *AB*, *HF* étant parallèles, peuvent être toutes

deux perpendiculaires à un même plan *G E* ; par la même raison *C D* & *H F* peuvent être perpendiculaires au même plan *G E* ; donc *A B* & *C D* étant perpendiculaires à un même plan, seront parallèles.

188. *Si deux plans* C K, N L (fig. 111) *sont perpendiculaires à un troisième* G E, *leur commune section* A B *sera aussi perpendiculaire au plan* G E.

Car la perpendiculaire qu'on élèveroit par le point *B* sur le plan *G E*, doit être dans chacun de ces deux plans (186) ; elle ne peut donc être autre que l'intersection commune.

189. On appelle *angle-plan*, l'ouverture de deux plans *G F*, *G E* (*fig.* 113) qui se rencontrent : cet angle s'appelle aussi l'*inclinaison* de l'un de ces plans à l'égard de l'autre.

L'angle-plan formé par les deux plans *G F*, *G E*, n'est autre chose que la quantité dont le plan *G F* auroit dû tourner autour de *A G* pour venir dans sa situation actuelle, s'il avoit été d'abord couché sur le plan *G E*.

190. De-là il est aisé de voir que si par un point *B* pris dans la commune section *A G*, on mène dans le plan *G E* la perpendiculaire *B D* à *A G*, & dans le plan *G F* la perpendiculaire *B C* à la même ligne *A G*, l'angle formé par les deux plans est la même chose que l'angle formé par les deux lignes *B D* & *B C* ; car il est facile de voir

que pendant le mouvement du plan GF, la ligne BC s'écarte de la ligne BD sur laquelle elle étoit couchée au commencement du mouvement, s'écarte, dis-je, de BD, précisément selon la même loi, selon laquelle le plan GF s'écarte du plan GE.

191. Donc *un angle-plan a même mesure que l'angle rectiligne compris entre deux lignes tirées dans chacun des deux plans qui le forment, perpendiculairement à la commune section, & d'un même point de cette ligne.*

De-là il est si aisé de conclure les propositions suivantes : nous nous contenterons de les énoncer.

192. *Un plan qui tombe sur un autre plan, forme deux angles, qui, pris ensemble, valent 180°.*

193. *Les angles formés par tant de plans qu'on voudra, qui passent tous par une même droite, valent 360°.*

194. *Deux plans qui se coupent, font les angles opposés au sommet, égaux.*

195. On appelle *plans parallèles* ceux qui ne peuvent jamais se rencontrer à quelque distance qu'on les imagine prolongés.

196. *Les plans parallèles sont donc par-tout également éloignés.*

197. *Si deux plans parallèles sont coupés par un troisième plan* (fig. 114), *les intersections* AB,

CD *seront deux droites parallèles*; car comme elles font dans un même plan *A B C D*, elles ne pourroient manquer de se rencontrer si elles n'étoient pas parallèles, & alors il est évident que les plans se rencontreroient aussi.

198. *Deux plans parallèles, coupés par un troisième, ont les mêmes propriétés dans les angles qu'ils forment avec ce troisième, que deux lignes droites parallèles à l'égard d'une troisième droite qui les coupe.* C'est une suite de ce qui a été dit (191).

Propriétés des Lignes droites coupées par des plans parallèles.

199. *Si d'un point* I *pris hors du plan* GE (fig. 115) *on tire à différens points* K, L, M *de ce plan, des droites* IK, IL, IM, *& qu'on coupe ces droites par un plan* ge *parallèle au plan* GE, *je dis*, 1°. *que ces droites seront coupées proportionnellement*; 2°. *que la figure* klm *sera semblable à la figure* KLM.

Ne supposons d'abord que trois points K, L, M. Puisque les droites kl, lm, mk sont les intersections des plans IKL, ILM, IKM avec le plan ge, elles sont parallèles aux droites KL, LM, MK, intersections des mêmes plans avec le plan GE (197); donc les triangles IKL, ILM,

IMK, sont semblables aux triangles Ikl, Ilm, Imk, chacun à chacun ; donc $IK:Ik::KL:kl::IL:Il::LM:Lm::IM:Im::MK:mk$; or, 1°. si de cette suite de rapports égaux on tire seulement ceux qui renferment les droites qui partent du point I, on aura $IK:Ik::IL:Il::IM:Im$; donc les droites IK, IL, IM sont coupées proportionnellement.

2°. Si de la même première suite de rapports égaux on tire ceux qui renferment les lignes comprises dans les deux plans parallèles, on aura $KL:kl::LM:lm::KM:km$; donc les deux triangles KLM, klm sont semblables, puisqu'ils ont les côtés proportionnels.

Supposons maintenant tel nombre de points A, B, C, D, F, &c. qu'on voudra, on démontrera précisément de la même manière que les droites IA, IB, IC, &c. sont coupées proportionnellement ; & si l'on imagine les diagonales AC, AD, &c. ac, ad, &c. menées des deux angles correspondans A & a, on démontrera aussi de la même manière que les triangles ABC, ACD, &c. sont semblables aux triangles abc, acd, &c. chacun à chacun ; donc les deux polygones $ABCDF$, $abcdf$ étant composés d'un même nombre de triangles semblables chacun à chacun, & semblablement disposés, sont semblables (133).

DE MATHÉMATIQUES. 145

200. Puisque les deux figures KLM, klm sont semblables, concluons-en que l'angle KLM est égal à l'angle klm, & par conséquent, *si deux droites* KL, LM, *qui comprennent un angle* KLM, *sont parallèles à deux droites* kl, lm, *qui comprennent un angle* klm, *l'angle* KLM *sera égal à l'angle* klm, *lors même que ces deux angles ne seront pas dans un même plan :* nous avons donné cette même proposition (43); mais nous supposions que les deux angles étoient dans un même plan.

201. Il suit encore de ce que les deux figures $ABCDF$ & $abcdf$ sont semblables, & de ce que les deux figures KLM, klm sont semblables; il suit, dis-je, que *les surfaces des deux sections* $abcdf$, klm *sont entre elles comme celles des deux figures* $ABCDF$, KLM.

Car $ABCDF : abcdf :: \overline{AB}^2 : \overline{ab}^2$ (161).

Mais les triangles semblables IAB, Iab donnent $AB : ab :: IA : Ia$.

Et par conséquent (*Arith.* 191) $\overline{AB}^2 : \overline{ab}^2 :: \overline{IA}^2 : \overline{Ia}^2$ ou (199) $:: \overline{IM}^2 : \overline{IM}^2$, ou (à cause des triangles semblables IML, Iml) $:: \overline{LM}^2 : \overline{lm}^2$; & par conséquent (161) $:: KLM : klm$; donc $ABCDF : abcdf :: KLM : klm$, ou (*Arith.* 182) $ABCDF : KLM :: abcdf : klm$.

202. Cette démonstration fait voir en même

GÉOMÉTRIE. K

temps que les surfaces $ABCDF$, $abcdf$ sont entre elles comme les quarrés de deux droites IA & Ia tirées du point I à deux points correspondans de ces deux figures, & par conséquent (199) comme les quarrés des hauteurs ou perpendiculaires IP, Ip menées du point I sur les plans GE & ge.

Concluons donc, 1°. que si les deux surfaces $ABCDF$, KLM étoient égales, les deux surfaces $abcdf$, klm seroient aussi égales.

2°. Que tout ce que nous venons de dire, auroit encore lieu si le point I, au lieu d'être commun aux droites IA, IB, IC, &c. & aux droites IM, IL, &c. étoit différent pour chaque figure, pourvu qu'il fût à même hauteur au-dessus du plan ge.

IIIᵉ SECTION.

Des Solides.

203. Nous avons nommé *Solide*, ou *Volume*, ou *Corps* (1), tout ce qui a les trois dimensions, *Longueur*, *Largeur* & *Profondeur*.

Nous allons nous occuper de la mesure & des rapports des solides.

Nous considérerons les solides terminés par des surfaces planes : & de ceux qui sont renfermés par des surfaces courbes, nous ne considérerons que le *cylindre*, le *cône* & la *sphère*.

Les solides terminés par des surfaces planes, se distinguent en général par le nombre & la figure des plans qui les renferment ; ces plans doivent être au moins au nombre de quatre.

204. Un solide, dont deux faces opposées sont deux plans égaux & parallèles, & dont toutes les autres faces sont des parallélogrammes, s'appelle en général un *Prisme*. *Voyez figures* 116, 117, 118, 119.

On peut donc regarder le prisme comme engendré par le mouvement d'un plan *BDF* qui glisferoit parallèlement à lui-même le long d'une ligne droite *A B* (*fig. 116*).

Les deux plans parallèles fe nomment les *bafes* du prifme, & la perpendiculaire *L M* menée d'un point de l'une des bafes, fur l'autre bafe, fe nomme la *hauteur*.

De l'idée que nous venons de donner du prifme, il fuit qu'à quelque endroit qu'on coupe un prifme par un plan parallèle à fa bafe, la fection fera toujours un plan parfaitement égal à la bafe.

Les lignes telles que *BA*, qui font les rencontres de deux parallélogrammes confécutifs, font nommées les *arrêtes du prifme*.

Le prifme eft *droit*, lorfque fes arrêtes font perpendiculaires à la bafe ; alors elles font toutes égales à la hauteur. *Voyez figures 117 & 119.*

Au contraire le prifme eft *oblique*, lorfque fes arrêtes inclinent fur la bafe.

Les prifmes fe diftinguent par le nombre des côtés de leur bafe ; fi la bafe eft un triangle, le prifme eft dit *prifme triangulaire* (*fig. 116*) : fi la bafe eft un quadrilatère, on l'appelle *prifme quadrangulaire* (*fig. 117*), & ainfi de fuite.

Parmi les prifmes quadrangulaires, on diftingue plus particulièrement le *parallélipipède* & le *cube*.

Le *parallélipipède* eft un prifme quadrangulaire

dont les bases, & par conséquent toutes les faces sont des parallélogrammes ; & lorsque le parallélogramme qui sert de base est un rectangle, & qu'en même temps le prisme est droit, on l'appelle *parallélipipède* rectangle. *Voyez figure* 117.

Le parallélipipède rectangle prend le nom de *cube*, lorsque la base est un quarré, & que l'arrête AB (*fig.* 119) est égale au côté de ce quarré.

Le cube est donc un solide compris sous six quarrés égaux. C'est avec ce solide qu'on mesure tous les autres, comme nous le verrons dans peu.

205. Le *cylindre* est le solide compris entre deux cercles égaux & parallèles, & la surface que traceroit une ligne AB (*fig.* 120 & 121), qui glisseroit parallèlement à elle-même le long des deux circonférences. Le cylindre est *droit* quand la ligne CF (*fig.* 120), qui joint les centres des deux bases opposées, est perpendiculaire à ces cercles : cette ligne CF s'appelle l'*axe* du cylindre ; et le cylindre est *oblique*, quand cette même ligne CF incline sur la base.

On peut considérer le cylindre droit comme engendré par le mouvement du parallélogramme rectangle $FCDE$ tournant autour de son côté CF.

206. La *pyramide* est un solide compris sous plusieurs plans, dont l'un, qu'on appelle la *base*,

est un polygone quelconque, & les autres, qui font tous des triangles, ont pour base les côtés de ce polygone, & ont tous leurs sommets réunis en un même point, qu'on appelle le *sommet* de la pyramide. *Voyez figures* 122, 123, 124.

La perpendiculaire AM menée du sommet sur le plan qui sert de base, s'appelle la *hauteur* de la pyramide.

Les pyramides se distinguent par le nombre des côtés de leurs bases ; en sorte que celle qui a pour base un triangle est appelée *pyramide triangulaire*; celle qui a pour base un quadrilatère, *pyramide quadrangulaire*, & ainsi de suite.

La pyramide est dite *régulière*, lorsque le polygone qui lui sert de base est régulier, & qu'en même temps la perpendiculaire AM (*fig.* 124), menée du sommet, passe par le centre de ce polygone.

La perpendiculaire AG menée du sommet A sur l'un DE des côtés de la base, s'appelle *apothême*.

Il est clair que tous les triangles qui aboutissent au point A, sont égaux & isocèles ; car ils ont tous des bases égales, & les arrêtes AB, AC, AD, &c. sont toutes égales, puisque ce sont toutes des obliques également éloignées de la perpendiculaire AM (29).

Il n'eſt pas moins évident que tous les apothêmes ſont égaux.

207. Le *cône* (*fig. 125 & 126*) eſt le ſolide renfermé par le plan circulaire $BGDH$ qu'on appelle la baſe du cône, & par la ſurface que traceroit une ligne AB tournant autour du point fixe A, & raſant toujours la circonférence $BGDH$.

Le point A s'appelle le *ſommet* du cône.

La perpendiculaire menée du ſommet ſur le plan de la baſe, ſe nomme la *hauteur* du cône : & le cône eſt *droit* ou *oblique*, ſelon que cette perpendiculaire paſſe (*fig. 125*), ou ne paſſe point (*fig. 126*) par le centre de la baſe.

On peut concevoir le cône droit comme engendré par le mouvement du triangle rectangle ACD (*fig. 125*), tournant autour du côté AC.

208. La *ſphère* eſt un ſolide terminé de toutes parts par une ſurface dont tous les points ſont également éloignés d'un même point.

On peut conſidérer la ſphère comme le ſolide qu'engendreroit le demi-cercle ABD (*fig. 128*), tournant autour du diamètre AD (*bb*).

« Il eſt évident que toute *coupe*, ou toute *ſection* de la ſphère par un plan eſt un cercle. Si ce plan paſſe par le centre, la ſection s'appelle *grand cercle* de la ſphère ; & on appelle au contraire *petit cercle* toute ſection de la ſphère, par un plan qui ne paſſe point par le centre ».

Le *secteur sphérique* est le solide qu'engendreroit le secteur circulaire *B C A* tournant autour du rayon *A C*. La surface que décriroit l'arc *A B* dans ce mouvement, s'appelle *calotte sphérique*.

Le *segment sphérique* est le solide qu'engendreroit le demi-segment circulaire *A F B*, tournant autour de la partie *A F* du rayon.

Des Solides semblables.

209. Les *solides semblables* sont ceux qui sont composés d'un même nombre de faces semblables chacune à chacune, & semblablement disposées dans les deux solides.

210. *Les arrêtes homologues & les sommets des angles solides homologues, sont donc des lignes & des points semblablement placés dans les deux solides;* car les arrêtes homologues, & les sommets des angles solides homologues, sont des lignes & des points semblablement placés à l'égard des faces auxquelles ils appartiennent, puisque ces faces sont supposées semblables ; or ces faces sont semblablement disposées dans les deux solides ; donc, &c.

211. Donc *les triangles qui joignent un angle solide & les extrémités d'une arrête homologue dans chaque solide, sont deux figures semblables, & semblablement disposées dans les deux solides ;* car les

extrémités des arrêtes homologues sont elles-mêmes les sommets d'angles solides homologues, qui sont (210) semblablement placés à l'égard des solides.

212. *Les diagonales qui joignent deux angles solides homologues, sont donc entre elles comme les arrêtes homologues de ces solides;* car elles sont les côtés des triangles semblables dont on vient de parler, & qui ont pour un de leurs côtés des arrêtes homologues.

Donc deux solides semblables peuvent être partagés en un même nombre de pyramides semblables chacune à chacune par des plans conduits par des angles homologues, & par deux arrêtes homologues. Car les faces de ces pyramidss seront composées de triangles semblables, & semblablement disposés dans les deux solides (211); & les bases de ces mêmes pyramides seront aussi semblables, puisqu'elles sont des faces homologues des deux solides; donc (209) ces pyramides seront semblables.

213. *Si de deux angles homologues on abaisse des perpendiculaires sur deux faces homologues, ces perpendiculaires seront entre elles dans le rapport de deux arrêtes homologues quelconques.*

Car les deux angles homologues étant semblablement disposés à l'égard de deux faces homologues (210), doivent nécessairement être à des distances de ces faces, qui soient entre elles dans le rapport des dimensions homologues des deux solides.

De la Mesure des Surfaces des Solides.

214. Les surfaces des prismes & des pyramides étant composées de parallélogrammes, de triangles & de polygones rectilignes, nous pourrions nous dispenser de rien dire ici sur la manière dont on doit s'y prendre pour les mesurer, puisque nous avons donné (145, 147 & 149) les moyens de mesurer les parties dont elles sont composées. Mais on peut tirer de ce que nous avons dit à ce sujet quelques conséquences, qui non-seulement serviront à simplifier les opérations qu'exigent ces mesures, mais nous seront encore utiles pour évaluer les surfaces des cylindres, des cônes & même de la sphère.

215. *La surface d'un prisme quelconque (en n'y comprenant pas les deux bases) est égale au produit de l'une des arrêtes de ce prisme par le contour d'une section* b d f h k (fig. 118), *faite par un plan auquel cette arrête seroit perpendiculaire.*

Car puisque l'arrête AB est supposée perpendiculaire au plan $bdfhk$, les autres arrêtes qui sont toutes parallèles à celle-là, seront aussi perpendiculaires au plan $bdfhk$; donc réciproquement les droites bd, df, fh, hk, &c. feront perpendiculaires chacune fur l'arrête qu'elle coupe; en confidérant donc les arrêtes comme les bafes des parallélogrammes qui enveloppent le prifme, les lignes bd, df, fh en feront les hauteurs. Il faudra donc, pour avoir la furface du prifme, multiplier l'arrête AB, par la perpendiculaire bd; l'arrête CD, par la perpendiculaire df, & ainfi de fuite, & ajouter tous ces produits; mais comme toutes les arrêtes font égales, il eft évident qu'il revient au même d'en multiplier une feule AB, par la fomme de toutes les hauteurs, c'eft-à-dire, par le contour $bdfhk$.

216. Quand le prifme eft droit, la fection $bdfhk$ ne diffère pas de la bafe $BDFHK$, & l'arrête AB eft alors la hauteur du prifme; donc *la furface d'un prifme droit (en n'y comprenant point les deux bafes) eft égale au produit du contour de la bafe multipliée par la hauteur.*

217. Nous avons vu ci-deffus (136) qu'on pouvoit confidérer le cercle comme un polygone régulier d'une infinité de côtés; donc le cylindre peut être confidéré comme un prifme dont le nombre des parallélogrammes qui compofent la furface, feroit infini; donc,

La furface d'un cylindre droit eft égale au produit de la hauteur de ce cylindre, par la circonférence de fa bafe. Nous avons vu (152) comment on doit s'y prendre pour avoir cette circonférence (cc).

A l'égard du cylindre oblique, il faut multiplier sa longueur *AB*, par la circonférence de la section *bgdh* (*fig. 121*), cette section étant faite comme il a été dit (215). La méthode pour déterminer la longueur de cette section, dépend de connoissances plus étendues que celles que nous avons données jusqu'ici; dans la pratique, il faut se contenter de la mesurer mécaniquement en enveloppant le cylindre avec un fil (ou autre chose équivalente) qu'on aura soin d'assujettir dans un plan auquel la longueur *AB* de ce cylindre soit perpendiculaire.

218. *Pour la pyramide*, si elle n'est pas régulière, il faut chercher séparément la surface de chacun des triangles qui la composent, & ajouter ces surfaces.

Mais si elle est régulière, on peut avoir sa surface plus brièvement, en multipliant le contour de sa base par la moitié de l'apothême *AG* (*fig. 124*); car tous les triangles étant de même hauteur, il suffit de multiplier la moitié de la hauteur commune, par la somme de toutes les bases.

219. En considérant encore la circonférence d'un cercle comme un polygone régulier d'une infinité de côtés, on voit que le cône n'est au fond qu'une pyramide régulière, dont la surface

(non compris celle de la base) est composée d'une infinité de triangles, & que par conséquent *la surface convexe d'un cône droit est égale au produit de la circonférence de sa base par la moitié du côté* A B *de ce cône* (fig. 105).

A l'égard de la surface du cône oblique, elle dépend d'une géométrie plus composée ; ainsi nous n'en parlerons point ici. Au reste, la manière dont nous venons de considérer le cône, donne le moyen de le mesurer à-peu-près lorsqu'il est oblique. Il faut partager la circonférence de la base en un assez grand nombre d'arcs, pour que chacun puisse être considéré, sans erreur sensible, comme une ligne droite, & alors on calculera la surface comme pour une pyramide qui auroit autant de triangles qu'on a d'arcs.

220. *Pour avoir la surface d'un tronc de cône droit, dont les bases opposées* B G D H, b g d h (fig. 127) *sont parallèles ; il faut multiplier le côté* B b *de ce tronc par la moitié de la somme des circonférences des deux bases opposées.*

En effet, on peut concevoir cette surface comme l'assemblage d'une infinité de trapèzes tels que E F f e dont les côtés E e, F f tendent au sommet A ; or la surface de chacun de ces trapèzes est égale à la moitié de la somme des deux bases opposées E F, e f, multipliée par la distance de ces deux bases (148) ; mais cette distance ne diffère pas des côtés Ee, Ff, ou Bb; donc pour avoir la somme de tous ces trapèzes, il faut multiplier la moitié de la somme de toutes les bases opposées, telles que EF, ef, c'est-à-dire, la moitié de la somme des deux circonférences par la ligne Bb, hauteur commune de tous ces trapèzes.

221. Si par le milieu M du côté Bb, on conduit un plan parallèle à la base, la section (199) fera un cercle dont la circonférence sera la moitié de la somme des circonférences des deux bases opposées, puisque son diamètre MN (148) est la moitié de la somme de ceux des bases, & que (136) les circonférences sont entre elles comme leurs diamètres. Donc *la surface d'un cône tronqué à bases parallèles, est égale au produit du côté du tronc, par la circonférence de la section faite à distances égales des deux bases opposées.* Cette proposition va nous servir pour la démonstration de la suivante.

222. *La surface d'une sphère est égale au produit de la circonférence d'un de ses grands cercles multipliée par le diamètre.*

Concevez la demi-circonférence AKD (*fig.* 129) divisée en une infinité d'arcs; chacun de ces arcs, tel que KL étant infiniment petit, se confondra avec sa corde.

Menons par les extrémités de KL les perpendiculaires KE, LF au diamètre AD; & par le milieu I de KL ou de sa corde, menons IH parallèle à KE, & le rayon IC; ce rayon sera perpendiculaire sur KL (52); tirons enfin KM perpendiculaire sur IH ou sur LF. Si l'on conçoit que la demi-circonférence AKD tourne autour de AD, elle engendrera la surface de la sphère, & chacun de ses arcs KL engendrera la surface d'un cône tronqué, qui sera un élément de celle de la sphère. Nous allons voir que la surface de ce cône tronqué est égale au produit de KM ou EF multiplié par la circonférence qui a pour rayon IC ou AC.

Le triangle KML est semblable au triangle IHC, puisque ces deux triangles ont les côtés perpendiculaires l'un à l'autre, d'après ce qu'on vient de prescrire. Ces triangles semblables donneront donc (112) cette proportion $KL : KM :: IC : IH$; ou (puisque (136) les circonférences sont entre elles comme leurs rayons) $KL : KM :: cir. IC : cir. IH$ (*); donc puisque (*Arith.* 78) dans toute proportion le produit des extrêmes est égal au produit des moyens, $KL \times cir. IH$ est égal à $KM \times cir. IC$, ou (ce qui revient au même) est égal à $EF \times cir. AC$. Or (221) le

---

(*) Par ces expressions *cir. IC*, *cir. IH*, nous entendons la circonférence qui a pour rayon IC, la circonférence qui a pour rayon IH.

premier de ces produits exprime la surface du cône tronqué engendré par KL; donc ce cône tronqué est égal à $EF \times cir.\ AC$, c'est-à-dire, au produit de sa hauteur EF par la circonférence d'un grand cercle de la sphère. Et comme en prenant tout autre arc que KL, on démontreroit la même chose & de la même manière, on doit conclure que la somme des petits cônes tronqués qui composent la surface de la sphère est égale à la circonférence d'un des grands cercles, multipliée par la somme des hauteurs de ces cônes tronqués, laquelle somme compose évidemment le diamètre. Donc la surface de la sphère est égale à la circonférence d'un de ses grands cercles, multipliée par le diamètre.

223. Si l'on conçoit un cylindre (*fig. 130*) qui entoure la sphère en la touchant, & qui ait pour hauteur le diamètre de cette sphère, c'est-à-dire, si l'on conçoit un cylindre circonscrit à la sphère, on pourra conclure que la *surface de la sphère est égale à la surface convexe du cylindre circonscrit*; car (217) la surface de ce cylindre est égale au produit de la circonférence de la base, multipliée par la hauteur; or la circonférence de la base est celle d'un grand cercle de la sphère; & la hauteur est égale au diamètre; donc, &c.

224. Puisque (151) pour avoir la surface d'un cercle, il faut multiplier la circonférence

par la moitié du rayon ou le quart du diamètre, & que pour avoir celle de la sphère, il faut multiplier la circonférence par le diamètre, on doit donc dire que *la surface de la sphère est quadruple de celle d'un de ses grands cercles.*

225. La démonstration que nous venons de donner de la mesure de la surface de la sphère, prouve également que pour avoir la surface convexe du segment sphérique qu'engendreroit l'arc AL (*fig. 131*) tournant autour du diamètre AD, il faut multiplier la circonférence d'un grand cercle de la sphère, par la hauteur AI de ce segment; & que pour avoir celle d'une portion de sphère comprise entre deux plans parallèles tels que LKM, NRP, il faut pareillement multiplier la circonférence d'un grand cercle de la sphère, par la hauteur IO de cette portion de sphère. Car on peut considérer ces surfaces, ainsi qu'on l'a fait pour la sphère entière, comme composées d'une infinité de cônes tronqués, dont chacun est égal au produit de sa hauteur par la circonférence d'un grand cercle de la sphère.

Des rapports des Surfaces des Solides.

226. Si deux folides dont on a deffein de comparer les furfaces, font terminés par des plans diffemblables & irréguliers, le feul parti qu'il y ait à prendre pour trouver le rapport de leurs furfaces, eft de calculer féparément la furface de chacun en mefures de même efpèce, & de comparer le nombre des mefures de l'une, au nombre des mefures de l'autre, c'eft-à-dire, par exemple, le nombre des pieds quarrés de l'une, au nombre des pieds quarrés de l'autre.

227. *Les furfaces des prifmes (en n'y comprenant point les bafes oppofées) font entre elles comme les produits de la longueur de ces prifmes, par le contour de la fection faite perpendiculairement à cette longueur.*

Car ces furfaces font égales à ces produits (215).

228. Donc *fi les longueurs font égales, les furfaces des prifmes feront entre elles comme le contour de la fection faite perpendiculairement à la longueur de chacun.* Car le rapport des produits de la longueur par le contour de cette fection, ne changera point fi l'on omet, dans chacun de ces produits, la longueur qui en eft facteur commun.

229. Donc *les furfaces des prifmes droits ou des cylindres droits de même hauteur, font entre elles*

comme les contours des bases, quelque figure qu'aient d'ailleurs ces bases.

Et si, au contraire, *les contours des bases sont les mêmes, & les hauteurs différentes, ces surfaces seront comme les hauteurs.*

230. *Les surfaces des cônes droits sont entre elles comme les produits des côtés de ces cônes, par les circonférences des bases, ou par les rayons, ou par les diamètres de ces bases.*

Car ces surfaces étant égales chacune au produit de la circonférence de la base par la moitié du côté du cône (219), doivent être entre elles comme ces produits, & par conséquent comme le double de ces produits. D'ailleurs comme les circonférences ont entre elles le même rapport que leurs rayons ou leurs diamètres, on peut (99) substituer dans ces produits le rapport des rayons, ou celui des diamètres à celui des circonférences.

231. *Les surfaces des solides semblables sont entre elles comme les quarrés de leurs lignes homologues.*

Car elles sont composées de plans semblables, dont les surfaces sont entre elles comme les quarrés de leurs côtés ou de leurs lignes homologues, lesquelles lignes sont lignes homologues des solides, & proportionnelles à toutes les autres lignes homologues.

232. *Les surfaces de deux sphères sont entre elles comme les quarrés de leurs rayons ou de leurs diamètres* ; car la surface d'une sphère étant quadruple de celle de son grand cercle, les surfaces de deux sphères doivent être entre elles comme le quadruple de leurs grands cercles, ou simplement comme leurs grands cercles, c'est-à-dire (162), comme les quarrés des rayons ou des diamètres.

De la solidité des Prismes.

233. Pour fixer les idées sur ce qu'on doit entendre par la *solidité* d'un corps, il faut se représenter par la pensée une portion d'étendue de telle forme qu'on voudra, de la forme d'un cube, par exemple, mais qui ait infiniment peu de longueur, de largeur & de profondeur, & concevoir que la capacité d'un corps est entièrement remplie de pareils cubes que nous nommerons *points solides*. La totalité de ces points forme ce que nous entendons par *solidité* d'un corps.

234. *Deux prismes ou deux cylindres, ou un prisme & un cylindre de même base & de même hauteur, ou de bases égales & de hauteurs égales, sont égaux en solidité, quelque différentes que soient d'ailleurs les figures des bases.*

Car si l'on imagine ces corps, coupés par des

plans parallèles à leurs bases, en tranches infiniment minces, & d'une épaisseur égale à celle des points solides dont on peut imaginer que ces corps sont remplis, il est visible que, dans chacun, chaque section étant égale à la base (204), le nombre de points solides dont chaque tranche sera composée, sera par-tout le même, & égal au nombre des points superficiels de la base: & comme on suppose même hauteur aux deux solides, ils auront chacun le même nombre de tranches; ils contiendront donc, en totalité, le même nombre de points solides; donc ils sont égaux en solidité.

De la mesure de la solidité des Prismes & des Cylindres.

235. La considération des points solides dont nous venons de faire usage, est principalement utile lorsque pour démontrer l'égalité de deux solides, on est obligé de considérer ces solides dans leurs élémens mêmes, en les décomposant en tranches infiniment minces; nous aurons encore occasion de les considérer de cette manière. Mais lorsqu'on veut mesurer les capacités ou solidités des corps pour les usages ordinaires, ce n'est point en cherchant à évaluer le nombre de leurs points solides qu'on y parvient; car on conçoit

très-bien que dans tel corps que ce soit, il y a une infinité de ces sortes de points.

Que fait-on donc, à proprement parler, quand on mesure la solidité des corps ? On cherche à déterminer combien de fois le corps dont il s'agit, contient un autre corps connu. Par exemple, quand on veut mesurer le parallélipipède rectangle $ABCDEFGH$ (*fig. 132*), on a pour objet de connoître combien ce parallélipipède contient de cubes, tels que le cube connu x ; c'est ordinairement en mesures cubiques qu'on évalue les solidités des corps.

Pour connoître la solidité du parallélipipède rectangle $ABCDEFGH$, il faut chercher combien sa base $EFGH$ contient de parties quarrées, telles que $efgh$; chercher pareillement combien la hauteur AH contient de fois la hauteur ah ; & multipliant le nombre des parties quarrées de $EFGH$, par le nombre des parties de AH, le produit exprimera combien le parallélipipède proposé contient de cubes, tels que x, c'est-à-dire, combien il contient de pieds-cubes, ou de pouces-cubes, &c. si le côté ah du cube x est d'un pied, ou d'un pouce.

En effet, on voit qu'on peut placer sur la surface $EFGH$ autant de cubes, tels que x, qu'il y a de quarrés, tels que $efgh$ dans la base $EFGH$. Tous ces cubes formeront un parallélipipède dont la hauteur *HL* fera égale à *ah* ; or il est évident qu'on pourra placer dans le folide *ABCDEFGH* autant de parallélipipèdes tels que celui-là, que la hauteur *HL* fera contenue de fois dans *AH* ; donc il faut répéter ce parallélipipède ou le nombre des cubes répandus fur *EFGH*, autant de fois qu'il y a de parties dans *AH* ; ou puifque le nombre de ces cubes eft le même que le nombre des quarrés contenus dans la bafe, il faut multiplier le nombre des quarrés contenus dans la bafe par le nombre des parties de la hauteur, & le produit exprimera le nombre de cubes contenus dans le parallélipipède propofé.

236. Puifqu'on a démontré (234) que les prifmes de bafes égales & de hauteurs égales, font égaux en folidité, il fuit de cette propofition, & de ce que nous venons de dire, que pour avoir le nombre des mefures cubes que renfermeroit le prifme quelconque *ACEGIKBDFH* (*fig. 118*), il faut évaluer fa bafe *KBDFH* en mefures quarrées, & fa hauteur *LM* en parties égales au côté du cube qu'on prend pour mefure, & multiplier le nombre des mefures quarrées qu'on aura trouvées dans la bafe, par le nombre des mefures linéaires de la hauteur, ce qu'on exprime ordinairement en difant : *la folidité d'un prifme quelconque eft égale au produit de la furface de fa bafe, par la hauteur de ce prifme.*

Mais nous devons obferver ici la même chofe que nous avons fait remarquer (145) à l'occafion des furfaces : de même qu'on ne peut pas dire avec exactitude, qu'on multiplie une ligne par une ligne, on ne peut pas dire non plus qu'on multiplie une furface par une ligne. C'eft, ainfi qu'on vient de le voir, un folide (dont le nombre des cubes eft le même que le nombre des quarrés de la bafe) qu'on répète autant de fois que fa hauteur eft comprife dans celle du folide total, c'eft-à-dire, autant de fois qu'il eft dans le folide qu'on veut mefurer.

237. Concluons de ce qui précède, que *pour avoir la folidité d'un cylindre droit ou oblique, il faut pareillement multiplier la furface de fa bafe, par la hauteur de ce cylindre*, puifqu'un cylindre eft égal à un prifme de même bafe & de même hauteur que lui (234).

De la Solidité des Pyramides.

238. Rappelons-nous ce qui a été dit (201), & en l'appliquant aux pyramides, nous en conclurons que fi l'on coupe deux pyramides *I A B C D F*, *I K L M* (*fig.* 115) de même hauteur, par un même plan *g e* parallèle au plan de leur bafe (*),

---

(*) Nous fuppofons, pour plus de fimplicité, qu'on ait

les sections $abcdf$, klm seront entre elles dans le rapport des bases $ABCDF$, KLM, & seront par conséquent égales si ces bases sont égales. Si l'on conçoit de nouveau ces pyramides coupées par un plan parallèle au plan ge & infiniment près de celui-ci, on voit que les deux tranches solides comprises entre ces deux plans infiniment voisins doivent être aussi entre elles dans le rapport des bases; car le nombre des points solides nécessaires pour remplir ces deux tranches d'égale épaisseur, ne peut dépendre que de la grandeur des sections correspondantes. Cela posé, comme les deux pyramides sont de même hauteur, on ne peut pas concevoir plus de tranches dans l'une que dans l'autre; ainsi les tranches correspondantes étant toujours dans le rapport des bases, les totalités de ces tranches, & par conséquent les solidités des pyramides, seront entre elles comme les bases. Donc *les solidités de deux pyramides de même hauteur, sont entre elles comme les bases de ces pyramides*, & par conséquent *les pyramides de bases égales & de hauteurs égales, sont égales en solidité*, quelque différentes que soient d'ailleurs les figures des bases.

---

rendu le sommet commun, & qu'on ait placé les bases sur un même plan GE.

Mesure de la Solidité des Pyramides.

239. Puisque mesurer un corps n'est autre chose que chercher combien de fois il contient un autre corps connu, ou en général chercher quel est son rapport avec un autre corps connu, il ne s'agit donc pour pouvoir mesurer les pyramides, que de trouver leur rapport avec les prismes ; c'est ce que nous allons établir dans la proposition suivante.

240. *Une pyramide quelconque est le tiers d'un prisme de même base, & de même hauteur qu'elle.*

La démonstration de cette proposition se réduit à faire voir qu'une pyramide triangulaire est le tiers d'un prisme triangulaire de même base & de même hauteur qu'elle ; car on peut toujours concevoir un prisme, comme composé d'autant de prismes triangulaires, & une pyramide, comme composée d'autant de pyramides triangulaires qu'on peut concevoir de triangles dans le polygone qui sert de base à l'un & à l'autre. *Voyez figure 118.*

Or voici comment on peut se convaincre de la vérité de la proposition pour la pyramide triangulaire. Soit $ABCDEF$ (*fig. 133*) un prisme triangulaire : concevez que sur les faces AE, CE de ce prisme on ait tiré les deux diagonales BD, BF, & que suivant ces diagonales on ait conduit un plan BDF, ce point détachera du prisme une pyramide de même base & de même hauteur que ce prisme, puisqu'elle a son sommet en B dans la base supérieure, & qu'elle a pour base la base même inférieure DEF du prisme : on voit cette pyramide isolée dans la figure 134 ; & la figure 135 représente ce qui reste du prisme.

On peut se représenter ce reste comme renversé ou couché sur la face $ADFC$; & alors on voit que c'est une pyramide quadrangulaire qui a pour base le parallélogramme $ADFC$, & pour sommet le point B ; donc si l'on conçoit que dans la base $ADFC$ on ait tiré la diagonale CD, on pourra se représenter que la pyramide totale $ADFCB$ est composée de deux pyramides triangulaires $ADCB$, $CFDB$ qui auront pour bases les deux triangles égaux ACD, CDF, & pour sommet commun le point B, & qui, par conséquent, seront égales (238). Or de ces deux pyramides, l'une, savoir la pyramide $ADCB$ peut être conçue comme ayant pour base le triangle ABC, c'est-à-dire, la base supérieure du prisme, & pour sommet le point D qui a appartenu à la base inférieure ; cette pyramide est donc égale à la pyramide $DEFB$ (*fig. 134*), puisqu'elle a même base & même hauteur que celle-ci ; donc les trois pyramides $DEFB$, $ADCB$, $CFDB$, sont égales entre elles ; & puisque réunies, elles composent le prisme, il faut en conclure que chacune est le tiers du prisme ; ainsi la pyramide *DEFB* est le tiers du prisme *ABCDEF* de même base & de même hauteur qu'elle.

241. Puisqu'un cône peut être considéré comme une pyramide dont le contour de la base auroit une infinité de côtés, & le cylindre comme un prisme dont le contour de la base auroit aussi une infinité de côtés, il faut en conclure qu'*un cône droit ou oblique est le tiers d'un cylindre de même base & de même hauteur.*

242. Donc *pour avoir la solidité d'une pyramide ou d'un cône quelconque, il faut multiplier la surface de la base par le tiers de la hauteur.*

243. A l'égard du tronc de pyramide ou de cône, lorsque les deux bases opposées sont parallèles, ce qu'il y a à faire pour en trouver la solidité, consiste à trouver la hauteur de la pyramide retranchée, & alors il est aisé de calculer la solidité de la pyramide entière & de la pyramide retranchée, & par conséquent celle du tronc. Par exemple, dans la figure 115, si je veux avoir la solidité du tronc *KLM*, *klm*, je vois (242) qu'il faut multiplier la surface *KLM* par le tiers de la hauteur *IP* ; multiplier pareillement la surface *klm* par le tiers de la hauteur *Ip*, & retrancher ce dernier produit du premier ; mais comme on ne connoît ni la hauteur de la pyramide totale, ni celle de la pyramide retranchée, voici

DE MATHÉMATIQUES. 173

comment on déterminera l'une & l'autre. On a vu ci-dessus (199) que les lignes IL, IM, IP, &c. sont coupées proportionnellement par le plan ge, & qu'elles sont à leurs parties Il, Im, Ip comme $LM : lm$; on aura donc

$LM : lm :: IP : Ip$;

Donc (*Arith.* 184) $LM — lm : LM :: IP — Ip : IP$.

C'est-à-dire, $LM — lm : LM :: Pp : IP$.

Or quand on connoît le tronc, on peut aisément mesurer les côtés LM, lm & la hauteur Pp; on pourra donc, par cette proportion, calculer le quatrième terme IP (*Arith.* 179), ou la hauteur de la pyramide totale ; & en retranchant celle du tronc, on aura la hauteur de la pyramide retranchée.

De la solidité de la Sphère, de ses Secteurs, & de ses Segmens.

244. *Pour avoir la solidité d'une sphère, il faut multiplier sa surface par le tiers du rayon.*

Car on peut considérer la surface de la sphère comme l'assemblage d'une infinité de plans infiniment petits, dont chacun sert de base à une petite pyramide qui a son sommet au centre de la sphère, & qui, par conséquent, a pour hauteur le rayon. Puis donc que chacune de ces petites pyramides est égale (242) au produit de sa base par le tiers de sa hauteur, c'est-à-dire, par le tiers du rayon, elles feront toutes ensemble égales au produit de la somme de toutes leurs bases par le tiers du rayon, c'est-à-dire, égales au produit de la surface de la sphère par le tiers du rayon.

245. Puisque la surface de la sphère est (224) quadruple de celle d'un de ses grands cercles, *on peut donc, pour avoir la solidité d'une sphère, multiplier le tiers du rayon par quatre fois la surface d'un des grands cercles, ou quatre fois le tiers du rayon par la surface d'un des grands cercles, ou enfin les $\frac{2}{3}$ du diamètre par la surface d'un des grands cercles.*

246. Pour avoir la solidité d'un cylindre, nous avons vu qu'il falloit multiplier la surface de la base par la hauteur; s'il s'agit donc du cylindre circonscrit à la sphère (*fig. 130*), on peut dire que sa solidité est égale au produit d'un des grands cercles de la sphère par le diamètre; or celle de la sphère (245) est égale au produit d'un des grands cercles par les $\frac{2}{3}$ du diamètre; donc *la solidité de la sphère n'est que les $\frac{2}{3}$ de celle du cylindre circonscrit* (*dd*).

247. La calotte sphérique $AGBHEA$ qui sert de base à un secteur sphérique $CBGEHA$ (*fig. 128*) peut être aussi considérée comme l'assemblage d'une infinité de plans infiniment petits; & par conséquent le secteur sphérique lui-même peut être considéré comme l'assemblage d'une infinité de pyramides qui ont toutes pour hauteur

le rayon, & dont la totalité des bases forme la surface de ce secteur ; donc *le secteur sphérique est égal au produit de la surface de la calotte par le $\frac{1}{3}$ du rayon.* Nous avons vu (225) comment on trouve la surface de la calotte.

248. A l'égard du segment, comme il vaut le secteur *C B G E H A* moins le cône *C B G E H;* ayant enseigné (247) & (242) la manière de trouver la solidité de ces deux corps, il ne nous reste rien à dire sur cet article (*ee*).

De la mesure des autres Solides.

249. Pour les autres solides terminés par des surfaces planes, la méthode qui se présente naturellement pour les mesurer, c'est de les imaginer composés de pyramides qui aient pour bases ces surfaces planes, & pour sommet commun l'un des angles du solide dont il s'agit ; mais outre que cette méthode est rarement la plus commode, elle est d'ailleurs moins expéditive & moins propre pour la pratique, que la suivante que nous exposerons ici d'autant plus volontiers qu'elle peut être employée utilement à la mesure de la solidité de la carêne des vaisseaux, comme nous le ferons voir quand nous aurons établi les propositions suivantes.

250. Nous appellerons *prisme tronqué*, le so-

lide *A B C D E F* (*fig. 136*) qui refte lorfqu'on a féparé une partie d'un prifme par un plan *A B C* incliné à la bafe.

251. *Un prifme triangulaire tronqué, eft compofé de trois pyramides qui ont chacune pour bafe la bafe* D E F *du prifme, & dont la première a fon fommet en* B*, la feconde en* A*, la troifième en* C.

Avec une légère attention, on peut fe repréfenter le prifme tronqué, comme compofé de deux pyramides, l'une triangulaire qui aura fon fommet au point *B*, & pour bafe le triangle *DEF*; la feconde qui aura auffi fon fommet au point *B*, mais qui aura pour bafe le quadrilatère *A D F C*.

Si l'on tire la diagonale *A F*, on peut fe repréfenter la pyramide quadrangulaire *B A D F C* comme compofée de deux pyramides triangulaires *B A D F*, *B A C F*; or la pyramide *B A D F* eft égale en folidité à une pyramide *E A D F*, qui ayant la même bafe *A D F*, auroit fon fommet au point *E*; car la ligne *B E* étant parallèle au plan *A D F*, ces deux pyramides auront même hauteur; mais la pyramide *E A D F* peut être confidérée comme ayant pour bafe *E D F*, & fon fommet au point *A*; voilà donc jufqu'ici deux des trois pyramides dont nous avons dit que le prifme tronqué doit être compofé; il ne refte donc plus qu'à faire voir que la pyramide *B A C F* eft équivalente à une pyramide qui auroit auffi pour base EDF, & qui auroit son sommet en C; or c'est ce qu'il est facile de voir en tirant la diagonale CD, & faisant attention que la pyramide $BACF$ doit être égale à la pyramide $EDCF$; parce que ces deux pyramides ont leurs sommets B & E dans la même ligne BE parallèle au plan $ACFD$ de leurs bases; & que ces bases ACF & CFD sont égales, puisque ce sont des triangles qui ont même base CF, & qui sont compris entre les parallèles AD & CF. Ainsi, la pyramide $BACF$ est égale à la pyramide $EDCF$; mais celle-ci peut être considérée comme ayant pour base DEF & son sommet en C; donc en effet le prisme tronqué est composé de trois pyramides qui ont pour base commune le triangle DEF, & dont la première a son sommet en B, la seconde en A, la troisième en C.

252. Donc *pour avoir la solidité d'un prisme triangulaire tronqué, il faut abaisser de chacun des angles de la base supérieure une perpendiculaire sur la base inférieure, & multiplier la base inférieure par le tiers de la somme de ces trois perpendiculaires.*

253. On peut tirer de cette proposition plusieurs conséquences pour la mesure des prismes tronqués autres que les triangulaires, & même pour d'autres solides; si l'on conçoit, par exemple, que de tous les angles d'un solide terminé par des surfaces planes, on mène sur un même plan, pris

comme on le voudra des perpendiculaires, on fera naître autant de prismes tronqués, qu'il y aura de faces dans le solide ; comme chaque prisme tronqué devient facile à mesurer, d'après ce que nous venons de dire, tout solide terminé par des surfaces planes, se mesurera donc aussi facilement par les mêmes principes; nous n'entrerons pas dans ce détail ; nous nous bornerons à en tirer une conséquence utile à notre objet (*ff*).

254. Soit donc $ABCDEFGH$ (*fig. 137*) un solide composé de deux prismes triangulaires tronqués $ABCEFG$, $ADCEHG$, dont les arrêtes AE, BF, CG, DH soient perpendiculaires à la base, & qui soient tels que les bases EFG, EHG forment le parallélogramme $EFGH$, & que les bases supérieures soient, pour plus de généralité, deux plans différemment inclinés à la base $EFGH$. Il suit de ce qui a été dit ci-dessus (252) que le solide $ABCDEFG$ est égal au triangle EFG multiplié par $\frac{BF+2AE+2GC+HD}{3}$; car le prisme tronqué $ABCEFG$ est égal (252) au triangle EFG multiplié par $\frac{BF+AF+GC}{3}$; & par la même raison, le prisme tronqué $ADCEHG$ est égal au triangle EHG, ou (ce qui revient au même) au triangle EFG multiplié par

DE MATHÉMATIQUES. 179

$\frac{AF+GC+HD}{3}$; donc la totalité de ces deux prismes tronqués est égale au triangle EFG multiplié par $\frac{BF+2AE+2GC+HD}{3}$.

Soit maintenant un solide (*fig. 138*) compris entre deux plans $ABLM$, $ablm$ parallèles, deux autres plans $ABba$, $MLlm$, parallèles entre eux & perpendiculaires aux deux autres, un plan $BLlb$ perpendiculaire à ceux-là; & enfin la surface courbe $AHMmha$; & concevons ce solide coupé par des plans Cd, Ef, Gh, &c. parallèles à $ABba$, également distans les uns des autres, & assez près pour qu'on puisse regarder AD, ad, DF, df, &c. comme des lignes droites; supposons enfin que les deux plans $ABLM$, $ablm$ sont assez près l'un de l'autre pour qu'on puisse regarder, sans erreur sensible, les sections Dd, Ff, Hh, &c. comme des lignes droites; il est visible que les solides partiels $ADdabBCc$, $DFfdcCEe$, &c. sont dans le cas du solide de la figure 137. Donc la totalité de ces solides sera égale au triangle bBC multiplié par $\frac{AB+2ab+2CD+cd}{3}+\frac{CD+2cd+2EF+ef}{3}$
$+\frac{EF+2ef+2GH+gh}{3}+\frac{GH+2gh+2IK+ik}{3}$
$+\frac{IK+2ik+2LM+lm}{3}$, c'est-à-dire, en réu-

nissant les quantités semblables, sera égale au triangle bBC multiplié par $\frac{1}{3}AB + \frac{2}{3}ab + CD + cd + EF + ef + GH + gh + IK + ik + \frac{2}{3}LM + \frac{1}{3}lm$; & comme le triangle bBC est égal à $\frac{Bb \times BC}{2}$, le solide entier sera égal à $\frac{Bb + BC}{2}$ $\times (\frac{1}{3}AB + \frac{2}{3}ab + CD + cd + EF + ef + GH + gh + IK + ik + \frac{2}{3}LM + \frac{1}{3}lm)$.

Dans la vue de rendre cette expression plus simple, remarquons que si au lieu de $\frac{1}{3}AB + \frac{2}{3}ab + \frac{2}{3}LM + \frac{1}{3}lm$ que l'on a entre les deux parenthèses, on avoit la quantité $\frac{1}{2}AB + \frac{1}{2}ab + \frac{1}{2}LM + \frac{1}{2}lm$, le solide en question seroit égal à la moitié de la somme des deux surfaces $ABLM$, $ablm$, multipliée par l'épaisseur Bb; car (154) la surface $ABLM$ est égale à $BC \times (\frac{1}{2}AB + CD + EF + GH + IK + \frac{1}{2}LM)$ & la surface $ablm$ est, par la même raison égale à bc ou $BC \times (\frac{1}{2}ab + cd + ef + gh + ik + \frac{1}{2}lm)$; donc la moitié de la somme de ces deux surfaces multipliée par l'épaisseur Bb seroit $\frac{Bb \times BC}{2} \times (\frac{1}{2}AB + \frac{1}{2}ab + CD + cd + EF + ef + GH + gh + IK + ik + \frac{1}{2}LM + \frac{1}{2}lm)$; donc la solidité en question ne diffère de ce produit que de la quantité dont $\frac{Bb \times BC}{2} \times (\frac{1}{2}AB + \frac{2}{3}ab + \frac{2}{3}LM + \frac{1}{3}lm)$ surpasse la quantité $\frac{Bb \times BC}{2} + (\frac{1}{3}AB +$

$\frac{1}{2}ab + \frac{1}{2}LM + \frac{1}{2}lm$); or il est aisé de voir (*Arith.* 103) que cette différence est $\frac{Bb \times BC}{2} \times$ ($\frac{1}{6}ab - \frac{1}{6}AB + \frac{1}{6}LM - \frac{1}{6}lm$) ; donc le solide cherché est égal à $\frac{Bb \times BC}{2} \times$ ($\frac{1}{2}AB + \frac{1}{2}ab +$ $CD + cd + EF + ef + GH + gh + IK +$ $ik + \frac{1}{2}LM + \frac{1}{2}lm$) $+ \frac{Bb \times BC}{2} \times$ ($\frac{1}{6}ab - \frac{1}{6}AB + \frac{1}{6}LM - \frac{1}{6}lm$); or il est aisé de remarquer que $\frac{1}{6}ab - \frac{1}{6}AB + \frac{1}{6}LM - \frac{1}{6}lm$ est une quantité fort petite en comparaison de celle qui est entre les deux premières parenthèses, puisque les deux plans $ABLM$, $ablm$ étant supposés peu distans, la différence de AB à ab, & celle de LM à lm ne peuvent être que de fort petites quantités ; on peut donc réduire la valeur de ce solide, à $\frac{Bb \times BC}{2} \times$ ($\frac{1}{2}AB + \frac{1}{2}ab +$ $CD + cd + EF + ef + GH + gh + IK +$ $ik + \frac{1}{2}LM + \frac{1}{2}lm$), c'est-à-dire, à Bb $\times \left(\frac{ABLM + ablm}{2} \right)$.

On peut donc dire que pour avoir la solidité d'une tranche de solide comprise entre deux surfaces planes parallèles, de telle figure qu'on voudra, & peu distantes l'une de l'autre, il faut multiplier la moitié de la somme de ces deux surfaces par l'épaisseur de cette tranche.

255. Si l'épaisseur Bb de la tranche étoit trop considérable pour qu'on pût regarder Aa, Dd comme des lignes droites, il faudroit concevoir le solide partagé en plusieurs tranches d'égale épaisseur, par des plans parallèles à l'une des surfaces $ABLM$, $ablm$; & mesurant ces surfaces $ABLM$, $ablm$ & leurs parallèles, on auroit la solidité en ajoutant toutes les surfaces intermédiaires, & la moitié de la somme des deux extrêmes $ABLM$, $ablm$, & multipliant le tout par l'épaisseur d'une des tranches ; c'est une suite immédiate de ce que nous venons de dire.

L'application de ceci à la mesure de la partie de la carène, que la charge du navire fait plonger dans la mer est maintenant très-facile. On mesurera la surface des deux coupes horizontales faites à fleur d'eau, lorsque le navire est chargé, & lorsqu'il est vide. On ajoutera ces deux surfaces, & on multipliera la moitié de leur somme, par la distance de ces deux surfaces, c'est-à-dire, par l'épaisseur de la tranche qu'elles comprennent.

Si l'on vouloit avoir la solidité de la carène entière, on feroit usage de ce qui vient d'être dit (255) ; mais il faudroit la considérer comme coupée en plusieurs tranches, non pas parallèles à la coupe faite à fleur d'eau, mais perpendiculaires à la longueur du navire.

Lorfqu'on mefure le volume de la partie de la carène que la charge fait plonger, on peut fe contenter de mefurer la furface de la coupe prife à égale diftance des deux coupes dont nous avons parlé ci-deffus, & la multiplier, comme ci-devant, par l'épaiffeur de la tranche ; car cette coupe moyenne différera toujours très-peu de la moitié de la fomme des deux autres.

Parmi quelques-uns des objets que nous confidérerons dans l'application de l'Algèbre à la Géométrie, on trouvera des méthodes plus rigoureufes ; néanmoins celles que nous venons d'expofer, feront toujours fuffifantes, tant qu'on aura foin de mefurer les furfaces avec affez d'exactitude, & de multiplier les tranches lorfque l'épaiffeur eft confidérable.

Nous verrons, dans la quatrième partie de ce Cours, que la charge du navire eft égale au poids d'un volume d'eau égal au volume de la partie de la carène qu'elle fait plonger ; lors donc qu'on a évalué ce volume en pieds cubes, fi l'on veut connoître la pefanteur de la charge, il n'y a qu'à multiplier le nombre des pieds-cubes par 72 ℔ qui eft à-peu-près le poids d'un pied-cube d'eau de mer ; mais comme on évalue toujours cette charge en tonneaux, au lieu de multiplier par 72, pour divifer enfuite par 2000, ce qui feroit néceffaire pour réduire en tonneaux, on divisera seulement le nombre des pieds-cubes par 28, parce que 28 fois 72 faisant à-peu-près 2000, autant de fois il y aura 28 dans la solidité mesurée, autant il y aura de tonneaux.

Du Toisé des Solides.

256. Après ce que nous avons dit (155) sur le toisé des surfaces, il doit y avoir fort peu de choses à dire sur le toisé des solides.

Pour évaluer un solide en toises-cubes, & en parties de la toise-cube, on peut s'y prendre de deux manières principales. La première est de compter par toises-cubes & par parties-cubes de la toise-cube, c'est-à-dire, par toises-cubes, pieds-cubes, pouces-cubes, &c.

La *toise-cube* ou *cubique* contient 216 pieds-cubes, parce que c'est un cube qui a 6 pieds de long, 6 pieds de large, & 6 pieds de haut.

Le *pied-cube* contient 1728 pouces-cubes, parce que c'est un cube qui a 12 pouces de long sur 12 pouces de large, & 12 pouces de haut.

Par la même raison, on voit que le *pouce-cube* contient 1728 lignes-cubes, & ainsi de suite.

257. Donc pour évaluer un solide en toises-cubes & parties-cubes de la toise-cube, il faudra réduire chacune de ses trois dimensions à la plus petite espèce ; multiplier deux de ces dimensions

ainsi réduites, l'une par l'autre, & le produit résultant par la troisième; & pour réduire en lignes-cubes, pouces-cubes, pieds-cubes & toises-cubes (en supposant que la plus petite espèce ait été des points), on divisera successivement par 1728, 1728, 1728 & 216; ou seulement par 1728, 1728 & 216, si la plus petite espèce est seulement des lignes, & ainsi de suite.

Par exemple, si l'on a un parallélipipède qui ait 2^T 4^P 8^p de long, 1^T 3^P de large, & 3^T 5^P 7^p de haut, on réduira ces trois dimensions à 200^P, 108^P, & 283^p qui étant multipliés, savoir 200 par 108, & le produit 21600^{PP} par 283^p, donneront 6112800 pouces-cubes, ou 6112800^{ppp}; divisant donc par 1728, on aura 3537 pieds-cubes ou 3537^{PPP} & 864 de reste, c'est-à-dire, 864^{ppp}; divisant 3537^{PPP} par 216, on aura 16 toises-cubes ou 16^{TTT} & 81^{PPP}, en sorte que le parallélipipède en question, contient 16^{TTT} 81^{PPP} 864^{ppp}.

258. Dans la seconde manière d'évaluer les solides, en toises-cubes & parties de la toise-cube, on se représente la toise-cube partagée en six parallélipipèdes, qui ont tous une toise quarrée de base, sur un pied de haut, & que pour cette raison on appelle *toise-toise-pieds*. On conçoit de même la toise-toise-pied, partagée en 12 parallélipipèdes, qui ont chacun une toise quarrée de

base & un pouce de haut, & qu'on appelle *toise-toise-pouces*; on subdivise de même, chacune de celles-ci, en 12 parallélipipèdes, qui ont chacun une toise quarrée de base sur une ligne de haut; & on continue de subdiviser en parallélipipèdes, qui ont constamment une toise quarrée de base sur un point, une prime, une seconde, &c. de haut; en sorte que les subdivisions sont absolument analogues à celle de la toise linéaire, comme nous avons vu que l'étoient celles de la toise quarrée; & les noms de ces différentes subdivisions ne diffèrent de ceux qui sont relatifs à la toise quarrée, qu'en ce que le mot *toise* y est énoncé deux fois.

Les multiplications relatives à cette division de la toise-cube, sont absolument les mêmes que celles que nous avons enseignées relativement à la toise quarrée.

A l'égard de la nature des unités des facteurs, on doit regarder l'un d'entre eux comme exprimant des toises-cubes, toise-toise-pieds, toise-toise-pouces, &c. & les deux autres comme marquant des nombres abstraits, dont le produit exprimera combien de fois on doit répéter ce premier facteur. Par exemple, en reprenant le parallélipipède que nous venons de calculer ci-dessus, & supposant que la longueur AD (*fig. 139*) est de $2^T\ 4^P\ 8^p$, la largeur AB de $1^T\ 3^P$, & la hauteur

AL de $3^T\ 5^P\ 7^p$; si l'on prend AI & AE chacun d'une toise, & qu'on se représente le parallélipipède $AIFEHGKD$, il est visible que ce parallélipipède est de $2^{TTT}\ 4^{TTP}\ 8^{TTp}$, puisqu'il a une toise quarrée de base sur une longueur de $2^T\ 4^P\ 8^P$. Or pour avoir la solidité du parallélipipède total, on voit qu'il faut répéter ce parallélipipède partiel, d'abord autant de fois que sa largeur AI est contenue dans la largeur AB, c'est-à-dire, une fois & demie, ou autant que le marque $1^T\ 3^P$; puis répéter ce produit autant de fois que la hauteur AE est contenue dans la hauteur AL, c'est-à-dire, autant de fois que le marque $3^T\ 5^P\ 7^P$, considéré comme nombre abstrait.

Mais pour se guider aisément dans ces multiplications, on laissera aux facteurs les signes de la toise tels qu'ils les ont; il suffit de savoir que le produit doit être des toises-cubes, toise-toise-pieds, &c. ainsi, en opérant comme au toisé des surfaces, on trouvera comme il suit:

188   COURS

$$\begin{array}{ccc} 2^T & 4^P & 8^p \\ 1^T & 3^P & \end{array}$$

$$\begin{array}{ccc} 2^{TT} & 0^{TP} & 0^{Tp} \\ 0 & 3 & \\ 0 & 1 & \\ 0 & 0 & 4 \\ 0 & 0 & 4 \\ 1 & 2 & 4 \end{array}$$

$$\begin{array}{ccc} 4^{TT} & 1^{TP} & 0^{Tp} \\ 3^T & 5^P & 7^P \end{array}$$

$$\begin{array}{cccc} 12^{TTT} & 0^{TTP} & 0^{TTp} & 0^{TTl} \\ 0 & 3 & 0 & \\ 2 & 0 & 6 & \\ 0 & 4 & 2 & \\ 0 & 4 & 2 & \\ 0 & 2 & 1 & \\ 0 & 0 & 4 & 2 \end{array}$$

$$16^{TTT} \quad 2^{TTP} \quad 3^{TTp} \quad 2^{TTl}$$

259. Il est aisé de convertir ces parties de la toise en parties cubes, c'est-à-dire, pieds-cubes, pouces-cubes, &c. Il faut écrire sous les parties

DE MATHÉMATIQUES. 189

de la toise, à commencer des toise-toise-pieds les nombres 36, 3, $\frac{1}{4}$; 36, 3, $\frac{1}{4}$ consécutivement, & multiplier chaque nombre supérieur par son correspondant inférieur; porter les produits des nombres 36, 3, $\frac{1}{4}$ chacun au-dessous du premier de ces nombres; & lorsqu'en multipliant par $\frac{1}{4}$, il restera 1 ou 2 ou 3, on écrira sous le nombre 36 suivant, 432, ou 864, ou 1296, pour commencer une seconde colonne. Appliquant ceci à l'exemple que nous venons de donner,

$$16^{TTT} \quad 2^{TTp} \quad 3^{TTp} \quad 2^{TTl} \quad 0^{TTpt}$$
$$36 \qquad 3 \qquad \tfrac{1}{4} \qquad 36$$

$$61^{TTT} \quad 72^{ppp} \ldots \ldots 864^{ppp}$$
$$9$$

$$16^{TTT} \quad 81^{ppp} \quad 864^{ppp}$$

on trouve le même produit que par la première méthode.

On multiplie les toise-toise-pieds par 36, parce que la toise-toise-pied ayant un pied de haut sur une toise quarrée ou 36 pieds quarrés de base, doit contenir 36 pieds-cubes. La toise-toise-pouce étant la douzième partie de la toise-toise-pied, doit contenir la douzième partie de 36 pieds-cubes, c'est-à-dire, trois pieds-cubes; il faut donc multiplier par 3, les toife-toife-pouces. Pareillement la toife-toife-ligne étant la douzième partie de la toife-toife-pouce, doit contenir la douzième partie de 3 pieds-cubes ou un quart de pied-cube, ou (à cause que le pied-cube vaut 1728 pouces-cubes) elle doit contenir 432^{ppp}; en raifonnant de même, on voit que la toife-toife-point vaudroit 36_{ppp}, parce qu'elle est la douzième partie de la toife-toife-ligne qui vaut 432^{ppp}, dont la douzième partie est 36; donc, &c.

Donc réciproquement pour ramener les parties-cubes de la toife-cube à des toife-toife-pieds, toife-toife-pouces, &c. il faudra divifer par 36 le nombre des pieds-cubes, & l'on aura les toife-toife-pieds : on divifera le refte de cette divifion par 3, & l'on aura les toife-toife-pouces. On multipliera par 4 le refte de cette feconde divifion, & au produit on ajoutera 1, ou 2, ou 3 unités, felon que le nombre des pouces-cubes fera entre 432 & 864, ou 864 & 1296, ou 1296 & 1728, & l'on aura les toife-toife-lignes; puis retranchant du nombre des pouces-cubes le nombre 432, ou 864, ou 1296, felon qu'on aura ajouté 1, ou 2, ou 3 unités, on opérera fur le refte, comme on a opéré fur les pieds-cubes, & l'on aura confécutivement les toife-toife-points, les toife-toife-primes, & les toife-toife-fecondes; enfin on continuera de la même manière pour les lignes-cubes, &c.

DE MATHÉMATIQUES. 191

Par exemple, fi l'on demande de réduire en toife-toife-pieds, toife-toife-pouces, &c. le nombre $47^{TTT}\ 52^{PPP}\ 932^{ppp}$; je divife 52 par 36, & j'ai 1^{TP}, & un refte de 16; je divife celui-ci par 3, & j'ai 5^{TTp} & un refte de 1; je quadruple ce refte, & j'y ajoute 2 unités, parce que le nombre des pouces-cubes eft entre 864 & 1296, & j'ai 6^{TTl}. Retranchant 864 de 932, il refte 68; je le divife par 36, & j'ai 1^{TTpt}, & 32 de refte; je divife celui-ci par 3, & j'ai $10^{TT'}$, & 2 de refte; je quadruple ce refte, & j'ai $8^{TT''}$; en forte que j'ai, en total, $47^{TTT}\ 1^{TTP}\ 5^{TTp}\ 6^{TTl}\ 1^{TTpt}\ 10^{TT'}\ 8^{TT''}$ (*gg*).

260. Puifque pour avoir la folidité d'un prifme, il faut multiplier la furface de fa bafe par fa hauteur, il s'enfuit que fi connoiffant la folidité & la bafe ou la hauteur, on veut avoir la hauteur ou la bafe, il faut divifer la folidité par celui de ces deux facteurs que l'on connoîtra. Mais il faut obferver que dans l'exactitude, ce n'eft point véritablement la folidité que l'on divife par la furface ou par la hauteur; mais c'eft un folide que l'on divife par un folide. En effet, d'après ce qui a été dit ci-deffus, on voit que lorfqu'on évalue un folide, on répète un autre folide de même bafe, autant de fois que la hauteur de celui-ci eft contenue dans la hauteur du premier, ou bien on répète un folide de même hauteur,

autant de fois que la surface de la base de celui-ci est comprise dans la base de celui-là. Donc quand on voudra, connoissant la solidité & la surface de la base, par exemple, connoître la hauteur, il faudra chercher combien de fois la solidité proposée contient celle d'un solide de même base, & le quotient marquera par le nombre de ses unités le nombre des parties de la hauteur.

Cela posé, si ayant, par exemple, un prisme dont la solidité soit de $16^{TTT}\, 2^{TTP}\, 3^{TTp}\, 2^{TTl}$, & la surface de la base de $12^{TT}\, 0^{TP}\, 0^{TP}$, on veut savoir quelle est la hauteur; on considérera le diviseur, non pas comme $12^{TT}\, 0^{TP}\, 0^{TP}$, mais comme $12^{TTT}\, 0^{TTP}\, 0^{TTp}$, & alors la question se réduira à diviser $16^{TTT}\, 2^{TTP}\, 3^{TTp}\, 2^{TTl}$ par $12^{TTT}\, 0^{TTP}\, 0^{PPp}$; mais comme la toise quarrée est facteur commun, le quotient sera le même que si le dividende & le diviseur marquoient des toises linéaires; on aura donc simplement $16^{T}\, 2^{P}\, 3^{P}\, 2^{l}$, à diviser par $12^{T}\, 0^{P}\, 0^{P}$, c'est-à-dire, par 12^{T}; & comme la nature de la question fait voir que le quotient doit être des toises linéaires, la division se fera donc selon la règle prescrite (*Arith. 124 & suivantes*).

Si la solidité & la hauteur étant données, on cherche quelle doit être la surface de la base; par exemple, si la solidité est de $16^{TTT}\, 2^{TTP}\, 3^{TTp}\, 2^{TTl}$, & la hauteur de $2^{T}\, 4^{P}\, 8^{p}$, on considérera le diviseur comme étant $2^{TTT} \ 4^{TTP} \ 8^{TTp}$; & par la même raison que dans le cas précédent, l'opération se réduira à diviser $16^T \ 2^P \ 3^p \ 2^l$, par $2^T \ 4^P \ 8^p$; mais comme le quotient doit évidemment être une surface, on le comptera, non pas pour des toises linéaires, mais pour des toises quarrées, toise-pieds, &c. du reste il n'y aura aucune différence dans la manière de faire l'opération, qui se fera toujours en vertu des règles données (*Arith. 124. & suiv.*) c'est-à-dire, qu'après avoir trouvé le quotient, comme s'il devoit exprimer des toises linéaires, on affectera le signe de chaque partie de la lettre *T*. Par exemple, dans le cas présent, on trouveroit pour quotient $5^T \ 5^P \ 4^p \ 6^l$; on écrira donc $5^{TT} \ 5^{TP} \ 4^{Tp} \ 6^{Tl}$.

Si la solidité étoit donnée en toises-cubes, & parties cubes de la toise-cube, on la convertiroit en toises-cubes, toise-toise-pieds, &c. par ce qui a été dit (259), & l'opération seroit ramenée au cas précédent.

Du Toisé des Bois.

261. Ce qu'on vient de dire du toisé en général, ne nous laisse que fort peu de choses à dire sur le toisé des bois.

Dans la marine, on mesure les bois en pieds-cubes & parties cubes du pied-cube; ainsi il ne s'agit que de mesurer les dimensions en pieds & parties du pied, & les ayant multipliées (après les avoir réduites à la plus petite espèce), on réduira en lignes-cubes, pouces-cubes, pieds-cubes, comme il a été dit ci-dessus, mais en s'arrêtant aux pieds-cubes.

Dans les bâtimens civils & les fortifications, l'usage est de réduire en solives.

Par *solive*, on entend un parallélipipède de deux toises de haut sur six pouces d'équarrissage, ou 36 pouces quarrés de base, ce qui est équivalent à un parallélipipède de 1 toise de haut sur $\frac{1}{2}$ pied quarré ou 72 pouces quarrés de base, & qui par conséquent contient 3 pieds-cubes.

On partage la solive en douze parties chacune d'un pied de haut & de 72 pouces quarrés de base, & chacune de ces parties s'appelle *pied de solive*. On partage de même le pied de solive en douze parties d'un pouce de haut & de 72 pouces quarrés de base chacune, qu'on appelle *pouces de solive*, & ainsi de suite.

Puisque la solive contient 3 pieds-cubes ou la 72e partie d'une toise-cube, & que les subdivisions sont les mêmes que celles de la toise-cube en toise-toise-pieds, &c. il s'ensuit que le nombre qui exprimeroit un solide quelconque en solives & parties de solives, est 72 fois plus grand que celui qui l'exprimeroit en toises-cubes, toise-toise-pieds, &c.

Ainsi, pour évaluer la solidité d'un corps en solives, il n'y a qu'à l'évaluer en toises-cubes, toise-toise-pieds, &c. & multiplier ensuite le produit par 72. Mais on peut éviter cette multiplication en faisant une réflexion assez simple. Il n'y a qu'à regarder l'une des dimensions comme douze fois plus grande, c'est-à-dire, regarder les lignes comme exprimant des pouces, les pouces comme exprimant des pieds, & ainsi de suite. Regarder pareillement une autre des trois dimensions comme six fois plus grande, ou les lignes comme exprimant des demi-pouces, les pouces comme exprimant des demi-pieds, alors multipliant ces deux nouvelles dimensions entre elles, & le produit par la troisième, on aura tout de suite la solidité en solives, pieds de solive, &c. Par exemple, si l'on a une pièce de bois de 8^T 5^P 6^{li} de long, sur 1^P 7^p de large, & 1^P 5^p d'épaisseur; au lieu de 1^P 7^p, je prends 3^T 1^P, c'est-à-dire, douze fois plus; & au lieu de 1^P 5^p, je prends 1^T 2^P 6^p, c'est-à-dire, six fois plus; & multipliant 8^T 5^P 6^p, par 3^T 1^P; puis le produit, par 1^T 2^P 6^p, je trouve 40^{TTT} 0^{TTP} 0^{TTp} 1^{TTl} qu'il faut compter pour $40^{sol.}$ 0^P 0^p 1^l dont les pieds, pouces, &c. sont des pieds, pouces, &c. de solive (*hh*).

Des Rapports des Solides en général.

262. *Comparer deux solides*, c'est chercher combien de fois le nombre de mesures d'une certaine espèce contenues dans l'un de ces solides, contient le nombre de mesures de même espèce contenues dans l'autre.

263. *Deux prismes, ou deux cylindres, ou un prisme & un cylindre, sont entre eux comme les produits de leur base par leur hauteur.* Cela est évident, puisque chacun de ces solides est égal au produit de sa base par sa hauteur, quelle que soit d'ailleurs la figure de la base.

Donc *les prismes ou les cylindres, ou les prismes & les cylindres de même hauteur, sont entre eux comme leurs bases ; & les prismes & les cylindres de même base sont entre eux comme leurs hauteurs.* Car le rapport des produits des bases par les hauteurs, ne change point lorsqu'on y omet le facteur commun qui s'y trouve lorsque la base ou la hauteur se trouve être la même dans les deux solides.

Donc *deux pyramides quelconques ou deux cônes, ou une pyramide & un cône sont dans le rapport des hauteurs lorsque les bases sont égales ;* car ces solides sont chacun le tiers d'un prisme de même base & de même hauteur (240).

264. *Les solidités des pyramides semblables,*

font entre elles comme les cubes des hauteurs de ces pyramides, ou en général comme les cubes de deux lignes homologues de ces pyramides.

Car deux pyramides femblables peuvent être repréfentées par deux pyramides telles que $IABCDF$, $Iabcdf$ (*fig. 115*), puifque ces deux pyramides font compofées d'un même nombre de faces femblables chacune à chacune, & femblablement difpofées. Puis donc que deux pyramides font en général comme les produits de leurs bafes par leurs hauteurs, les bafes qui font ici des figures femblables, étant entre elles comme les quarrés des hauteurs IP, Ip (202), les deux pyramides feront entre elles comme les produits des quarrés des hauteurs, par les hauteurs mêmes; car on pourra (99) fubftituer au rapport des bafes celui des quarrés des hauteurs. Et puifque (213) les hauteurs font proportionnelles à toutes les autres dimenfions homologues, leurs cubes feront donc aufli proportionnels aux cubes de ces dimenfions homologues (*Arith. 191*); donc en général deux pyramides femblables font entre elles comme les cubes de leurs dimenfions homologues.

265. Donc *en général les folidités de deux corps femblables font entre elles comme les cubes des lignes homologues de ces folides.* Car les folides femblables peuvent être partagés en un même nombre de pyramides femblables chacune à chacune, &

comme deux quelconques de ces pyramides femblables, feront entre elles en même rapport, puifqu'elles font entre elles comme les cubes de leurs dimenfions homologues, lefquelles font en même rapport que deux autres dimenfions homologues quelconques ; il s'enfuit que la fomme des pyramides du premier folide fera à la fomme des pyramides du fecond, auffi dans le même rapport des cubes des dimenfions homologues.

Donc *les folidités des fphères font entre elles comme les cubes de leurs rayons ou de leurs diamètres* (ii).

Donc en fe rappelant tout ce qui a précédé, on voit, 1°. que les contours des figures femblables font dans le rapport fimple des lignes homologues. 2°. Que les furfaces des figures femblables font entre elles comme les quarrés des côtés ou des lignes homologues. 3°. Que les folidités des corps femblables font entre elles comme les cubes des lignes homologues.

Ainfi, fi deux corps femblables, deux fphères, par exemple, avoient leurs diamètres dans le rapport de 1 à 3, les circonférences de leurs grands cercles feroient auffi dans le rapport de 1 à 3 ; les furfaces de ces fphères feroient comme 1 à 9, & les folidités comme 1 à 27 ; c'eft-à-dire, que la circonférence d'un des grands cercles de la première vaudroit trois fois celle d'un des grands cercles de la feconde ; la furface de la première vaudroit neuf fois celle de la feconde ; & enfin la première fphère vaudroit 27 fphères telles que la feconde.

Donc pour faire un folide femblable à un autre, & dont la folidité foit à celle de celui-ci dans un rapport donné, par exemple, dans celui de 2 à 3 ; il faut lui donner des dimenfions telles que le cube de l'une quelconque de ces dimenfions foit au cube d'une dimenfion homologue du folide auquel il doit être femblable comme 2 eft à 3. Par exemple, fi l'on a une fphère qui ait 8 pouces de diamètre, & qu'on demande quel doit être le diamètre d'une fphère qui en feroit les $\frac{2}{3}$, il faudra chercher le quatrième terme de cette proportion $1 : \frac{2}{3}$ ou $3 : 2 ::$ le cube de 8, c'eft-à-dire :: 512 eft à un quatrième terme. Ce quatrième terme qui eft $341\frac{1}{3}$, fera le cube du diamètre cherché : c'eft pourquoi tirant la racine cubique (*Arith. 159*) on aura 6^P, 99 pour ce diamètre, c'eft-à-dire, 7^P à très-peu-près, ce qu'on peut vérifier aifément en cette manière. Cherchons quelles font les folidités de deux fphères, l'une de 8 pouces, l'autre de 7 pouces de diamètre. La circonférence de leur grand cercle fe trouvera par ces deux proportions (152) $7 : 22 :: 8 :$
$7 : 22 :: 7 :$
les quatrièmes termes font $25\frac{1}{7}$ & 22; multipliant ces circonférences chacune par fon diamètre, on

aura (222) les furfaces de ces fphères, lefquelles feront par conféquent $201\frac{1}{7}$ & 154; enfin multipliant ces furfaces par le $\frac{1}{3}$ de leur rayon, c'eft-à-dire, refpectivement par le fixième de 8 & de 7, on aura pour les folidités $268\frac{1}{21}$ & $179\frac{2}{3}$, dont le rapport eft le même que celui de $\frac{5632}{21}$: $\frac{559}{3}$, en réduifant en fractions, ou (en multipliant les deux termes de la dernière fraction par 7, & fupprimant le dénominateur commun) le même que de 5632 à 3773; or (*Arith. 167*) le rapport de ces deux quantités eft $1\frac{1859}{3773}$, c'eft-à-dire, en réduifant en décimales 1, 49; & le rapport de 3 à 2 eft 1, 5 ou 1, 50 (*Arith. 30*); la différence n'eft donc que de $\frac{1}{100}$; cette différence vient de ce que le diamètre n'eft calculé qu'à peu-près; d'ailleurs le rapport de 7 à 22 n'eft pas exactement celui du diamètre à la circonférence.

Dans les corps compofés de la même matière, les poids font proportionnels à la quantité de matière, ou à la folidité; ainfi connoiffant le poids d'un boulet d'un diamètre connu, pour trouver celui d'un boulet d'un autre diamètre & de la même matière, il faut faire cette proportion : le cube du diamètre du boulet dont le poids eft connu, eft au cube du diamètre du fecond, comme le poids du premier eft à un quatrième terme qui fera le poids du fecond.

Nous avons vu (162) que dans deux vaiffeaux

parfaitement semblables, les voilures seroient comme les quarrés des hauteurs des mâts, & par conséquent, avons-nous dit, comme les quarrés des longueurs des navires, parce que toutes les dimensions homologues des solides semblables sont en même rapport. Or on voit ici que les poids des solides semblables & de même matière, sont comme les cubes des dimensions homologues; on voit donc que si deux navires semblables étoient mâtés proportionnellement, les quantités de vent qu'ils pourroient recevoir seroient comme les quarrés de leur longueur, tandis que les poids seroient comme les cubes; & comme la raison des quarrés n'est pas la même, & est plus petite que celle des cubes, ainsi qu'il est facile de s'en convaincre, cette seule considération fait voir que la voilure qui seroit propre pour un certain navire, ne le seroit pas pour un navire plus petit, si l'on diminuoit proportionnellement les deux dimensions de cette voilure. Il y a encore d'autres considérations à faire entrer dans l'examen de cette question, qui appartient proprement à la mécanique. Nous ne nous proposons ici que de préparer les esprits à prévoir les usages qu'on peut faire des principes établis jusqu'ici pour la discussion de ces sortes de questions.

DE LA TRIGONOMÉTRIE.

266. Le mot *Trigonométrie* signifie mesure des triangles. Mais on comprend généralement sous ce nom, l'art de déterminer les positions & les dimensions des différentes parties de l'étendue, par la connoissance de quelques-unes de ces parties.

Si l'on conçoit que les différens points qu'on se représente dans un espace quelconque soient joints les uns aux autres par des lignes droites, il se présente trois choses à considérer : 1°. la longueur de ces lignes ; 2°. les angles qu'elles forment entre elles ; 3°. les angles que forment entre eux les plans dans lesquels ces lignes sont ou peuvent être imaginées comprises. C'est de la comparaison de ces trois objets que dépend la solution de toutes les questions qu'on peut proposer sur la mesure de l'étendue & de ses parties ; & l'art de déterminer toutes ces choses, par la connoissance de quelques-unes d'entre elles, se réduit à la résolution de ces deux questions générales.

1°. Connoissant trois des six choses (angles &

côtés) qui entrent dans un triangle rectiligne, trouver les trois autres lorfque cela eft poffible.

2°. Connoiffant trois des fix chofes qui compofent un triangle fphérique, (c'eft-à-dire, un triangle formé fur la furface d'une fphère, par trois arcs de cercle qui ont tous trois pour centre le centre de cette même fphère) trouver les trois autres lorfque cela eft poffible.

La première queftion eft l'objet de la Trigonométrie qu'on nomme *Trigonométrie plane*, parce que les fix chofes qu'on y confidère font dans un même plan : on la nomme auffi *Trigonométrie rectiligne*.

La feconde queftion appartient à la *Trigonométrie fphérique*. Les fix chofes qu'on y confidère font dans des plans différens, comme nous le verrons par la fuite.

De la Trigonométrie plane ou rectiligne.

267. La *Trigonométrie plane* eft une partie de la Géométrie, qui enfeigne à déterminer ou à calculer trois des fix parties d'un triangle rectiligne, par la connoiffance des trois autres parties, lorfque cela eft poffible.

Je dis, lorfque cela eft poffible, parce que fi l'on ne connoiffoit que les trois angles, par exemple, on ne pourroit pas déterminer les côtés. En effet, si par un point D pris à volonté sur le côté AB du triangle ABC (*fig. 140*) dont je suppose qu'on connoisse les trois angles, on mène DE parallèle à BC, on aura un autre triangle ADE qui aura les mêmes angles que le triangle ABC (39); & on voit qu'on en peut former ainsi une infinité d'autres qui auront les mêmes angles. Il faudroit donc que le calcul donnât tout-à-la-fois une infinité de côtés différens.

La question est donc alors absolument indéterminée.

Nous verrons cependant que si l'on ne peut déterminer les valeurs des côtés, on peut du moins déterminer leur rapport.

Mais lorsque parmi les trois choses connues ou données, il entrera un côté, on peut toujours déterminer tout le reste. Il y a cependant un cas où il reste quelque chose d'indéterminé : le voici. Supposé que dans le triangle ABC (*fig. 141*) on connoisse les deux côtés AB & BC, & l'angle A opposé à l'un de ces côtés, on ne peut déterminer la valeur de l'angle C ou celle du côté AC, qu'autant qu'on saura si cet angle C est aigu ou obtus : en effet, si l'on conçoit que du point B comme centre & d'un rayon égal au côté BC, on ait décrit un arc CD, & que du point D où cet arc rencontre AC, on ait tiré BD, on aura un nouveau triangle ABD, dans lequel on connoîtra les mêmes chofes qu'on connoît dans le triangle ABC; favoir, l'angle A, le côté AB, & le côté BD égal à BC; on a donc ici les mêmes chofes pour déterminer l'angle BDA, qu'on avoit dans le triangle ABC pour déterminer l'angle C.

Mais il y a cette différence entre ce cas-ci & le précédent, qu'on peut ici affigner la valeur de l'angle C & de l'angle BDA, comme nous le verrons ci-après : la feule chofe qui foit indéterminée, c'eft de favoir laquelle de ces deux valeurs on doit adopter, & par conféquent quelle figure doit avoir le triangle. Il faut donc, outre les trois chofes données, favoir encore fi l'angle cherché doit être aigu ou obtus. Au refte, on peut remarquer en paffant que les deux angles C & BDA dont il s'agit, font fupplément l'un de l'autre; car BDA eft fupplément de BDC qui eft égal à l'angle C, parce que le triangle BDC eft ifocèle.

268. Ce ne font pas les angles même qu'on emploie dans le calcul des triangles : on fubftitue aux angles des lignes qui, fans leur être proportionnelles, font néanmoins propres à repréfenter ces angles, & font d'ailleurs plus commodes à employer dans le calcul, parce que, comme nous le verrons ci-après, elles font proportionnelles aux côtés des triangles : il convient donc,

avant que d'aller plus loin, de faire connoître ces lignes, & de faire voir comment elles peuvent tenir lieu des angles.

Des Sinus, Cosinus, Tangentes, Cotangentes, Sécantes & Cosécantes.

269. La perpendiculaire AP (*fig. 142*), abaissée de l'extrémité d'un arc AB sur le rayon BC qui passe par l'autre extrémité B de cet arc, ou sur le prolongement du rayon quarré, s'appelle le *sinus droit*, ou simplement le *sinus* de l'arc AB ou de l'angle ACB.

La partie BP du rayon, comprise entre le sinus, & l'extrémité de l'arc, s'appelle le *sinus-verse*.

La partie BD de la perpendiculaire à l'extrémité du rayon, interceptée entre ce rayon BC & le rayon CA prolongé, s'appelle la *tangente* de l'arc AB ou de l'angle ACB.

La ligne CD, qui n'est autre chose que le rayon CA prolongé jusqu'à la tangente, s'appelle *sécante* de l'arc AB ou de l'angle ACB.

Si l'on mène le rayon CF perpendiculaire à CB, & à son extrémité F, la perpendiculaire FE qui rencontre en F le rayon CA prolongé, & qu'enfin on mène AQ perpendiculaire sur CF; il suit des définitions précédentes, que AQ sera le sinus, FQ le sinus-verse, FE la tangente, & CE la sécante de l'arc AF ou de l'angle ACF.

Mais comme l'angle ACF est complément de ACB, puisque ces deux angles font ensemble un angle droit, on peut dire que AQ est le sinus du complément; FQ, le sinus-verse du complément; FE, la tangente du complément, & CE, la sécante du complément de l'arc AB ou de l'angle ACB.

Pour abréger ces dénominations, on est convenu de dire *cosinus*, au lieu de sinus du complément; *cosinus-verse*, au lieu de sinus-verse du complément; *cotangente*, au lieu de tangente du complément, & *cosécante*, au lieu de sécante du complément. En sorte que les lignes AQ, FQ, FE, CE, seront dites le cosinus, le cosinus-verse, la cotangente, & la cosécante de l'arc AB ou de l'angle ACB; de même les lignes AP, BP, BD, CD pourront être dites le cosinus, le cosinus-verse, la cotangente, & la cosécante de l'arc AF ou de l'angle ACF; car AB est complément de AF, comme AF l'est de AB.

Pour désigner ces lignes, lorsqu'il sera question d'un angle ou d'un arc, nous mettrons devant les lettres qui servent à nommer cet angle ou cet arc, les expressions abrégées, *sin*, *cos*, *tang*, *cot*; ainsi *sin* AB, signifiera le sinus de l'arc

AB ; *fin* ACB, fignifiera le finus de l'angle ACB ; de même *cof* AB, *cof* ACB, fignifieront le cofinus de l'arc AB, le cofinus de l'angle ACB ; & pour défigner le rayon, nous prendrons la lettre R.

270. Il eſt évident, 1°. que *le cofinus* AQ *d'un arc quelconque* AB *eſt égal à la partie* CP *du rayon, compriſe entre le centre & le finus.*

2°. Que *le finus-verſe* BP *eſt égal à la différence entre le rayon & le cofinus.*

3°. Que *le finus d'un arc quelconque* AB *eſt la moitié de la corde* AG *d'un arc double* ABG. Car le rayon CB étant perpendiculaire ſur la corde AG, diviſe cette corde & ſon arc en deux parties égales (52).

271. De cette dernière propoſition, il ſuit que *le finus de* 30° *vaut la moitié du rayon* ; car il doit être la moitié de la corde de 60°, ou du côté de l'hexagone, que nous avons vu (93) être égal au rayon.

272. *La tangente de* 45° *eſt égale au rayon.* Car ſi l'angle ACB eſt de 45°, comme l'angle CBD eſt droit, l'angle CDB vaudra auſſi 45° ; le triangle CBD ſera donc iſocèle, & par conſéquent BD ſera égal à CB.

273. A meſure que l'arc AB ou l'angle ACB augmente, le finus AP augmente, & ſon cofinus AQ ou CP diminue juſqu'à ce que l'arc

AB soit devenu de 90°; alors le sinus AP devient FC; c'est-à-dire, égal au rayon, & le cosinus est zéro, parce que le point A tombant en F, la perpendiculaire AQ devient zéro.

À l'égard de la tangente BD, & de la cotangente FE, il est visible que la tangente BD augmente continuellement, & que la cotangente au contraire diminue; mais, l'une & l'autre, de manière que quand l'arc AB est devenu de 90°, sa tangente est infinie, & sa cotangente est zéro; en effet plus l'arc AB devient grand, plus le point D s'élève au-dessus de BC, & quand le point A est infiniment près de F, les deux lignes CD & BD sont presque parallèles, & ne se rencontrent plus qu'à une distance infinie; donc BD est alors infinie; donc elle l'est quand le point A tombe sur le point F.

274. Ainsi *pour l'arc de* 90°, *le sinus est égal au rayon, le cosinus est zéro, la tangente est infinie, & la cotangente est zéro.*

Comme le sinus de 90° est le plus grand de tous les sinus, on l'appelle, pour le distinguer des autres, *sinus total*; en sorte que ces trois expressions, le *sinus de* 90°, le *rayon*, le *sinus total*, signifient la même chose.

275. Lorsque l'arc AB passe 90° (*fig.* 143), son sinus AP diminue, & son cosinus AQ ou CP qui tombe alors au-delà du centre par rapport au

point B, augmente jufqu'à ce que l'arc AB foit devenu de 180°, auquel cas le finus eft zéro, & le cofinus eft égal au rayon. On voit auffi que le finus AP, & le cofinus CP de l'arc AB, ou de l'angle ACB plus grand que 90°, appartiennent en même temps à l'arc AH ou à l'angle ACH moindre que 90°, & fupplément de celui-là; de forte que *pour avoir le finus & le cofinus d'un angle obtus, il faut prendre le finus & le cofinus de fon fupplément.* Mais il faut bien remarquer que le cofinus tombe du côté oppofé à celui où il tomberoit fi l'arc AB ou l'angle ACB étoit moindre que 90°.

A l'égard de la tangente, comme elle eft déterminée (269) par la rencontre de la perpendiculaire BD (*fig. 142*) avec le rayon CA prolongé, il eft vifible que lorfque l'arc AB (*fig. 143*) eft de plus de 90°, elle eft alors BD; mais en élevant la perpendiculaire HI, il eft aifé de voir que le triangle CBD eft égal au triangle CHI, & par conféquent BD eft égal à HI.

276. Donc *la tangente d'un arc ou d'un angle plus grand que 90°, eft la même que celle du fupplément de cet arc :* toute la différence qu'il y a, c'eft qu'elle tombe au-deffous du rayon BC. Pour la cotangente EF, elle eft auffi la même que la cotangente du fupplément, & elle tombe auffi du côté oppofé à celui où elle tomberoit, fi l'arc AB

ou l'angle ACB étoit moindre que 90°. On voit encore, & par la même raison que ci-dessus, que pour 180° la tangente est zéro, & la cotangente infinie.

277. Ces notions supposées, concevons que le quart de circonférence BF (*fig. 142*) soit divisé en arcs de 1', c'est-à-dire, en 5400 parties égales, & que de chaque point de division, on abaisse des perpendiculaires ou sinus tels que AP, sur le rayon BC; concevons aussi ce rayon BC divisé en un très-grand nombre de parties égales en 100000, par exemple; chaque perpendiculaire contiendra un certain nombre de ces parties du rayon: si donc, par quelque moyen que ce soit, on pouvoit parvenir à déterminer le nombre de parties de chacune de ces perpendiculaires, il est visible que ces lignes pourroient être employées pour fixer la grandeur des angles; en sorte que si ayant écrit par ordre dans une colonne toutes les minutes depuis zéro jusqu'à 90°, on écrivoit dans une colonne à côté & vis-à-vis de chaque minute, le nombre de parties de la perpendiculaire correspondante, on pourroit, par le moyen de cette table, assigner quel est le nombre de degrés d'un angle dont le nombre de parties de la perpendiculaire ou du sinus seroit connu; & réciproquement connoissant le nombre des degrés & parties de degrés de l'angle, on pourroit assi-

gner le nombre des parties de son sinus (*kk*). Cette table auroit cette utilité, non-seulement pour tous les arcs ou angles dont le rayon auroit le même nombre de parties qu'on en auroit supposé à celui d'après lequel on a construit la table, mais encore pour tout autre dont le rayon seroit connu; par exemple, supposons un angle *DCG* (*fig. 144*) dont le côté ou rayon *CD* soit de 8 pieds, & la perpendiculaire *DE* de 3 pieds, & imaginons que *CA* soit le rayon sur lequel on a calculé les tables; si l'on imagine l'arc *AB* & la perpendiculaire *AP*, cette perpendiculaire sera le sinus des tables; or je puis trouver aisément de combien de parties est cette perpendiculaire; car comme les triangles *CDE*, *CAP* sont semblables (à cause des parallèles *DE* & *AP*), j'aurai (109) *CD* : *DE* :: *CA* : *AP*, c'est-à-dire, $8^p : 3^p :: 100000 : AP$; je trouverai donc (*Arith. 179*) que *AP* vaut 37500; je n'aurai donc qu'à chercher ce nombre dans la table parmi les sinus, & je trouverai à côté le nombre des degrés & minutes de l'angle *DCG* ou *DCE*.

Réciproquement si l'on donnoit le nombre des degrés & minutes de l'angle *DCG* & son rayon *CD*, on détermineroit de même la valeur de la perpendiculaire *DE*; car sachant quel est le nombre de degrés & minutes de cet angle, on trouveroit dans la table quel est le nombre de parties de la perpendiculaire ou du finus AP qui répond à ce nombre de degrés, & alors, en vertu des triangles femblables, CAP, CDE, on auroit cette proportion $CA : AP :: CD : DE$, par laquelle il feroit facile de calculer DE, puifque les trois premiers termes CA, AP & CD font connus, favoir CA & AP par les tables, & CD eft donné en pieds.

On voit par-là quelles font ces lignes que nous avons dit ci-deffus (268) pouvoir être fubftituées aux angles dans le calcul des triangles; ce font les finus.

278. Mais les finus ne font pas les feules lignes qu'on emploie : on fait ufage auffi des tangentes & même des fécantes. Ces lignes font faciles à calculer quand une fois on a calculé tous les finus; car comme le triangle CPA & le triangle CBD (*fig. 142*) font femblables, on en peut tirer ces deux proportions :

$$CP : PA :: CB : BD$$
$$\& \; CP : CA :: CB : CD;$$

c'eft-à-dire, (en faifant attention que CP eft égal à AQ)

$$cof\, AB : fin\, AB :: R : tang\, AB$$
$$\& \; cof\, AB : R :: R : fec\, AB.$$

Or on voit que dans chacune de ces deux proportions, les trois premiers termes font connus, lorfqu'on connoît tous les finus, puifque le cofinus d'un arc n'eft autre chofe que le finus du complément de cet arc : il fera donc aifé d'en conclure (*Arith.* 179) la valeur du quatrième terme de chacune, & par conféquent des tangentes & des fécantes, & par conféquent aufli des cotangentes & des cofécantes, qui ne font autre chofe que des tangentes & des fécantes de complément.

279. Au refte, les deux dernières proportions que nous venons d'établir ne font pas feulement utiles pour le calcul des tangentes & des fécantes, elles font encore d'un grand ufage dans beaucoup de rencontres, comme nous le verrons dans la fuite de ce Cours : il faut donc s'appliquer à les retenir ; la feconde, par exemple, peut nous fournir encore une propriété, qui eft le fondement de la conftruction des cartes réduites, comme nous le verrons par la fuite : voici cette propriété. De même que nous venons de démontrer que $\cos AB : R :: R : \sec AB$, on démontrera aufli pour un autre arc quelconque BO, que $\cos BO : R :: R : \sec BO$; or ces deux proportions ayant les mêmes termes moyens, doivent avoir les produits de leurs extrêmes, égaux (*Arith.* 178) ; donc on peut (*Arith.* 180) former des extrêmes de l'une & de l'autre une nouvelle proportion, qui aura pour extrêmes les extrêmes de l'une, & pour moyens les extrêmes de

l'autre, en sorte qu'on aura $\cos AB : \cos BO :: \sec BO : \sec AB$, d'où l'on conclura que les cosinus de deux arcs sont en raison réciproque ou inverse de leurs sécantes.

280. Voici encore une autre proportion utile dans plusieurs cas, & d'où l'on déduira de la même manière, que les tangentes de deux arcs sont en raison inverse de leurs cotangentes : les triangles CBD, CFE sont semblables, parce qu'outre l'angle droit en B & en F, on a de plus l'angle DCB égal à l'angle CEF, à cause des parallèles CB, EF; on aura donc $BD : CB :: CF : FE$, c'est-à-dire, $\tang AB : R :: R : \cot AB$: on prouveroit donc de même que $\tang BO : R :: R : \cot BO$, & par conséquent $\tang AB : \tang BO :: \cot BO : \cot AB$.

Les livres qui renferment les valeurs de toutes les lignes dont il vient d'être question, sont ce qu'on appelle des *Tables de Sinus*; elles renferment ordinairement, non-seulement les valeurs numériques de toutes ces lignes, mais encore leurs logarithmes qu'on emploie aussi souvent qu'on le peut à la place des valeurs numériques ; ces mêmes tables renferment aussi les logarithmes des nombres naturels ; telles sont celles que nous avons indiquées dans l'Arithmétique, page 199* (*).

(*) Nous en avons donné dans le Traité de navigation, qui fait le sixième volume de ce Cours.

Avant que d'expofer les ufages de ces tables pour la réfolution des triangles, il ne nous refte plus qu'à parler de leur formation, c'eſt-à-dire, de la méthode par laquelle on a calculé ou pu calculer les finus, &c. Nous nous y arrêterons d'autant plus volontiers, que les propofitions que nous avons à établir fur ce fujet, nous ferviront ailleurs.

281. *Pour avoir le cofinus d'un arc dont le finus eſt connu, il faut retrancher le quarré du finus, du quarré du rayon, & tirer la racine quarrée du refte.* Car le cofinus AQ (*fig. 142*) eſt égal à PC qui eſt à côté de l'angle droit dans le triangle rectangle APC, dont on connoît alors l'hypothénufe AC & le côté AP (166).

Ainfi, fi l'on demandoit le cofinus de 30°, comme nous avons vu (271) que le finus de 30° eſt la moitié du rayon que nous fuppoferons ici de 100000 parties, ce finus feroit 50000; retranchant fon quarré 2500000000, du quarré 10000000000 du rayon, on a 7500000000, dont la racine quarrée 86603 eſt le cofinus de 30°, ou le finus de 60°.

282. *Connoiſſant le finus d'un arc* AB, (fig. 145), *pour avoir celui de fa moitié*, il faut d'abord calculer le cofinus de ce premier arc; ce cofinus étant calculé, on le retranchera du rayon, ce qui donnera le finus verfe BP : on quarrera

la valeur de BP, & on ajoutera ce quarré avec celui du sinus AP; la somme (166) sera le quarré de la corde AB; tirant la racine quarrée de cette somme, on aura AB, dont la moitié est le sinus BI de l'arc BD moitié de ADB (270).

283. *Connoissant le sinus* BI, *d'un arc* BD (fig. 145), *pour trouver le sinus* AP *du double* ADB *de cet arc*, on calculera le cosinus CI de BD, & on fera cette proportion, $R : \cos BD :: 2 \sin BD : \sin ADB$ dans laquelle les trois premiers termes feront alors connus, & dont il sera facile de calculer le quatrième.

Cette proportion est fondée sur ce que les deux triangles CBI & BAP sont semblables, parce qu'outre l'angle droit en P & en I, ils ont d'ailleurs l'angle B commun; ainsi on a $CB : CI :: AB : AP$. Or CI (270) est le cosinus de BD, & AB le double de BI sinus de BD; AP est le sinus de ADB, & CB est le rayon; donc $R : \cos BD : 2 \sin DB : \sin ADB$.

284. *Connoissant les sinus des deux arcs* AB, AC (fig. 146), *pour trouver le sinus de leur somme ou de leur différence*, il faut, après avoir calculé (281) les cosinus de ces mêmes arcs, multiplier le sinus du premier par le cosinus du second, le sinus du second par le cosinus du premier. La somme de ces deux produits, divisée par le rayon, sera le sinus de la somme des deux arcs, & la

différence de ces mêmes produits, divisée par le rayon, sera le sinus de la différence de ces mêmes arcs.

Faites l'arc AD égal à l'arc AC, tirez la corde CD, le rayon LA qui divisera cette corde en deux parties égales au point I; des points C, A, I & D, abaissez les perpendiculaires CK, AG, IH, DF, sur BL; enfin des points I & D menez IM & DN, parallèles à BL. Puisque CD est divisée en deux parties égales en I, CN sera aussi divisée en deux parties égales en M (102).

Cela posé, CK qui est le sinus de BC somme des deux arcs, est composé de KM & de MC, ou de IH & de MC. DF qui est le sinus de BD différence des deux arcs, est égal à KN qui vaut KM moins MN, c'est-à-dire, IH moins CM; ainsi pour trouver le sinus de la somme, il faut ajouter la valeur de MC à celle de IH, & au contraire l'en retrancher pour avoir le sinus de la différence.

Or les triangles semblables LAG, LIH donnent $LA:LI::AG:IH$, c'est-à-dire, $R:\cos AC::\sin AB:IH$; donc (*Arith.* 179) IH vaut $\dfrac{\sin AB \times \cos AC}{R}$.

Les triangles LAG & CIM semblables, parce qu'en vertu de la construction qu'on a faite, ils ont les côtés perpendiculaires l'un à l'autre, donnent (112) $LA : LG :: CI : MC$, ou $R : \cos AB$ :: $\sin AC : MC$; donc MC vaut $\dfrac{\sin AC \times \cos AB}{R}$;

donc il faut ajouter $\dfrac{\sin AC \times \cos \times AB}{R}$ avec

$\dfrac{\sin AB \times \cos AC}{R}$ pour avoir le sinus de la somme, & l'en retrancher au contraire, pour avoir le sinus de la différence.

285. *Pour avoir le cosinus de la somme ou de la différence de deux arcs dont on connoît les sinus*, il faut, après avoir calculé (281) les cosinus de chacun de ces deux arcs, multiplier ces deux cosinus l'un par l'autre, multiplier pareillement les deux sinus; alors retranchant le second produit du premier, & divisant le reste par le rayon, on aura le cosinus de la somme des deux arcs. Au contraire, pour avoir celui de la différence, on ajoutera les deux produits, & on en divisera la somme par le rayon. Car, puisque DC est coupée en deux parties égales en I, FK sera coupée en deux parties égales en H; or LK qui est le cosinus de la somme, vaut LH moins HK, ou LH moins IM; & LF qui est le cosinus de la différence, vaut LH plus HF, ou LH plus HK, ou enfin LH plus IM: voyons donc quelles sont les valeurs de LH & de IM.

Les triangles semblables LGA, LHI donnent $LA : LI :: LG : LH$,

220   COURS

C'eſt-à-dire, $R : \cos AC :: \cos AB : LH$;
Donc LH vaut $\dfrac{\cos AC \times \cos AB}{R}$.

Les triangles ſemblables LAG, CIM donnent $LA : AG :: CI : IM$,

C'eſt-à-dire, $R : \sin AB :: \sin AC : IM$;
Donc IM vaut $\dfrac{\sin AB \times \sin AC}{R}$;

Il faut donc, pour avoir le coſinus de la ſomme, retrancher $\dfrac{\sin AB \times \sin AC}{R}$, de $\dfrac{\cos AB \times \cos AC}{R}$; & au contraire, l'ajouter pour avoir le coſinus de la différence.

286. *La ſomme des ſinus de deux arcs* AB, AC (fig. 147) *eſt à la différence de ces mêmes ſinus, comme la tangente de la moitié de la ſomme de ces deux arcs eſt à la tangente de la moitié de leur différence*, c'eſt-à-dire, que $\sin AB + \sin AC : \sin AB - \sin AC :: \tan \dfrac{AB \times AC}{2} : \tan \dfrac{AB - CA}{2}$.

Après avoir tiré le diamètre AM, portez l'arc AB de A en D; tirez la corde BD qui ſera perpendiculaire ſur AM. Par le point C, tirez CP perpendiculaire, & CF parallèle à AM. Du point F, menez les cordes FB & FD; & d'un rayon FG égal à celui du cercle BAD, décrivez l'arc IGK rencontrant CF en G, & en ce point G, élevez HL perpendiculaire à CF; les lignes GH & GL ſont les tangentes des angles GFH & CFD, GFL, ou

CFB & *CFD* qui ayant leurs sommets à la circonférence, ont pour mesure la moitié des arcs *CB*, *CD* sur lesquels ils s'appuient (63), c'est-à-dire, la moitié de la différence *BC*, & la moitié de la somme *CD* des deux arcs *AB*, *AC*; ainsi *GL* & *GH* sont les tangentes de la moitié de la somme, & de la moitié de la différence de ces mêmes arcs.

Cela posé, il est visible que *DS* étant égal à *BS*, la ligne *DE* vaut $BS + SE$ ou $BS + CP$, c'est-à-dire, la somme des sinus des arcs *AB*, *AC*; pareillement *BE* vaut $BS - SE$ ou $BS - CP$, c'est-à-dire, la différence des sinus de ces mêmes arcs. Or, à cause des parallèles *BD*, *HL*, on a (115) $DE : BE :: GL : GH$;

Donc $\sin AB + \sin AC : \sin AB - \sin AC :: \tang \frac{AB + AC}{2} : \tang \frac{AB - AC}{2}$.

287. Donc *la somme des cosinus de deux arcs, est à la différence de ces cosinus, comme la cotangente de la moitié de la somme de ces deux arcs est à la cotangente de la moitié de leur différence.*

Car les cosinus n'étant autre chose que des sinus de complément, il suit de la proposition précédente que la somme des cosinus est à leur différence, comme la tangente de la moitié de la somme des complémens est à la tangente de la moitié de la différence des mêmes complémens : or la moitié de la somme des complémens de deux arcs est le complément de la moitié de la somme de ces deux arcs; & la demi-différence des complémens est la même que la demi-différence des arcs; donc, &c.

288. Les trois principes posés (271, 282 & 284) suffisent pour concevoir comment on pourroit s'y prendre pour former une table des sinus. En effet, on connoît le sinus de 30° par ce qui a été dit (271); & par ce qui a été dit (282), on peut trouver celui de 15°, & successivement ceux de 7° 30′, 3° 45′, 1° 52′ 30″, 0° 56′ 15″, 0° 28′ 7″ 30‴, 0° 14′ 3″ 45‴, 0° 7′ 1″ 52‴ 30^{iv}.

Cela posé, on remarquera que, quand les arcs sont fort petits, ils ne diffèrent pas sensiblement de leurs sinus, & sont par conséquent, à très-peu-près, proportionnels à ces sinus; ainsi pour trouver le sinus de 1′, on fera cette proportion: *L'arc de 0° 7′ 1″ 52‴ 30^{iv} est à l'arc de 0° 1′, comme le sinus de ce premier arc est au sinus de 1′.*

Si dans ce calcul on suppose le rayon de 100000 parties seulement, il faudra calculer les sinus des arcs que nous venons de rapporter avec trois décimales pour être en droit d'en conclure les suivans à moins d'une unité près; alors on remontera facilement aux autres en cette manière.

Depuis 1′ jusqu'à 3° 0′, il suffira de multiplier le sinus de 1′ successivement par 2, 3, 4, 5, &c.

pour avoir le sinus de 2′, 3′, &c. jusqu'à 3° à moins d'une unité près.

Pour calculer les sinus des arcs au-dessus de 3° 0′, on fera usage de ce qui a été dit (284) ; mais on abrégera considérablement le travail en ne calculant ces sinus par ce principe, que de degrés en degrés seulement. Quant aux minutes intermédiaires, on y satisfera en prenant la différence des sinus de deux degrés consécutifs, & formant cette proportion : 60 *minutes sont au nombre de minutes dont il s'agit, comme la différence des sinus des deux degrés voisins est à un quatrième terme*, qui sera ce qu'on doit ajouter au plus petit des deux sinus pour avoir le sinus du nombre de degrés & minutes dont il s'agit. Par exemple, si après avoir trouvé que le sinus de 8° & de 9°, sont 13917 & 15643, je voulois avoir le sinus de 8° 17′ ; je prendrois la différence 1726 de ces sinus, & je calculerois le quatrième terme d'une proportion dont les trois premiers sont 60′ : 17′ :: 1726 :

Ce quatrième terme qui est 489 à très-peu-près étant ajouté à 13917, donne 14406 pour le sinus de 8° 17′, tel qu'il est dans les tables à moins d'une unité près.

La raison de cette proportion est fondée sur ce que lorsque l'arc KL (*fig. 129*) est petit, comme de 1°, par exemple, les différences LM, Iu des sinus LF, IH, sont à-peu-près proportionnelles aux différences KL, KI, des arcs correspondans AL, AI, parce que les triangles KML, KuI pouvant être considérés comme rectilignes, sont semblables.

289. Cette méthode ne doit cependant être employée que jusqu'à 87°, parce que passé ce terme, on ne peut se permettre de prendre iu (*fig. 148*) pour la différence des sinus PB, Qx; car la quantité ux, toute petite qu'elle est, a un rapport sensible avec iu, & d'autant plus sensible que l'arc AB approche plus de 90°. Dans ce cas, il faut se rappeler que (170) les lignes DE, Dt qui sont les différences entre le rayon & les sinus PB, Qx, sont proportionnelles aux quarrés des cordes DB & Dx ou (à cause que les arcs DB & Dx sont fort petits) aux quarrés des arcs DB & Dx; c'est pourquoi ayant calculé le sinus de 87°, on prendra sa différence avec le rayon 100000; & pour trouver le sinus de tout autre arc entre 87° & 90°, on fera cette proportion : Le quarré de 3° ou de 180′ est au quarré du nombre des minutes du complément de l'arc en question, comme la différence du rayon au sinus de 87° est à un quatrième terme qui sera Dt, & qui étant retranché du rayon, donnera Ct ou Qx sinus de l'arc en question. Par exemple, ayant trouvé que le sinus de 87° est 99863, si je veux avoir le sinus 88° 24′, dont le complément est

1° 36′ ou 96′, je ferai cette proportion, $\overline{180′}^2$: $\overline{96′}^2$ :: 137 : Dt, par laquelle je trouve que Dt vaut 39 à très-peu de chose près ; retranchant 39 du rayon 100000, j'ai 99961 pour le sinus de 88° 24′, tel qu'il est en effet dans les tables.

290. Ayant calculé ainsi les sinus, on aura facilement les tangentes & les sécantes, par ce qui a été dit (178).

291. Les sinus étant calculés, on calcule leurs logarithmes, comme on calcule ceux des nombres. Il faut pourtant observer que si l'on prenoit dans les tables la valeur numérique d'un des sinus, pour calculer son logarithme selon ce qui a été dit (*Arith.* 239), on ne trouveroit pas ce logarithme absolument le même qu'il est dans la colonne des logarithmes des sinus ; la raison en est que les sinus des tables ont été calculés originairement, dans la supposition que le rayon étoit de 10000000000 parties ; mais comme les calculs ordinaires n'exigent pas une telle précision, on a supprimé dans les tables actuelles les cinq derniers chiffres des valeurs numériques des sinus, tangentes, &c. en sorte que ces valeurs, telles qu'elles sont actuellement dans les tables, ne sont approchées qu'à environ une unité près, sur 100000. Il n'en a pas été de même des logarithmes

des finus, tangentes, &c. on les a confervés tels qu'ils ont été calculés pour le rayon fuppofé de 10000000000 parties; & c'eft pour cette raifon qu'on leur trouve une caractériftique beaucoup plus forte que ne femble le fuppofer la valeur numérique du finus correfpondant, ou de la tangente correfpondante; en forte que, lorfqu'on fait ufage des logarithmes des finus, tangentes, &c. on calcule dans la fuppofition tacite que le rayon foit de..... 10000000000 parties; & lorfqu'on fait ufage des valeurs numériques des finus, tangentes, &c. on calcule dans la fuppofition que le rayon foit de 100000 parties feulement.

A l'égard des logarithmes des tangentes & fécantes, on les a par une fimple addition & une fouftraction, lorfqu'une fois on a ceux des finus; cela eft évident d'après ce qui a été dit (278) & (*Arith.* 232).

292. Quoique les tables ordinaires ne donnent les finus que pour les degrés & minutes, néanmoins on en peut déduire les valeurs de ces mêmes lignes pour les degrés, minutes & fecondes, & cela en fuivant exactement ce que nous venons de prefcrire pour les degrés & minutes feulement. Mais comme on emploie plus fouvent les logarithmes de ces lignes, au lieu de ces lignes elles-mêmes, nous nous arrêterons un moment fur ce dernier objet.

Suppofant qu'on ait les logarithmes des finus & des tangentes, de minute en minute; quand on voudra avoir le logarithme du finus d'un certain nombre de degrés, minutes & fecondes, on prendra dans les tables celui du finus du nombre des degrés & minutes: on prendra auffi la différence des deux logarithmes voifins qui eft à côté, & on fera cette proportion: 60" font au nombre de fecondes en queftion, comme la différence des logarithmes, prife dans les tables, eft à un quatrième terme qu'on ajoutera au logarithme du finus des degrés & minutes.

Si au contraire on avoit un logarithme de finus qui ne répondît pas à un nombre exact de degrés & minutes, pour avoir les fecondes, on feroit cette proportion: La différence des deux logarithmes, entre lefquels tombe le logarithme donné, eft à la différence entre ce même logarithme & celui qui eft immédiatement plus petit dans la table, comme 60" font à un quatrième terme, qui feroit le nombre de fecondes à ajouter au nombre de degrés & minutes de l'arc, qui dans la table, eft immédiatement au-deffous de celui que l'on cherche.

On pourra fuivre cette règle, tant que l'arc ne fera pas au-deffous de 3°; lorfqu'il fera au-deffous, on fe conduira comme dans cet exemple; fuppofons qu'on demande le finus de 1° 55' 48";

on feroit cette proportion, 1° 55″ ; 1° 55′ 48″ ::
le sinus de 1° 55′ est à un quatrième terme, qui
(à cause que les petits arcs sont proportionnés à
leurs sinus) sera sans erreur sensible, le sinus de
1° 55′ 48″. Mais pour calculer plus commodément, on réduira les deux premiers termes en secondes ; & alors prenant dans les tables le logarithme du sinus de 1° 55′ qui est le troisième
terme, on lui ajoutera le logarithme de 1° 55′ 48″
réduits en secondes ; enfin du total on retranchera
le logarithme de 1° 55′ réduits en secondes, le
reste (*Arith.* 232) sera le logarithme du quatrième
terme, c'est-à-dire, le logarithme cherché.

Réciproquement pour trouver le nombre de
degrés, minutes & secondes d'un arc au-dessous
de 3°, & dont on a le sinus; on chercheroit
d'abord dans les tables quel est le nombre de degrés & minutes, puis on feroit cette proportion:
Le sinus du nombre de degrés & minutes trouvé
est au sinus proposé, comme ce même nombre
de degrés & minutes réduits en secondes est au
nombre total de secondes de l'arc cherché ; ainsi
par logarithmes, l'opération se réduira à prendre
la différence entre le logarithme du sinus proposé,
& celui du sinus du nombre de degrés & minutes
immédiatement au-dessous, & à ajouter ce logarithme au logarithme de ce nombre de degrés &
minutes réduits en secondes ; la somme sera le

logarithme du nombre de secondes que vaut l'arc cherché. Par exemple, si l'on me donne 8,6233427 pour logarithme du sinus d'un arc, je trouve dans les tables que le nombre de degrés & minutes le plus approchant est 2° 24′, & que la différence entre le logarithme du sinus proposé, & celui du sinus de ce dernier arc est 0013811 ; j'ajoute cette différence avec 3,9365137, logarithme de 2° 24′ réduits en secondes, la somme 3,9378948 répond dans les tables de logarithmes à 8667 ; c'est le nombre de secondes de l'arc cherché, qui par conséquent est de 2° 24′ 27″. Cette règle est l'inverse de la précédente.

A l'égard des logarithmes des tangentes, on suivra les mêmes règles en changeant le mot *sinus* en celui de *tangente*. Il faut seulement en excepter les arcs qui sont entre 87° & 90°, pour lesquels on suivra celle-ci. Calculez le logarithme de la tangente du complément, par la règle qu'on vient de prescrire pour les tangentes, & retranchez ce logarithme du double du logarithme du rayon. En effet, selon ce qui a été dit (280), la tangente est le quatrième terme d'une proportion dont les trois premiers sont la cotangente, le rayon & le rayon.

Et si au contraire on avoit le logarithme de tangente d'un arc qui devant être entre 87° & 90°, devroit avoir des secondes, on retrancheroit ce logarithme du double du logarithme du rayon; & on auroit le logarithme de la tangente du complément, qui étant néceffairement entre 0° & 3°, fe détermineroit facilement d'après ce qui précède ; prenant le complément de l'arc ainfi trouvé, on auroit l'arc cherché.

293. Puifque le finus d'un arc eft la moitié de la corde d'un arc double, fi l'on defcendoit par le principe donné (282), jufqu'au finus de l'arc le plus approchant de 1″, & qu'en doublant ce finus, on répétât ce double autant de fois que l'arc dont il eft la corde, eft contenu dans la demi-circonférence, il eft vifible qu'on auroit un nombre fort approchant de la longueur de la demi-circonférence, mais plus petit; & fi par la proportion donnée (278) on calculoit la tangente du même arc, & que l'ayant doublée, on répétât ce double autant de fois que le double de cet arc eft contenu dans la demi-circonférence, on trouveroit un nombre fort approchant de la demi-circonférence, mais plus grand ; on peut donc, par le calcul des finus, approcher du rapport du diamètre à la circonférence : nous ne nous arrêterons pas à ce calcul, parce que nous donnerons ailleurs une méthode plus expéditive. Quoi qu'il en foit, on trouveroit par cette méthode, que le rayon étant fuppofé de 10000000000, la demi-circonférence feroit entre 3141592656 &

3,1415926535. Concluons donc de-là que le rayon étant 1, les 180° de la demi-circonférence valent 3,1415926535 ; le degré vaut 0,0174532925 ; la minute vaut 0,000290888208, & ainsi de suite. Nous rapportons ici ces nombres, parce qu'ils peuvent souvent être utiles. Par exemple, veut-on savoir quel espace occuperoit une minute de degrés sur l'octant avec lequel on observe les hauteurs à la mer, cet octant étant supposé de 20 pouces de rayon. Par la construction de cet instrument, les 90° sont représentés par un arc de 45 ; ainsi l'intervalle entre deux divisions consécutives, est celui qu'occuperoit un degré dans un cercle dont le rayon seroit moitié moindre, ou de 10 pouces ; donc la minute sur un pareil instrument, ne répond qu'à l'espace qu'elle occuperoit sur une circonférence de 10 pouces, ou 120 lignes. Multiplions donc 120 par 0,00029 valeur de la minute, en se bornant aux 5 premiers chiffres, nous aurons 0,03480, ou 0,0348, c'est-à-dire, $\frac{348}{10000}$ de ligne, ou $\frac{1}{29}$ de ligne à-peu-près. On voit par-là qu'on ne peut guère répondre d'une minute en observant avec cet instrument. Nous aurons occasion d'en parler ailleurs (*ll*).

De la Résolution des Triangles Rectangles.

294. Nous avons dit ci-dessus (267), que pour être en état de calculer ou de résoudre un triangle, il falloit connoître trois des six parties qui le composent, & que parmi les trois choses connues, il falloit qu'il y eût au moins un côté. Comme l'angle droit est un angle connu, il suffit donc dans les triangles rectangles de connoître deux choses différentes de l'angle droit ; mais il faut qu'une au moins de ces deux choses soit un côté. Il faut encore remarquer que comme les deux angles aigus d'un triangle rectangle valent ensemble un angle droit, dès que l'un des deux est connu, l'autre l'est aussi.

La résolution des triangles rectangles se réduit à quatre cas ; ou les deux choses connues sont un des deux angles aigus, & un côté de l'angle droit, ou elles sont un angle aigu & l'hypothénuse, ou un côté de l'angle droit & l'hypothénuse, ou enfin les deux côtés de l'angle droit.

Ces quatre cas trouveront toujours leur résolution dans l'une des deux proportions ou analogies suivantes.

295. 1°. *Le rayon des tables est au sinus d'un des angles aigus, comme l'hypothénuse est au côté opposé à cet angle aigu.*

296. 2°. *Le rayon des tables est à la tangente d'un des angles aigus, comme le côté de l'angle droit adjacent à cet angle est au côté opposé à ce même angle.*

Pour démontrer la première de ces deux analogies, il n'y a qu'à se représenter (*fig.* 144) que dans le triangle rectangle CED, la partie CA de l'hypothénuse soit le rayon des tables, alors en imaginant l'arc AB, la perpendiculaire AP sera le sinus de l'angle ACB ou DCE ; or à cause des parallèles AP & DE, on aura dans les triangles semblables CAP, CDE, $CA : AP :: CD :$ DE, c'est-à-dire, $R : \sin DCE :: CD : DE$, ce qui est précisément la première analogie.

On prouvera de même que $R : \sin CDE ::$ $CD : CE$.

Pour la seconde, il faut se représenter dans le triangle rectangle CEF (*fig.* 149) que la partie CA du côté CE soit le rayon des tables ; & ayant imaginé l'arc AB, la perpendiculaire AD élevée sur AC au point A, sera la tangente de l'angle C ou FCE ; alors à cause des triangles semblables CAD, CEF, on aura $CA : AD ::$ $CE : EF$, c'est-à-dire, $R : \tang FCE :: CE :$ EF, ce qui fait la seconde des deux analogies énoncées ci-dessus.

On prouvera de la même manière que $R : \tang$ $CFE :: EF : CE$.

297. Dans les applications qui vont suivre, nous emploierons toujours les logarithmes des sinus, tangentes, &c. au lieu des sinus, tangentes, &c. & pour familiariser les commençans avec l'usage des complémens arithmétiques, nous en ferons usage dans tous les calculs, à l'exception des cas où le logarithme à retrancher seroit celui du rayon, dont la caractéristique étant 10, la soustraction est très-facile. Mais pour ne point obliger ceux qui n'auroient que la première édition de l'Arithmétique à recourir à la seconde, nous allons exposer ici en peu de mots l'idée & l'usage des complémens arithmétiques.

Le complément arithmétique d'un nombre se prend en retranchant de 9, chacun des chiffres de ce nombre, excepté le dernier sur la droite qu'on retranche de 10. Ainsi le complément arithmétique d'un nombre peut se prendre à l'inspection de ses chiffres sans aucune opération.

Les complémens arithmétiques servent à changer les soustractions en additions. Ainsi, si de 78549 je veux retrancher 65647, je puis à cette opération substituer l'addition de 78549 avec 34353 qui est le complément arithmétique de 65647, alors il ne s'agit plus que d'ôter une unité au premier chiffre de la gauche de la somme; on ôteroit deux unités si l'on avoit ajouté deux complémens arithmétiques, & ainsi de suite.

Dans le cas préfent, la fomme feroit 112903, de laquelle fupprimant une unité au premier chiffre, il refte 12902, qui eft précifément ce que l'on auroit eu, fi de 78549 on avoit retranché 65647 felon la règle ordinaire.

La raifon eft facile à appercevoir, en obfervant que le complément arithmétique de 65647, n'eft autre chofe que 100000 moins 65647; ainfi quand on a ajouté le complément arithmétique, on ajoute 100000, & on retranche 65647; le réfultat renferme donc 100000 de trop, c'eft-à-dire, que fon premier chiffre eft trop fort d'une unité.

Donc puifque (*Arith.* 232) pour faire une règle de *trois* par logarithmes, il faut ajouter les logarithmes des deux moyens, & retrancher le logarithme du premier terme; on pourra, en vertu de l'obfervation précédente, faire une fomme des logarithmes des deux moyens, & du complément arithmétique du logarithme du premier terme; & l'on diminuera d'une unité le premier chiffre de la gauche du réfultat.

Après ces obfervations, venons à l'application des deux analogies démontrées ci-deffus aux quatre cas dont nous avons parlé.

EXEMPLE I. Suppofons qu'il s'agit de déterminer la hauteur AC d'un édifice (*fig.* 150) par des mefures prifes fur le terrein.

On s'éloignera de cet édifice à une diftance CD,

telle que l'angle compris entre les deux lignes qu'on imaginera menées du point D au pied & au sommet de l'édifice, ne soit ni trop aigu ni fort approchant de 90°, & ayant mesuré cette distance CD, on fixera au point D le pied d'un graphomètre. On disposera cet instrument de manière que son plan soit vertical & dirigé vers l'axe AC de la tour, & que son diamètre fixe HF soit horizontal; ce qui se fera à l'aide d'un petit poids suspendu par un fil attaché au centre. Ce fil doit alors raser le bord de l'instrument & répondre à 90°. On fera mouvoir le diamètre mobile jusqu'à ce qu'on puisse appercevoir à travers leurs pinnules ou la lunette dont il est garni, le sommet A de l'édifice. Alors on observera sur l'instrument, le nombre des degrés de l'angle FEG, qui est aussi celui de son opposé au sommet AEB.

Cela posé, la hauteur AC de l'édifice étant perpendiculaire à l'horizon, est perpendiculaire à BE; c'est pourquoi on a un triangle rectangle ABE, dans lequel outre l'angle droit, on connoît BE égal à CD qu'on a mesuré, & l'angle AEB; on cherche la valeur AB; on voit donc que les trois choses connues, & celle que l'on cherche, sont les termes de l'analogie du n°. 296; donc pour trouver AB, on fera cette proportion, $R : \tang AEB :: BE : AB$.

Supposons, par exemple, que la distance CD ou BE ait été trouvée de 132 pieds, & l'angle AEB de 48° 54'.

On aura R : *tang* 48° 54' :: 132^P : AB ; de sorte que prenant dans les tables la valeur de la tangente de 48° 54', la multipliant par 132, & divisant ensuite par la valeur du rayon prise dans les tables, on aura le nombre de pieds de AB, auquel ajoutant la hauteur ED de l'instrument, on aura la hauteur cherchée AC.

Mais on peut abréger considérablement le calcul en employant au lieu de ces nombres leurs logarithmes, parce qu'alors il ne s'agit plus (*Arith.* 232) que d'ajouter les logarithmes du second & du troisième termes, & de retrancher le logarithme du premier ; c'est pourquoi on fera le calcul comme il suit :

Log tang 48° 54'............	10,0593064
Log 132....................	2,1205739
Somme....................	12,1798803
Log du rayon..............	10,0000000
Reste ou *log* AB...........	2,1798803

qui répond dans les tables à 151,32 à moins d'un centième près. Ainsi AB est de 151^P & 32 centièmes, ou 151^P 3$_1$ 10^l.

Remarquons en paſſant que le logarithme du rayon ayant 10 pour caractériſtique & des zéros pour ſes autres chiffres, on peut, lorſqu'il s'agit de l'ajouter ou de le retrancher, ſe diſpenſer de l'écrire, & ſe contenter d'ajouter ou d'ôter une unité aux dizaines de la caractériſtique du logarithme auquel il doit être ajouté, ou dont il doit être retranché (*mm**).

EXEMPLE II. On a couru, en partant d'un point connu A (*fig. 151*), 32 lieues ſur la ligne GF qui marque le nord-nord-eſt : on demande combien on a avancé vers l'eſt, & de combien vers le nord.

On imaginera par les deux points A & B les deux lignes AC & BC parallèles, la première à la ligne nord & ſud NS, & la ſeconde à la ligne eſt & oueſt EO; comme ces deux lignes font un angle droit, le triangle ACB ſera rectangle en C; on connoît dans ce triangle, le côté AB qui eſt de 32 lieues, & l'angle CAB qui, à cauſe des parallèles, eſt égal à l'angle NDF, lequel, à cauſe que DF marque le nord-nord-eſt, eſt de 22° 30′ ou le quart de 90°.

On fera donc pour trouver BC, cette analogie (285), $R : ſin\ 22°\ 30′ :: 32^l : BC$.

Et pour trouver AC, on remarquera que l'angle B eſt complément de l'angle A; c'eſt pour-

DE MATHÉMATIQUES. 239

quoi on fera cette analogie (295) $R : \sin : 67° 30'$ $:: 32^l : AC$.

On fera ces deux opérations par logarithmes, comme il suit :

Log sin 22° 30'.................. 9,5828397
Log 32......................... 1,5051500

Somme....................... 11,0879897
Log du rayon.................. 1........

Reste ou log de B C........... 1,0879897

Qui répond à 12,25 à moins d'un centième près.

Log sin 67° 30'................. 9,9656153
Log 32......................... 1,5051500

Somme....................... 11,4707653
Log. du rayon................. 1........

Reste ou log de A C........... 1,4707653

Qui répond à 29,56 à moins d'un centième près.

Ainsi on s'est avancé de 12 lieues & 25 centièmes ou $\frac{1}{4}$ vers l'est, & 29 lieues & 56 centièmes vers le nord.

Le nombre de lieues qu'on a courues selon l'une & l'autre de ces deux directions, sert à déterminer le lieu B de la terre où se trouve un vaisseau lorsqu'il a parcouru AB; mais le nombre de lieues courues vers l'est, a besoin d'une correction dont ce n'est pas encore ici le lieu de parler. Il ne s'agit, quant à présent, que des premiers usages de la Trigonométrie.

EXEMPLE III. On a couru 42 lieues selon la ligne AB dont la position est inconnue, & on sait qu'on a avancé de 35 lieues au nord : on demande la direction de la route AB, c'est-à-dire, quel air de vent on a suivi.

On connoît donc ici le côté AC de l'angle droit & l'hypothénuse, & il s'agit de trouver l'angle CAB. Comme les deux angles A & B font ensemble un angle droit, nous connoîtrons l'angle A, si nous pouvons déterminer l'angle B. Or, pour trouver celui-ci, nous n'avons qu'à faire cette analogie : (295) $R : \sin B :: AB : AC$.

C'est-à-dire, $R : \sin B :: 42 : 35$; ou bien en écrivant le second rapport à la place du premier, $42 : 35 :: R : \sin B$.

Faisant l'opération par logarithmes, on a :

Log 35...................... 1,5440680
Log du rayon............... 10.......
Complément arith. du log de 42... 8,3767507

Somme ou *log* du sinus de B..... 19,9208187

qui dans les tables, répond à 56° 27′; donc l'angle A, ou l'air de vent, est de 33° 33′.

EXEMPLE IV. On a couru selon la ligne AB, dont la position & la grandeur sont inconnues; mais on sait qu'on a avancé de 15 lieues à l'est, & de 35 lieues au nord: on demande la direction & la longueur de la route.

On connoît donc ici les deux côtés AC & BC de l'angle droit, & l'on demande les angles & l'hypothénuse. Pour trouver l'angle A, on fera cette analogie (296) $AC:BC::R:tang\,A$, c'est-à-dire, $35:15::R:tang\,A$.

En faisant l'opération par logarithmes:

Log 15 1,1760913
Log du rayon . . . . 10 . . . .
Complément arith. du log de 35 . . . 8,4559320
Somme ou *log tang A* 19,6320233

qui dans la table, répond à 23° 12′.

Pour avoir AB, on peut, quand on a déterminé l'angle A, se conduire comme dans l'exemple III. Mais il n'est pas nécessaire de calculer l'angle A; la proposition démontrée (*164 & 166*) suffit: ainsi prenant le quarré de 15 qui est 225, & l'ajoutant au quarré de 35 qui est 1225, on aura 1450 pour le quarré de AB; & tirant la racine quarrée, on aura 38,08 pour la valeur de AB à moins d'un centième près.

GÉOMÉTRIE.

Par la même raison, si l'hypothénuse AB, & l'un AC des côtés de l'angle droit étant donné, on demandoit l'autre côté BC; il ne seroit pas nécessaire de calculer l'angle A; on retrancheroit (166) le quarré du côté connu AC, du quarré de l'hypothénuse AB; la racine quarrée du reste seroit la valeur du côté BC.

C'est encore par la résolution des triangles rectangles qu'on peut déterminer de combien il s'en faut que le rayon AD (*fig. 152*), par lequel on vise à l'horizon de la mer lorsqu'on est élevé d'une certaine quantité AB au-dessus d'un point B de sa surface, ne soit parallèle à la surface de la mer.

Comme le rayon visuel AD est alors une tangente, si l'on imagine le rayon CD, l'angle D sera droit (48); or on connoît le rayon CD de la terre qui est 19611500 pieds. Et si au rayon CB de 19611500, on ajoute la hauteur AB à laquelle on est au-dessus de B, on aura le côté AC; on connoîtra donc deux choses outre l'angle droit; on pourra donc calculer l'angle CAD, dont la différence DAO avec un angle droit, sera l'abaissement du rayon AD au-dessous du rayon AO parallèle à la surface de la mer en B.

Si dans le même triangle ADC on calcule le côté AD, on aura la plus grande distance à laquelle la vue puisse s'étendre, lorsque l'œil est à la hauteur AB. Mais comme les tables ordinaires ne peuvent pas donner l'angle CAD, & le côté AD, avec une précision suffisante, lorsque AB est une très-petite quantité à l'égard du rayon de la terre ; voici comment on peut y suppléer.

On concevra AC prolongé jusqu'à la circonférence en E ; alors AE étant une sécante, & AD une tangente ; selon ce qui a été dit (129) on aura $AE : AD :: AD : AB$; ainsi pour avoir AD, on prendra (*Arith*. 178) une moyenne proportionnelle entre AE & AB.

Par exemple, si l'œil A étoit élevé de 20 pieds au-dessus de la mer ; AB seroit de 20 pieds, & AE seroit de deux fois 19611500 pieds, plus 20, c'est-à-dire, de 39223020 pieds ; le quarré de AD seroit donc de 39223020×20 ou de 784460400, donc (*Arith*. 178 & 179) AD seroit de 28008 pieds, c'est-à-dire, qu'un œil élevé de 20 pieds au-dessus de la surface de la mer, peut découvrir jusqu'à 28008 pieds, ou une lieue & $\frac{2}{5}$ à la ronde.

Maintenant pour savoir de combien le rayon visuel AD est abaissé à l'égard de l'horizontal AO, on remarquera que vu la petitesse de AB, la ligne AD ne peut différer sensiblement de l'arc BD ; ainsi l'arc BD est 28008 pieds. Or, puisque le rayon est de 19611500 pieds, on trouvera facilement (152) que la circonférence est 123222688 ;

& par conséquent (153) on trouvera le nombre de degrés de l'arc BD, par cette proportion 123222688 : 28008 :: 360° : à un quatrième terme, que l'on trouve 0° 4′ 54″ ; ainsi l'angle ACD, & par conséquent DAO, est de 0° 4′ 54″, lorsque AB est de 20 pieds.

Résolution des Triangles Obliquangles.

298. On se sert du terme de *triangles obliquangles*, pour désigner en général les triangles qui n'ont point d'angle droit (*nn*).

299. « *Dans tout triangle rectiligne, le sinus d'un angle est au côté opposé à cet angle, comme le sinus de tout autre angle du même triangle est au côté qui lui est opposé.*

» Car si l'on imagine un cercle circonscrit au triangle ABC (*fig.* 153), & qu'ayant tiré les rayons DA, DB, DC, on décrive d'un rayon Db égal à celui des tables le cercle abc; qu'enfin on tire les cordes ab, bc, ac, qui joignent les points de section a, b, c; il est facile de voir que le triangle abc est semblable au triangle ABC; car les lignes Da, Db étant égales, sont proportionnelles aux lignes DA, DB; donc (105) ab est parallèle à AB; on prouvera de même que bc est parallèle à BC, & ac parallèle à AC; donc (111) $AB : ab :: BC : bc$, ou $AB : \frac{1}{2}ab :: BC :$

$\frac{1}{2} bc$; or la moitié de la corde ab est (270) le sinus de ah moitié de l'arc ahb : & cette moitié de l'arc ahb est la mesure de l'angle acb qui a son sommet à la circonférence, & qui est égal à l'angle ACB; donc $\frac{1}{2} ab$ est le sinus de l'angle ACB; on prouvera de même que $\frac{1}{2} bc$ est le sinus de l'angle BAC; donc $AB : \sin ACB :: BC : \sin BAC$ ».

300. Cette proposition sert à résoudre un triangle : 1°. lorsqu'on connoît deux angles & un côté. 2°. Lorsqu'on connoît deux côtés & un angle opposé à l'un de ces côtés (oo).

I. Cas. Si l'on connoît l'angle B, l'angle C, & le côté BC (*fig. 65*), on aura l'angle A, en ajoutant les deux angles B & C, & retranchant leur somme de 180°; & pour avoir les deux côtés AC & AB, on fera les deux proportions :

$\sin A : BC :: \sin B : AC$
$\sin A : BC :: \sin C : AB$.

C'est ainsi qu'on peut résoudre par le calcul, la question que nous avons examinée (121). Par exemple, si l'angle B a été observé de 78° 57′, l'angle C de 47° 34′, & le côté BC de 184 pieds, on aura 53° 29′ pour l'angle A, & l'on trouvera les deux autres côtés par ces deux proportions.

$\sin 53° 29′ : 184 :: \sin 78° 57′ : AC$
$\sin 53° 29′ : 184 :: \sin 47° 34′ : AB$;

Faisant ces opérations par logarithmes comme il suit :

Log 184.	2,2648178
Log fin 78° 57′	9,9918727
Complément arith. du log fin 53° 29′.	0,0949148
Somme ou log A C.	12,3516053
Log 184.	2,2648178
Log fin 47° 34′	9,8680934
Complément arith. du log fin 53° 29′.	0,0949148
Somme ou log A B.	12,2278260

on trouvera que AC est de 224^P, 7, & AB, de 169^P.

II. Cas. Si l'on connoît le côté AB (*fig. 141*), le côté BC & l'angle A, on déterminera l'angle C en calculant son finus par cette proportion :

$BC : \text{fin } AB :: AB : \text{fin } C.$

Mais il faut remarquer, felon ce que nous avons déjà dit ci-dessus (267), que l'angle C ne fera déterminé qu'autant qu'on faura s'il doit être aigu ou obtus.

Par exemple, que AB foit de 68 pieds, BC de 37, & l'angle A de 32° 28′, la proportion fera 37 : finus 32° 28′ :: 68 : fin C.

On trouvera, en opérant comme ci-dessus, que ce finus répond dans les tables à 80° 36′ ;

mais comme le finus d'un angle appartient auffi au fupplément de cet angle, on ne fait fi l'on doit prendre 80° 36', ou fon fupplément 99° 24'; mais fi l'on fait que l'angle cherché doit être aigu, alors on eft fûr qu'il eft, dans ce cas-ci, de 80° 36', & le triangle a alors la figure ABC; fi au contraire il doit être obtus, il fera de 99° 24', & le triangle aura la figure ABD.

Avant d'établir les deux propofitions qui fervent à réfoudre les autres cas des triangles, il convient de placer ici une propofition qui nous fera utile pour l'application de ces deux propofitions.

301. *Si l'on connoît la fomme de deux quantités & leur différence, on aura la plus grande de ces deux quantités, en ajoutant la moitié de la différence à la moitié de la fomme; & la plus petite, en retranchant au contraire la moitié de la différence de la moitié de la fomme.*

Par exemple, fi je fais que deux quantités font enfemble 57, & qu'elles diffèrent de 17, j'en conclus que ces deux quantités font 37 & 20; en ajoutant d'une part la moitié de 17 à la moitié de 57, & retranchant de l'autre part la moitié de 17, de la moitié de 57.

En effet, puifque la fomme comprend la plus grande & la plus petite, fi à cette fomme on ajoutoit la différence, elle comprendroit alors la double de la plus grande; donc la plus grande vaut la moitié de ce tout, c'est-à-dire, la moitié de la somme des deux quantités, plus la moitié de leur différence.

Au contraire, si de la somme on ôtoit la différence, il resteroit le double de la plus petite; donc la plus petite vaudroit la moitié du reste, c'est-à-dire, la moitié de la somme, moins la moitié de la différence.

302. *Dans tout triangle rectiligne* A B C (*fig. 154 & 155*), *si de l'un des angles on abaisse une perpendiculaire sur le côté opposé, on aura toujours cette proportion : le côté* A C *sur lequel tombe, ou sur le prolongement duquel tombe la perpendiculaire est à la somme* AB + BC *des deux autres côtés, comme la différence* A B — B C *de ces mêmes côtés est à la différence des segmens* A D & D C, *ou à leur somme, selon que la perpendiculaire tombe en dedans ou au-dehors du triangle.*

Décrivez du point B comme centre, & d'un rayon égal au côté B C, la circonférence CEHF, & prolongez le côté A B, jusqu'à ce qu'il la rencontre en E. Alors A E & A C sont deux sécantes tirées d'un même point pris hors du cercle; donc, selon ce qui a été dit (127), on aura cette proportion $AC : AE :: AG : AF$.

Or AE est égal à $AB + BE$ ou $AB + BC$; AG est égal à $AB - BG$ ou $AB - BC$; &

AF est (*fig. 154*) égal à $AD - DF$ ou (52) à $AD - DC$; donc $AC : AB + BC :: AB - BC : AD - DC$. Dans la figure 155, AF est égal à $AD + DF$, ou $AD + DC$; on a donc dans ce cas $AC : AB + BC :: AB - BC : AD + DC$.

303. Donc lorsqu'on connoît les trois côtés d'un triangle, on peut, par cette proposition, connoître les segmens formés par la perpendiculaire menée d'un des angles sur le côté opposé; car alors on connoît (*fig. 154*) la somme AC de ces segmens, & la proportion qu'on vient d'enseigner fait connoître leur différence, puisqu'alors les trois premiers termes de cette proportion sont connus; on connoîtra donc chacun des segmens, par ce qui a été dit (301). Dans la figure 155, on connoît la différence des segmens AD & CD, qui est le côté même AC, & la proportion détermine la valeur de leur somme.

304. Il est aisé, d'après cela, de résoudre cette question : *Connoissant les trois côtés d'un triangle, déterminer les angles.*

On imaginera une perpendiculaire abaissée de l'un de ces angles, ce qui donnera deux triangles rectangles ADB, CDB.

On calculera par la proposition précédente (303) l'un des segmens CD, par exemple, & alors dans le triangle rectangle CDB, connoisfant deux côtés *B C* & *CD* outre l'angle droit, on calculera facilement l'angle *C*, par ce qui a été dit (295).

EXEMPLE. Le côté *A B* eſt de 142 pieds, le côté *B C* de 64, & le côté *A C* de 184; on demande l'angle *C*.

Je calcule la différence des deux fegmens *A D* & *DC*, par cette proportion 184 : 142 + 64 :: 142 — 64 : *AD* — *DC*, ou 184 : 206 :: 78 : *A D* — *D C* que je trouve valoir 87,32 ; donc (301) le petit fegment *C D* vaut la moitié de 184, moins la moitié de 87,32, c'eſt-à-dire, qu'il vaut 48,34.

Cela poſé, dans le triangle rectangle *CD B*, je cherche l'angle *C B D*, qui étant une fois connu, fera connoître l'angle *C*; & pour trouver cet angle *C B D*, je fais cette proportion (295) *BC* : *CD* :: *R* : *fin CBD*, c'eſt-à-dire, 64 : 48,34 :: *R* : *fin C B D*.

Opérant par logarithmes,

Log 48,34.................... 1,6843066
Log du rayon................. 10.......
Complément arith. du log de 64.... 8,1938200

Somme *ou log fin C B D*........ 19,8781266

qui, dans les tables, répond à 49° 3'; donc l'angle *C* eſt de 40° 57".

On peut réfoudre ce même cas, par cette autre règle, dont nous ne donnerons la démonstration que dans la troisième partie de ce Cours.

De la moitié de la somme des trois côtés, retranchez successivement chacun des deux côtés qui comprennent l'angle cherché, ce qui vous donnera deux restes.

Faites ensuite cette proportion :

Le produit des deux côtés qui comprennent l'angle cherché, est au produit des deux restes, comme le quarré du rayon est au quarré du sinus de la moitié de l'angle cherché, ce qui, en employant les logarithmes, se réduit à cette règle.

Au double du logarithme du rayon, ajoutez les logarithmes des deux restes, & du tout retranchez la somme des logarithmes des deux côtés qui comprennent l'angle cherché ; ce qui restera, sera le logarithme du quarré du sinus de la moitié de l'angle cherché ; prenez la moitié de ce reste, ce sera (*Arith.* 230) le logarithme de ce sinus, que vous chercherez dans les tables ; ayant alors la moitié de l'angle, il n'y aura plus qu'à doubler cette moitié.

Ainsi, dans l'exemple que nous venons de proposer, j'ajouterois les trois côtés 184, 64, 142, & de 195 moitié de leur somme, je retrancherois successivement 184 & 64, ce qui me donneroit 11 & 131 pour restes. Alors ajoutant à 20,0000000 double du logarithme du rayon, les logarithmes, 1,0413927, 2,1172713 des restes 11 & 131, j'aurois 23,1586640, duquel retranchant la somme, 4,0709978 des logarithmes 1,8061800 & 2,2648178 des côtés 64 & 184, il me resteroit 19,0876662, dont la moitié 9,5438331 est le logarithme du sinus de la moitié de l'angle C ; on trouve dans les tables que cette moitié est 20° 28' $\frac{1}{2}$ à-peu-près, dont le double est de 40° 57', comme ci-dessus.

En faisant usage des complémens arithmétiques, l'opération se réduit à l'addition suivante......

.... 20,0000000
1,0413927
2,1172713
8,1938200
7,7351822

Somme.................. 39,0876662

Diminuant le premier chiffre de deux unités, on a le même résultat que par l'opération précédente, mais plus briévement.

Cette proposition peut servir à calculer les distances, lorsqu'on n'a point d'instrument pour mesurer les angles ; c'est le moyen de faire par le calcul ce qu'il étoit question de faire par lignes, au n° (122).

Le cas où l'on a à résoudre un triangle dont on

connoît les trois côtés, peut arriver souvent, lorsqu'on a à calculer plusieurs triangles dépendans les uns des autres. (*pp*).

305. « *Dans tout triangle rectiligne, la somme des deux côtés est à leur différence, comme la tangente de la moitié de la somme des deux angles opposés à ces côtés est à la tangente de la moitié de leur différence.*

» Car selon ce qui a été dit (299) on a (*fig. 156*) $AB : \sin C :: AC : \sin B$; donc (97) $AB + AC : AB - AC :: \sin C + \sin B : \sin C - \sin B$; or (286) $\sin C + \sin B : \sin C - \sin B :: \tang \frac{C+B}{2} : \tang \frac{C-B}{2}$; donc $AB + AC : AB - AC :: \tang \frac{C+B}{2} : \tang \frac{C-B}{2}$. »

306. Cette proposition sert à *résoudre un triangle dont on connoît deux côtés & l'angle compris*. Car si l'on connoît l'angle A, par exemple, on connoît aussi la somme des deux angles B & C, en retranchant l'angle A de 180°. Donc en prenant la moitié du reste qu'on aura par cette soustraction, & cherchant sa tangente dans les tables, on aura, avec les deux côtés AB & AC supposés connus, trois termes de connus dans la proportion qu'on vient de démontrer : on pourra donc calculer le quatrième, qui fera connoître la moitié de la différence des deux angles B & C. Alors connoissant la demi-somme & la demi-dif-

férence de ces angles, on aura (301) le plus grand, en ajoutant la demi-différence à la demi-fomme ; & le plus petit, en retranchant au contraire la demi-différence de la demi-fomme. Enfin ces deux angles étant connus, on aura aifément le troifième côté par la propofition enfeignée (299).

EXEMPLE. Suppofons que le côté AB foit de 142 pieds, le côté AC de 120, & l'angle A de 48°, on demande les deux angles C & B & le côté BC.

Je retranche 48° de 180°, & il me refte 132° pour la fomme des deux angles C & B, & par conféquent 66° pour leur demi-fomme.

Je fais cette proportion $142 + 120 : 142 - 120 :: \tang 66° : \tang \dfrac{C-B}{2}$.

Ou $162 : 22 :: \tang 66° : \tang \dfrac{C-B}{2}$.

Et opérant par logarithmes,

Log tang 66.................... 10,3514169
Log 22........................ 1,3424227
Complément arith. du log de 262... 7,5816987

Somme ou *log* de la demi-différence 19,2755383

qui, dans la table, répond à 10° 41'.

Ajoutant cette demi-différence à la demi-fomme

66°, & la retranchant de cette même demi-somme, j'aurai, comme on voit ici :

| 66° | 0′ | | 66° | 0′ |
| 10° | 41′ | | 10° | 41′ |

L'angle C.. 76° 41′. L'angle B..... 55° 19′

Enfin, pour avoir le côté *B C*, je fais cette proportion *fin C : A B :: fin A : B C*, c'est-à-dire, *fin* 76° 41′ : 142^P :: *fin* 48° : *B C*.

Opérant comme dans les exemples ci-dessus, on trouvera que *B C* vaut 108^P 4.

307. Tels font les moyens qu'on peut employer pour la résolution des triangles : voici maintenant quelques exemples de l'application qu'on en peut faire aux figures plus composées.

308. Supposons que *C* & *D* (*fig.* 157) sont deux objets dont on ne peut approcher, mais dont on a cependant besoin de connoître la distance.

On mesurera une base *A B* des extrémités de laquelle on puisse appercevoir les deux objets *C* & *D*. On observera au point *A* les angles *C A B*, *D A B*, que font avec la ligne *A B* les lignes *A C*, *A D*, qu'on imaginera aller du point *A* aux deux objets *C* & *D*; on observera de même au point *B*, les angles *C B A*, *D B A*. Cela posé, on connoît dans le triangle *CBA*, les deux angles

CAB, CBA & le côté AB; on pourra donc calculer le côté AC, par ce qui a été dit (300). Pareillement dans le triangle ADB, on connoît les deux angles DAB, DBA & le côté AB; ainsi on pourra, par le même principe, calculer le côté AD; alors en imaginant la ligne CD, on aura un triangle CAD, dans lequel on connoît les deux côtés AD, AD qu'on vient de calculer, & l'angle compris CAD; car cet angle est la différence des deux angles mesurés CAB, DAB; on pourra donc calculer le côté CD (306).

309. On peut aussi, par ce même moyen, savoir quelle est la direction de CD, quoiqu'on ne puisse approcher de cette ligne. Car dans le même triangle CAD, on peut calculer l'angle ACD que CD fait avec AC; or si par le point C on imagine une ligne CZ parallèle à AB, on fait que l'angle ACZ est supplément de CAB, à cause des parallèles (40); donc prenant la différence de l'angle connu ACZ à l'angle calculé ACD, on aura l'angle DCZ que CD fait avec CZ ou avec sa parallèle AB; & comme il est fort aisé d'orienter AB, on aura donc aussi la direction de CD.

310. Nous avons dit en parlant des lignes (3), que nous donnerions le moyen de déterminer différens points d'un même alignement, lorsque des obstacles empêchent de voir les extré-

mités l'une de l'autre. Voici comment on peut s'y prendre.

On choisira un point C (*fig. 158*) hors de la ligne A B dont il s'agit, & qui soit tel qu'on puisse de ce point appercevoir les deux extrémités A & B; on mesurera les distances A C & C B, soit immédiatement, soit en formant des triangles dont ces lignes deviennent côtés, & qu'on puisse calculer comme dans l'exemple précédent (308). Alors dans le triangle A C B, on connoîtra les deux côtés A C & C B & l'angle compris A C B; on pourra donc (306) calculer l'angle B A C. Cela posé, on fera planter selon telle direction C D qu'on voudra plusieurs piquets; & ayant mesuré l'angle A C D, on connoîtra dans le triangle A C D le côté A C & les deux angles A & A C D; on pourra donc (300) calculer le côté C D; alors on continuera de faire planter des piquets dans la direction C D, jusqu'à ce qu'on ait parcouru une longueur égale à celle qu'on a calculée, & le point D où l'on s'arrêtera, sera dans l'alignement des points A & B.

311. S'il n'étoit pas possible de trouver un point C, duquel on pût appercevoir à la fois les deux points A & B, on pourroit se retourner de la même manière suivante.

On chercheroit un point C (*fig. 159*), d'où l'on pût appercevoir le point B, & un autre point E d'où l'on pût voir le point A & le point C. Alors mesurant ou déterminant, par quelque expédient tiré des principes précédens, les distances AE, EC & CB, on observeroit au point E l'angle AEC, & au point C l'angle ECB. Cela posé, dans le triangle AEC, connoissant les deux côtés AE, EC, & l'angle compris AEC, on calculeroit, par ce qui a été dit (306), le côté AC & l'angle ECA, retranchant l'angle ECA, de l'angle observé ECB, on auroit l'angle ACB; & comme on vient de calculer AC, & qu'on a mesuré CB, on retomberoit dans le cas précédent, comme si les deux points A & B eussent été visibles du point C; on achèvera donc de la même manière (qq^*).

312. S'il s'agit de mesurer une hauteur, & qu'on ne puisse approcher du pied, comme seroit la hauteur d'une montagne (*fig. 160*); on mesurera sur le terrein une base FG des extrémités de laquelle on puisse appercevoir le point A dont on veut connoître la hauteur; ensuite avec le graphomètre, dont BF & CG représentent la hauteur, on mesurera les angles ABC, ACB que font avec la base BC les lignes BA, CA, qu'on imagine aller des deux points B & C au point A; enfin à l'une des stations en C, par exemple, on disposera l'instrument comme on l'a fait dans l'exemple relatif à la figure 150, & on mesurera

l'angle ACD, qui est l'inclinaison de la ligne AC, à l'égard de l'horizon. Alors connoissant dans le triangle ABC les deux angles ABC, ACB & le côté BC, il sera facile (300) de calculer le côté AC; & dans le triangle ADC, où l'on connoît maintenant le côté AC, l'angle mesuré ACD, & l'angle D qui est droit, puisque AD est la hauteur perpendiculaire, il sera facile de calculer AD, & on aura la hauteur du point A au-dessus du point C. Si l'on veut savoir ensuite quelle est la hauteur du point A au-dessus du point B ou de tout autre point environnant, il ne s'agira plus que de niveler, ou de trouver la différence de hauteur entre les points C & B; c'est ce dont nous allons parler dans un moment (*rr**).

313. Nous avons dit (153) que pour calculer la surface d'un segment $AZBV$ (*fig. 74*) dont le nombre des degrés de l'arc AVB & le rayon sont connus, il falloit calculer la surface du triangle IAB, pour la retrancher de celle du secteur $IAVB$; c'est une chose facile actuellement; car dans le triangle rectangle IZB, on connoît, outre l'angle droit, le côté IB & l'angle ZIB moitié de AIB mesuré par l'arc AVB; on calculera donc facilement (295) IZ qui est la hauteur du triangle, & BZ qui est la moitié de la base.

On peut encore conclure de ce qui précède, le

moyen de faire un angle ou un arc d'un nombre déterminé de degrés & minutes. On tirera une droite CB (*fig. 145*) de grandeur arbitraire, que l'on prendra pour côté de l'angle ; & ayant imaginé l'arc BDA décrit du point C le rayon CA & la corde BA, si l'on imagine la perpendiculaire CI, & si l'on mesure CB, on connoîtra dans le triangle rectangle CIB, l'angle droit, le côté CB & l'angle BCI moitié de celui dont il s'agit ; on pourra donc calculer BI, dont le double sera la valeur de la corde AB ; ainsi prenant une ouverture de compas égale à ce double du point B comme centre, on marquera le point A sur l'arc BDA, & tirant CA, on aura l'angle demandé.

Nous pourrions indiquer ici une infinité d'autres usages de la Trigonométrie ; mais en voilà assez pour mettre sur la voie ; d'ailleurs nous aurons assez d'occasions par la suite d'avoir recours à cette partie (*ss*).

Du Nivèlement.

314. Plusieurs observations démontrent que la surface de la terre n'est point plane comme elle le paroît, mais courbe, & même sphérique, ou, à très-peu de chose près, sphérique. Lorsqu'un vaisseau commence à découvrir une côte, les

premiers objets qu'on remarque font les objets les plus élevés. Or fi la furface de la terre étoit plane, en même temps qu'on découvre la tour B (*fig. 161*), on devroit appercevoir tout le terrein adjacent A B C. Ce qui fait qu'il n'en eft pas ainfi, c'eft que la furface DAC de la terre s'abaiffe de plus en plus à l'égard de la ligne horizontale BD du vaiffeau. Deux points D & B peuvent donc paroître dans une même ligne horizontale DB, quoiqu'ils foient fort inégalement éloignés de la furface, & par conféquent du centre T de la terre. Ce qu'on appelle *ligne horizontale*, c'eft une ligne tirée dans un plan qui touche la furface de la mer, ou parallèlement à ce plan qu'on appelle *plan horizontal*; & une *ligne verticale* eft une perpendiculaire à un plan horizontal.

Ce qu'on appelle *niveler*, c'eft déterminer de combien un objet eft plus éloigné qu'un autre à l'égard du centre de la terre.

315. Lorfque l'un de ces objets vu de l'autre, paroît dans la ligne horizontale qui part de celui-ci, alors ils font différemment éloignés du centre de la terre. Pour connoître cette différence, il faut remarquer que la diftance à laquelle on peut appercevoir un objet terreftre, ou du moins que la diftance à laquelle on obferve dans le nivèlement eft toujours affez petite pour que cette diftance DI (*fig. 162*) mefurée fur la furface de

la terre, puisse être regardée comme égale à la tangente DB; or on a vu (129) que la tangente DB étoit moyenne proportionnelle entre toute sécante menée du point B, & la partie extérieure BI de cette même sécante; mais à cause de la petitesse de l'arc DI, on peut regarder la sécante qui passe par le point B & le centre T, comme égale au diamètre, c'est-à-dire, au double de IT ou au double de DT; donc BI sera le quatrième terme de cette proportion $2\,DT : DI :: DI : BI$.

Supposons, par exemple, que DI mesuré sur la surface de la terre soit de 1000 toises ou 6000 pieds; comme le rayon de la terre est de 19611500 pieds, on trouvera BI par cette proportion $39223000 : 6000 :: 6000 : BI$; en faisant le calcul, on trouve $0^{p},91783$, qui reviennent à $11^{p}\,0^{l}\,2^{pls}$, c'est-à-dire, qu'entre deux objets B & D éloignés de mille toises, & qui seroient dans une même ligne horizontale, la différence BI du niveau ou de distance au centre de la terre est de $11^{p}\,0^{l}\,2^{pls}$.

316. Quand on a calculé une différence de niveau comme BI, on peut calculer plus facilement celles qui répondent à une moindre distance; en faisant attention que les distances BI, bi sont presque parallèles & égales aux lignes DQ, Dq, qui (170) sont entr'elles comme les quarrés des

cordes ou des arcs DI, Di; car ici les cordes & les arcs peuvent être pris l'un pour l'autre; ainsi pour trouver la différence bi du niveau, qui répondroit à 5000 pieds, je ferai cette proportion $\overline{6000}^2 : \overline{5000}^2 :: 0{,}91783 : bi$, que je trouve en faisant le calcul de $0{,}63738$ ou $7^p\ 7^l\ 9^{pts}\ \tfrac{1}{5}$.

317. Ces notions supposées, pour connoître la différence de niveau de deux points B & A (*fig. 163*) qui ne sont pas dans la ligne horizontale menée par l'un d'entr'eux, on emploiera un instrument propre à mesurer les angles que l'on disposera comme il a été dit dans l'exemple relatif à la figure 150: on observera l'angle BCD, & ayant mesuré la distance CD ou CI à l'aide d'une chaîne qu'on tend horizontalement & à diverses reprises au-dessus du terrein AVB, on pourra dans le triangle CDB considéré comme rectangle en D, calculer BD, auquel on ajoutera la hauteur CA de l'instrument, & la différence DI de niveau, calculée par ce qui vient d'être dit (315 & 316).

Mais comme cette manière d'opérer suppose une grande exactitude dans la mesure de l'angle BCD & un instrument bien exact, on préfère souvent d'aller au même but, par une voie plus longue que nous allons décrire.

318. On emploie à cet effet un instrument tel que le représente la figure 164. C'est un tuyau

creux de fer-blanc ou d'un autre métal, coudé en A & en B; dans les deux parties éminentes & égales AC & BD, on fait entrer deux tuyaux de verre I & K, maſtiqués avec les parties AC & BD. On remplit d'eau tout le canal juſqu'à ce qu'elle s'élève dans les deux tuyaux de verre; quand elle eſt à égale hauteur dans chacun, on eſt ſûr que la ligne qui paſſe par la ſuperficie de l'eau élevée dans chacun de ces deux tuyaux eſt une ligne horizontale (tt), & on l'emploie de la manière ſuivante.

On fait pluſieurs ſtations, par exemple, aux points D, C, B (*fig. 163*) : ayant fait élever aux deux points A & N deux jallons, l'obſervateur qui eſt en D, viſe ſucceſſivement à chacun de ces deux jallons, & fait marquer les deux points E & F, qu'on nomme points de *mire*. Faiſant enſuite planter un autre jallon en quelque point P au-delà de G, on fait marquer de même les deux points de mire G & H; on meſure à chaque ſtation les hauteurs AE, GF, IH, &c. & après leur avoir appliqué (316) la correction de niveau qui convient aux diſtances KE, KF, LG, &c. eſtimé groſſièrement, on ajoute ces hauteurs, & on a la différence de niveau entre A & B.

Si dans le cours de ces opérations on n'alloit pas toujours en montant, on ſent bien qu'au lieu d'ajouter, il faudroit retrancher les quantités dont on a defcendu.

Comme nous ne nous propofons pas de donner ici un traité détaillé du nivèlement, nous ne nous arrêterons pas à décrire les autres méthodes & les autres inftrumens qu'on peut employer.

On peut voir fur cette matière le *traité du Nivèlement* de PICARD. *Paris, 1728.*

TRIGONOMÉTRIE SPHÉRIQUE.

NOTIONS PRÉLIMINAIRES.

319. Un triangle sphérique est une partie de la surface de la sphère comprise entre trois arcs de cercle, qui ont tous trois pour centre commun le centre de la sphère, & qui sont par conséquent trois arcs de grand cercle de cette même sphère.

Si de trois angles A, F, G, du triangle sphérique AFG (*fig. 166*), on imagine trois rayons AC, FC, GC menés au centre C de la sphère, on peut se représenter l'espace $CAFG$ comme une pyramide triangulaire qui a son sommet C au centre de la sphère, & dont la base AFG est courbe, & fait partie de la surface de cette sphère. Les arcs AF, FG, AG qui sont les côtés curvilignes de la base, sont les rencontres de la surface de la sphère avec les plans ACF, FCG, GCA qui forment les faces de cette pyramide.

L'angle A compris entre les deux arcs AF, AG, se mesure par l'angle rectiligne IAK, compris entre les tangentes AI, AK de ces deux arcs. Chacune de ces tangentes est dans le plan de l'arc auquel elle appartient, & elles sont toutes deux perpendiculaires au rayon CA (48), qui est l'intersection des deux plans ACF, ACG; donc (191) l'angle compris entre ces deux tangentes est le même que l'angle compris entre les plans ACF, ACG des deux arcs; donc,

320. 1°. *Un angle sphérique quelconque* FAG *n'est autre chose que l'angle compris entre les plans de ses deux côtés* AF, AG.

321. 2°. *Les angles que forment les arcs de grand cercle qui se rencontrent sur la surface d'une sphère, ont les mêmes propriétés que les angles plans*, c'est-à-dire, les propriétés énoncées (192, 193 & 194).

322. Donc *deux côtés d'un triangle sphérique sont perpendiculaires entr'eux, quand les plans qui les renferment sont perpendiculaires entr'eux*.

Si l'on conçoit les deux plans ACG, ACF, prolongés indéfiniment dans tous les sens, il est visible que la section que chacun formera dans la sphère, sera un grand cercle, & que ces deux grands cercles se couperont mutuellement en deux parties égales aux points A & D de l'intersection commune AC prolongée; car les deux plans passant par le centre, ont pour intersection commune un diamètre de la sphère.

323. Donc *deux côtés contigus* A G, A F *d'un triangle sphérique, ne peuvent plus se rencontrer qu'à une distance* A G D *ou* A F D *de* 180° *depuis leur origine.*

324. Si l'on prend les deux arcs AB, AE chacun de 90°, & que par les deux points B & E & le centre C, on conduise un plan dont la section avec la sphère forme le grand cercle $BENMO$, je dis que ce cercle sera perpendiculaire aux deux cercles ABD, AED.

Car si l'on tire les rayons BC, EC, les angles ACB, ACE qui ont pour mesure les arcs AB, AE de 90° chacun seront droits; donc la ligne AC est perpendiculaire aux deux droites CE, BC; donc (180) elle est perpendiculaire à leur plan, c'est-à-dire, au cercle $BENMO$; donc les deux cercles AED, ABD, qui passent par la droite AD, sont aussi perpendiculaires à ce même cercle (184) ; donc réciproquement ce cercle leur est perpendiculaire.

Comme nous n'avons supposé aucune grandeur déterminée à l'angle GAF ou EAB, il est visible que la même chose aura toujours lieu, quelle que soit la grandeur de cet angle, & que par conséquent le cercle $BENMO$ est perpendiculaire à tous les cercles qui passent par la droite AD.

La droite AD s'appelle l'*axe du cercle* $BENMO$;

& les deux points *A* & *D*, qui font chacun fur la furface de la fphère, font dits les *poles* de ce même cercle.

325. Concluons donc, 1°. que *les poles d'un grand cercle quelconque, font également éloignés de tous les points de la circonférence de ce grand cercle ; & leur diftance à chacun de ces points, mefurée par un arc de grand cercle eft un arc de* 90°.

Et réciproquement, *fi un point quelconque* A *de la furface de la fphère fe trouve éloigné de* 90°, *de deux points* B *&* E *pris dans un arc de grand cercle, ce point* A *eft le pole de ce grand cercle* (*uu*).

326. 2°. Que *quand un arc* B F *de grand cercle eft perpendiculaire fur un autre arc* BE *de grand cercle, il paffe néceffairement par le pole de celui-ci, ou du moins il y pafferoit étant prolongé fuffifamment.*

327. 3°. Que *fi deux arcs* B F, E G *de grand cercle, font perpendiculaires à un troifième arc de grand cercle* B E, *le point* A *où ils fe rencontrent eft le pole de celui-ci.*

328. Puifque les deux droites *B C*, *E C* font perpendiculaires au même point *C* de la droite *A D*, l'angle *B C E* qu'elles forment, eft donc (191) la mefure de l'inclinaifon des deux plans *A B D*, *A E D*, ou de l'angle fphérique *E A B* ou *G A F* ; donc

Un angle fphérique G A F *a pour mefure l'arc* B E

de grand cercle, que ses côtés (prolongés s'il est nécessaire) comprennent à la distance de 90° depuis le sommet.

329. Si l'on conçoit que le demi-cercle ABD tourne autour du diamètre AD, & que de différens points R, B, H de sa circonférence, on abaisse sur AD, les perpendiculaires RQ, BC, HP, il est évident,

1°. Que *chacun de ces points décrit une circonférence de cercle, qui a pour centre le point de* AD *sur lequel tombe cette perpendiculaire, & pour rayon cette perpendiculaire même.*

2°. Que *les arcs* RS, BE, HL *décrits dans ce mouvement, & interceptés entre les deux plans* ABD AED, *sont tous d'un même nombre de degrés*; car si l'on tire les lignes SQ, EC, LP, elles seront toutes perpendiculaires sur AD, puisqu'elles ne sont autre chose que les rayons RQ, BC, HP, parvenus dans le plan AED; donc (191) chacun des angles RQS, BCE, HPL, ou chacun des arcs RS, BE, HL, mesure l'inclinaison des deux plans ABD, AED; donc tous ces arcs sont d'un même nombre de degrés.

3°. *Les longueurs des arcs* RS, BE, HL, *sont proportionnelles aux sinus des arcs* AR, AB, AH, *qui mesurent leurs distances à un même pole* A; *ou, ce qui revient au même, aux cosinus de leurs distances au grand cercle auquel ils sont parallèles.* Car il est évident que ces arcs étant semblables, sont proportionnels à leurs rayons RQ, $B'C$, HP, qui sont évidemment les sinus des arcs AR, AB, AH, ou les cosinus des arcs BR, o, & BH.

330. Si l'on imagine que la sphère $ABDMOBN$ représente la terre, & AD son axe, ou celui de ses diamètres autour duquel elle fait sa révolution journalière, le cercle $BENMO$, également éloigné des deux poles A & D, est ce qu'on appelle l'*équateur*. Les cercles ABD, AED & tous leurs semblables, dont les plans passent par l'axe AD, se nomment des *méridiens* ; les petits cercles dont RS, HL représentent ici des parties, se nomment des *parallèles à l'équateur*, ou simplement des *parallèles*. Les arcs BH, EL qui mesurent la distance d'un parallèle jusqu'à l'équateur, s'appellent la *latitude* de ce parallèle ou d'un lieu qui seroit situé sur sa circonférence.

Pour déterminer la position d'un lieu sur la terre, on le rapporte à deux cercles fixes perpendiculaires entr'eux, tels que $ABDM$, $BNEMO$, en cette manière. On prend pour cercle de comparaison un méridien $ABDM$ qui passe par un lieu connu & déterminé ; & pour fixer la position d'un autre lieu L, on imagine par celui-ci un autre méridien $AELD$. Il est visible que la position de ce méridien est connue, si l'on sait quel est le nombre de degrés de l'arc BE compris entre le point B & le point E où ce même méridien rencontre l'équateur. Le point B étant donc le point fixe auquel on rapporte tous les autres méridiens, l'arc BE s'appelle alors *la longitude* (*) du méridien AED, & de tous les lieux situés sur ce même méridien ; il ne s'agit donc plus, pour déterminer la position du lieu L, que de connoître le nombre des degrés de l'arc EL, ce qu'on appelle *la latitude* du lieu L, & qui est aussi la latitude de tous les lieux situés sur le parallèle dont HL fait partie.

On voit par-là que tous les lieux situés sur un même méridien, ont une même longitude, & que tous ceux qui sont situés sur un même parallèle ont une même latitude ; mais il n'y a qu'un seul point L (au moins dans une même moitié de la sphère, ou dans un même hémisphère), qui puisse avoir en même temps une longitude & une latitude proposées. La position d'un lieu est donc déterminée quand on connoît sa longitude & sa latitude ; mais pour la latitude, il faut savoir de plus vers quel pole on la compte. Ainsi suppo-

---

(*) On est dans l'usage de compter les longitudes, d'Occident en Orient ; le cercle d'où l'on part pour compter les longitudes, s'appelle *premier méridien* : les Français ont choisi celui qui passe par l'île de Fer, la plus occidentale des Canaries.

fant que le pole *A* foit celui du midi ou le pole *auftral*, & *D* le pole du nord ou le pole *boréal*, il faut favoir fi la latitude eft auftrale ou boréale ; car on conçoit aifément qu'il peut y avoir & qu'il y a en effet un point dans l'hémifphère auftral qui eft fitué de la même manière que le point *L* l'eft dans l'hémifphère boréal.

La longueur terreftre d'un degré de grand cercle eft de 20 lieues marines, c'eft-à-dire, de 20 lieues de 2853 toifes chacune ; ainfi fi l'on s'avance fur l'équateur, à chaque 20 lieues on change d'un degré en longitude ; & fi l'on marche fur un même méridien, à chaque 20 lieues on change d'un degré en latitude. Mais fi l'on marche fur un parallèle à l'équateur, il eft évident qu'à chaque 20 lieues on change de plus d'un degré en longitude, & d'autant plus que le parallèle fur lequel on s'avance eft plus éloigné de l'équateur, c'eft-à-dire, eft par une plus grande latitude. Pour trouver à combien de degrés de longitude répond un certain nombre de lieues *H L*, parcourues fur un parallèle connu, il faut faire cette proportion : *Le cofinus de la latitude eft au rayon, comme le nombre de lieues parcourues fur le parallèle eft à un quatrième terme* qui fera le nombre de lieues de l'arc correfpondant *B E* de l'équateur qui marque le changement en longitude. C'eft une fuite immédiate de ce qui a été dit (329). Par exemple, fupposant que par la latitude de 47° 20′, on ait couru 18 lieues sur un parallèle à l'équateur, si l'on demande combien on a changé en longitude, on fera cette proportion *cos* 47° 20′ ou *sin* 42° 40′ : R :: 18′ est à un quatrième terme qu'on trouvera de 26, 56, lesquelles étant divisées par 20, à raison de 20 lieues par degré, donnent 1°, 328, ou 1°, 19′ 41″ à-peu-près pour le changement en longitude.

Revenons aux propriétés de la sphère.

331. Suppofons que $AFIG$, $BFHG$ (*fig. 167*) font deux grands cercles de la sphère ; & $ABDEIH$ un troifième grand cercle qui coupe perpendiculairement ces deux-là, il fuit de ce qui a été dit (326), que le cercle $ABDEIH$ passe par les poles des deux cercles $AFIG$, $BFHG$; foient D & E ces poles, & DK, EL les deux axes; puifque les angles ACD, BCE font droits, si de chacun on retranche l'angle commun BCD, les angles reftans ACB, DCE feront égaux, & par conféquent auffi les arcs AB, DE; donc *l'arc* DE *qui mefure la plus courte diftance des poles de deux grands cercles eft égal à l'arc* AB *qui mefure le plus petit des deux angles que l'un de ces cercles fait avec l'autre.*

Propriétés des Triangles sphériques.

332. Il est évident que par deux points pris sur la surface d'une sphère, on ne peut faire passer qu'un seul arc de grand cercle. Car ce grand cercle est l'intersection de la sphère, par un plan qui est assujetti à passer par le centre ; or il est évident que par trois points donnés on ne peut faire passer qu'un seul plan.

333. Quoiqu'un triangle sphérique puisse avoir quelques-unes de ses parties de plus de 180°, néanmoins nous ne considérerons que ceux dont chacune des parties est moindre que 180°, parce qu'on peut toujours connoître l'un de ces triangles par l'autre. Par exemple, si l'on se représente le triangle $ABEMV$ (*fig. 166*) formé par les arcs quelconques AB, AV, & par l'arc BMV de plus de 180°; en imaginant le cercle entier $BMVB$, on pourra substituer le triangle $BOVA$ dont l'arc BOV est moindre que 180°, au triangle $ABEMV$; parce que les parties du premier sont ou égales à celles du second, ou leur supplément à 180° ou à 360°; en sorte que l'un de ces triangles est connu par l'autre.

334. *Chaque côté d'un triangle sphérique est plus petit que la somme des deux autres.*

Cela est évident.

335. *La somme des trois côtés d'un triangle sphérique est toujours moindre que* 360°.

Car il est évident (334) que FG est plus petit que $AG + AF$; or $AG + AF$ ajoutés avec $DG + DF$ ne font que 360°; donc $AG + AF$ ajoutés avec FG feront moins que 360°.

336. *Soit* ABC (fig. 168) *un triangle sphérique quelconque;* DEF *un autre triangle sphérique tel que le point* A *soit le pole de l'arc* EF; *le point* C, *le pole de l'arc* DE; *& le point* B, *le pole de l'arc* DF; *chaque côté du triangle* DEF *sera supplément de l'angle qui lui est opposé dans le triangle* ABC, *& chaque angle de ce même triangle* DEF *sera supplément du côté qui lui est opposé dans le triangle* ABC.

Car puisque le point A est le pole de l'arc EF, le point E doit être éloigné du point A de 90° (325); par la même raison, puisque C est le pole de l'arc DE, le point E doit être à 90° du point C; donc (325) le point E est le pole de l'arc AC; on prouvera de même que D est le pole de BC, & F le pole de AB.

Cela posé, prolongeons les arcs AC, AB jusqu'à ce qu'ils rencontrent l'arc EF en G & H. Puisque le point E est pole de ACG, l'arc EG est de 90°; & puisque F est pole de ABH, l'arc FH est de 90°; donc $EG + FH$ ou $EG + FG + GH$ ou $EF + GH$ est de 180°; or GH est la mesure de l'angle A (328), puisque les arcs AG,

AH font de 90°; donc $EF + A$ eſt de 180°; donc EF eſt ſupplément de l'angle A. On prouvera de la même manière que DE eſt ſupplément de C, & DF ſupplément de B.

Prolongeons l'arc AB juſqu'à ce qu'il rencontre DF en I. Les deux arcs AH & BI ſont chacun de 90°, puiſque A & B ſont les poles des arcs EF, DF; donc $AH + BI$ ou $AH + AB + AI$ ou $HI + AB$ eſt de 180°; mais HI eſt la meſure de l'angle F (328), puiſque le point F eſt pole de HI; donc $F + AB$ eſt de 180°; donc F eſt ſupplément de AB. On prouvera de même que E eſt ſupplément de AC, & D ſupplément de BC.

337. Concluons de-là que *la ſomme des trois angles d'un triangle ſphérique, vaut toujours moins que* 540°, *ou que* 3 *fois* 180°, *& plus que* 180° (*xx*).

Car la ſomme des trois angles A, B, C avec la ſomme des trois côtés EF, DF, DE, vaut 3 fois 180° (336); donc 1°. la ſomme des trois angles A, B, C eſt moindre que 3 fois 180° ou que 540°. 2°. La ſomme des trois côtés EF, DF, DE eſt (335) moindre que 360°, ou deux fois 180°; donc il reſte plus de 180° pour la ſomme des trois angles A, B, C.

338. *Un triangle ſphérique peut donc avoir ſes trois angles droits, & même ſes trois angles obtus.*

On voit donc que la ſomme des trois angles

d'un triangle sphérique n'est pas une quantité qui soit toujours la même comme dans les triangles rectilignes ; & par conséquent on ne peut pas de deux angles connus conclure le troisième.

339. Comme les parties du triangle DEF sont chacune supplément de celle qui lui est opposée dans le triangle ABC, il s'ensuit que l'un de ces triangles peut être résolu par l'autre, puisque connoissant les parties de l'un, on a celles de l'autre. Nous ferons usage de cette remarque ; & comme les deux triangles ABC, DEF reviendront souvent, nous nommerons le triangle DEF, *triangle supplémentaire*, pour abréger le discours.

340. *Deux triangles sphériques tracés sur une même sphère, ou sur des sphères égales, sont égaux ;* 1°. *lorsqu'ils ont un côté égal adjacent à deux angles égaux chacun à chacun ;* 2°. *lorsqu'ils ont un angle égal compris entre côtés égaux chacun à chacun ;* 3°. *lorsqu'ils ont les trois côtés égaux chacun à chacun ;* 4°. *lorsqu'ils ont les trois angles égaux chacun à chacun.*

Les trois premiers cas se démontrent précisément de la même manière que pour les triangles rectilignes. (*Voyez 80, 81 & 83.*)

A l'égard du quatrième, comme il n'a pas lieu pour les triangles rectilignes, il exige une démonstration à part ; la voici.

Concevez que pour chacun des deux triangles ABC & abc (*fig. 168 & 169*) on ait tracé les triangles supplémentaires DEF & def. Si les angles A, B, C sont égaux aux angles a, b, c chacun à chacun, les côtés EF, DF, DE supplémens des premiers angles seront donc égaux aux côtés ef, df, de, supplémens des derniers ; donc par le troisième des quatre cas qu'on vient d'énoncer, ces deux triangles DEF & def seront parfaitement égaux ; donc les angles D, E, F seront égaux aux angles d, e, f chacun à chacun ; donc les côtés BC, AC, AB, supplémens de ces trois premiers angles seront égaux aux côtés bc, ac, ab, supplémens des trois derniers.

341. *Dans un triangle sphérique isocèle, les deux angles opposés aux côtés égaux sont égaux ; & réciproquement si deux angles d'un triangle sphérique sont égaux, les côtés qui leur sont opposés sont aussi égaux.*

Prenez sur les côtés égaux AB, AC (*fig. 170*), les arcs égaux AD, AE, & concevez les arcs de grand cercle DC, BE ; les deux triangles ADC, AEB qui ont alors un angle commun compris entre deux côtés égaux chacun à chacun seront égaux (340). Donc l'arc BE est égal à l'arc CD ; donc les deux triangles BDC & BEC sont égaux, puisqu'outre DC égal à BE comme on vient de le voir, ils ont de plus le côté BC commun, & que d'ailleurs les parties BD, CE font égales, puisque ce font les reftes de deux arcs égaux AB, AC dont on a retranché des arcs égaux AD, AE. De ce que ces deux triangles font égaux, on peut donc conclure que l'angle DBC ou ABC eft égal à l'angle ECB ou ACB.

Quant à la feconde partie de la propofition, elle eft une fuite de la première, en imaginant le triangle fupplémentaire; car fi les deux angles B & C (*fig. 168*) font égaux, leurs fupplémens DF, DE feront égaux; le triangle DEF fera donc ifocèle; donc les angles E & F feront égaux; donc leurs fupplémens AC & AB feront égaux.

342. *Dans tout triangle fphérique* ABC (fig. 171), *le plus grand côté eft oppofé au plus grand angle, & réciproquement.*

Si l'angle B eft plus grand que l'angle A, on pourra conduire en dedans du triangle un arc BD de grand cercle, qui faffe l'angle ABD égal à l'angle BAD, & alors BD fera égal à AD (341); or $BD + DC$ eft plus grand que BC; donc auffi $AD + DC$ ou AC eft plus grand que BC.

La réciproque fe démontrera facilement & d'une manière analogue, en employant le triangle fupplémentaire.

Les dernières propositions que nous venons d'établir, sont utiles pour se diriger dans la résolution des triangles sphériques, où tout ce que l'on cherche se détermine par des sinus ou des tangentes, qui appartenant indifféremment à des arcs plus petits que 90°, ou à leurs supplémens, peuvent souvent laisser dans l'incertitude sur celui de ces deux arcs qu'on doit adopter ; mais ces connoissances ne sont pas suffisantes pour découvrir dans quels cas ce que l'on cherche doit être plus grand ou plus petit que 90°, & dans quels cas il peut être indifféremment plus grand ou plus petit.

Moyens de reconnoître dans quels cas les angles ou les côtés qu'on cherche dans les Triangles sphériques Rectangles, doivent être plus grands ou plus petits que 90°.

343. Quoique deux angles, & même les trois angles d'un triangle sphérique rectangle puissent être droits, & que par conséquent il puisse y avoir deux ou trois hypothénuses, néanmoins nous n'appellerons *hypothénuse* que le côté opposé à l'angle droit que nous considérerons, & nous appellerons les deux autres angles, *angles obliques*.

344. *Chacun des deux angles obliques d'un triangle sphérique rectangle, est de même espèce que le côté qui lui est opposé, c'est-à-dire, qu'il est de* 90°, *si ce côté est de* 90°; & *plus grand ou plus petit que* 90°, *selon que ce côté est plus grand ou plus petit que* 90°.

Que B (*fig.* 172) soit l'angle droit ; si BC est moindre que 90°, en le prolongeant jusqu'en D, de manière que BD soit de 90°, le point D sera le pole de l'arc AB (326) ; donc l'arc de grand cercle DA, conduit à l'extrémité du côté BA, sera perpendiculaire sur BA ; donc l'angle DAB sera droit ; donc CAB est moindre que 90°. On prouvera, d'une manière semblable, les deux autres cas.

345. *Si les deux côtés ou les deux angles d'un triangle sphérique rectangle sont tous deux plus petits ou tous deux plus grands que* 90°, *l'hypothénuse sera toujours plus petite que* 90°; & *au contraire elle sera plus grande que* 90°, *si les deux côtés, ou les deux angles sont de différente espèce.*

Car en supposant la même construction que dans la proposition précédente, si AB est aussi moindre que 90°, l'angle ADB qui doit (344) être de même espèce que le côté AB, sera moindre que 90°; par la même raison l'angle ACB sera moindre que 90°; donc ACD sera obtus, & par conséquent plus grand que ADC; donc

AD sera plus grand que AC (342); or AD est de 90°; donc AC est moindre que 90°.

Pareillement si les deux côtés BC & AB de l'angle droit B (*fig. 173*), sont tous deux plus grands que 90°, l'hypothénuse AC sera encore plus petite que 90°; car si l'on prend BD de 90°, D étant le pole de l'arc AB, DA sera de 90°; or puisque AB est de plus de 90°, l'angle ACB sera obtus (344); il en sera de même, & par la même raison de l'angle ADB; donc ADC est aigu, & par conséquent plus petit que ACD; donc aussi AC sera plus petit que AD (342), c'est-à-dire, moindre que 90°.

Au contraire si AB (*fig. 174*) est moindre que 90°, & BC plus grand, alors l'angle ACB qui est de même espèce que AB (344), sera aigu; il en sera de même de l'angle ADB; donc ADC sera obtus, & par conséquent plus grand que ACD; donc AC sera plus grand que AD, c'est-à-dire, plus grand que 90°.

Quant aux angles comparés à l'hypothénuse, la vérité de cette proposition suit de ce que ces angles sont chacun de même espèce que le côté qui lui est opposé (344).

346. Donc 1°. *Selon que l'hypothénuse sera plus petite ou plus grande que* 90°, *les côtés seront de même ou de différente espèce entr'eux; & il en sera de même des angles obliques.*

347. 2°. *Selon que l'hypothénuse & un côté seront de même ou de différente espèce, l'autre côté sera plus petit ou plus grand que* 90°, *& il en sera de même de l'angle opposé à ce dernier côté.*

Principes pour la Résolution des Triangles Sphériques Rectangles.

348. La résolution des triangles sphériques rectangles ne dépend que de trois principes que nous allons exposer successivement, & que nous éclaircirons ensuite par des exemples. Le premier de ces principes est commun aux triangles rectangles & aux triangles obliquangles.

Chaque cas des triangles sphériques rectangles peut être résolu par une seule proportion, que l'on trouvera toujours par l'un ou l'autre des trois principes suivans.

349. *Dans tout triangle sphérique* A B C (fig. 175), *on a toujours cette proportion : Le sinus d'un des angles est au sinus du côté opposé à cet angle, comme le sinus d'un autre angle est au sinus du côté opposé à celui-ci.*

Soient H le centre de la sphère, BH, AH, CH trois rayons : du sommet de l'angle A abaissons sur le plan du côté opposé BC la perpendiculaire AD, & par cette ligne conduisons deux plans ADE, ADF, de manière que les rayons BH,

CH leur soient perpendiculaires respectivement; les lignes AE, DE sections des deux plans ABH, CBH, avec le plan ADE seront perpendiculaires sur l'intersection commune BH de ces deux plans, & par conséquent l'angle AED sera l'inclinaison de ces deux plans (191); donc il sera égal à l'angle sphérique ABC (320); par la même raison l'angle AFD sera égal à l'angle sphérique ACB.

Cela posé, les deux triangles ADE, ADF étant rectangles en D, on aura (295)

$$R : \sin AED :: AE : AD$$
$$\& \sin AFD : R :: AD : AF;$$

donc (100) $\sin AFD : \sin AED :: AE : AF$.

Or les lignes AE, AF étant des perpendiculaires abaissées de l'extrémité A des arcs AB, AC sur les rayons BH, CH qui passent par l'autre extrémité de ces arcs, sont (269) les sinus de ces mêmes arcs; donc & à cause que les angles AED & AFD sont égaux aux angles B & C, on a enfin $\sin C : \sin B :: \sin AB : \sin AC$.

On démontreroit de la même manière que $\sin C : \sin A :: \sin AB : \sin BC$. (yy).

350. « Si l'un des angles comparés est droit, comme son sinus est alors égal au rayon (274), la proportion peut être énoncée ainsi : *Le rayon*

est au sinus de l'hypothénuse, comme le sinus d'un des angles obliques est au sinus du côté opposé (33).

351. « *Dans tout triangle sphérique rectangle, le rayon est au sinus d'un des côtés de l'angle droit, comme la tangente de l'angle oblique adjacent à ce côté est à la tangente du côté opposé.*

« Soit B (*fig. 176*) l'angle droit : de l'extrémité C du côté BC, menons CI perpendiculaire sur le rayon BD de la sphère ; & par cette droite CI, conduisons le plan CIE de manière que le rayon DA lui soit perpendiculaire. Alors l'angle IEC sera égal à l'angle sphérique A ; & puisque les deux plans DBC, DBA sont supposés perpendiculaires entr'eux, la ligne CI perpendiculaire à leur commune section DB, sera (185) perpendiculaire au plan DBA, & par conséquent (178) à la droite IE.

» Cela posé, dans le triangle rectangle DIC, (296) $DI : CI :: R : \tang IDC$, & dans le triangle rectangle EIC, on a, par le même principe,

$$CI : IE :: \tang IEC : R ;$$

donc (100) $DI : IE :: \tang IEC : \tang IDC$ ou $:: \tang A : \tang BC$, puisque l'angle IDC a pour mesure l'arc BC. Or dans le triangle rectangle IED on a (295) $DI : IE :: R : \sin IDE$ ou $\sin AB$; donc à cause du rapport commun de DI à IE, on aura $R : \sin AB :: \tan A : \tan BC$ ».

352. *Dans tout triangle sphérique rectangle* ABC (fig. 177), *si l'on prolonge les deux côtés* BC, AC *d'un des angles obliques, jusqu'en* D & E, *de manière que* DB, AE *soient de chacun* 90°, *& qu'on joigne les extrémités* D & E *par un arc de grand cercle* DE; *on aura un nouveau triangle* CED *rectangle en* E, *dont les parties seront, ou égales à celles du triangles* ABC, *ou leur complément*.

Imaginons les côtés AB & DE prolongés jusqu'à ce qu'ils se rencontrent en F; puisque BD est de 90° & perpendiculaire sur AB, le point D est le pole de l'arc AB (326); donc DF est de 90°, & perpendiculaire sur AF; par la même raison DA est de 90°.

Puisqu'on a fait AE de 90°, & que DA est aussi de 90°, le point A est le pole de DF (325); donc AE est perpendiculaire sur DF, & par conséquent le triangle CED est rectangle en E.

Cela posé, il est évident que l'angle E est égal à l'angle B; & que l'angle DCE est égal à l'angle ACB (321); que le côté DC est complément de CB; que DE complément de EF, qui (328) est la mesure de l'angle CAB, est complément de cet angle CAB; que CE est complément de AC; & que l'angle D qui (328) a pour mesure BF complément de AB, est complément de AB; donc en effet les parties du triangle DCE sont, ou égales aux parties du triangle ACB, ou leur complément.

On démontreroit la même chose du triangle AHI qu'on formeroit, en prolongeant de même au-dessus de A les côtés BA & AC de l'angle oblique BAC, jusqu'à ce qu'ils fussent de 90° chacun.

353. On voit donc que dès qu'on connoît trois choses dans le triangle ABC, on connoît aussi trois choses dans chacun des deux triangles CED, AHI. On voit en même temps que les trois autres parties qui resteroient à trouver dans le triangle ABC, feroient connoître les trois autres parties de chacun de ces deux triangles CED, AHI, & réciproquement.

Donc, lorsqu'ayant à résoudre le triangle ABC, on ne pourra faire usage immédiatement, ni de l'un ni de l'autre des deux principes posés (349 & 351), on aura recours à l'un ou à l'autre des deux triangles CED, AHI, & alors l'application de l'un ou de l'autre de ces deux principes aura lieu, & fera connoître les parties de ces triangles, qui donneront ensuite la connoissance des parties du triangle ABC, par le principe qu'on vient de poser en dernier lieu. Nous nommerons dorénavant les triangles ACD, AHI, *triangles complémentaires*.

Si les côtés AB, AC, ou AC, BC que la proposition démontrée (352) suppose tous deux plus petits que 90°, étoient tous deux plus grands, ou l'un plus grand & l'autre plus petit que 90°, comme il arrive dans le triangle FBC (*fig. 178*); au lieu de calculer ce triangle FBC, on calculeroit le triangle ABC formé par les arcs FC, FB prolongés jusqu'à 180; les parties de celui-ci étant connues, feroient connoître celles du triangle FBC. Au reste, il n'est pas indispensable d'avoir recours à cet expédient; la proportion que donnera la figure 177 a toujours lieu, soit que les parties du triangle soient plus petites que 90°, soit qu'elles soient plus grandes.

Remarquons, à l'égard des triangles sphériques rectangles, comme nous l'avons fait pour tous les triangles rectilignes rectangles, que l'angle droit étant un angle connu, il suffit, pour être en état de résoudre un triangle rectangle, de connoître deux choses outre l'angle droit. Passons aux exemples.

EXEMPLE I. Supposons le côté BC (*fig. 177*) de 15° 17′, l'angle A de 23° 42′; on demande l'hypothénuse AC.

Pour trouver l'hypothénuse, on peut faire immédiatement usage du principe donné (349) en faisant cette proportion, $\sin A : \sin BC :: R : \sin AC$, qui n'est autre chose que la proportion énoncée (350), mais dont on a transposé les deux rapports. Cette proportion, dans le cas préfent, revient à *fin* 23° 42′ : *fin* 15° 17′ :: R : *fin* A C.

Opérant par logarithmes, on a..............

Log fin 15° 17′ 9,4209330
Log du rayon................. 10........
Complément arith. du log fin 23° 42′. 0,3958304

Somme ou *log fin* A C........... 19,8167634

qui, dans les tables, répond à 40° 59′; en forte que l'hypothénufe A C eft 40° 59′, fi elle doit être moindre que 90°, ou bien elle eft de 139° 1′, fupplément de 40° 59′, fi elle doit être plus grande que 90°; car rien ici ne détermine fi l'hypothénufe A C eft moindre ou plus grande que 90°; & ces deux folutions font également poffibles, comme il eft aifé de s'en convaincre par la figure 178 dans laquelle les deux triangles A B C, A D E peuvent avec le même angle A, avoir le côté B C égal au côté D E, & les hypothénufes A C, A E différentes; mais en prolongeant A C, A B jufqu'à ce qu'ils fe rencontrent en F, on voit que A E eft fupplément de A C, parce qu'il eft fupplément de F E qui eft égal à A C, lorfque D E eft égal à B C.

Exemple II. Pour avoir le côté A B du même triangle A B C (*fig.* 177), on peut appliquer directement la propofition enfeignée (351), qui fournit cette proportion $R : \sin AB :: \tan AB : \tan BC$, ou $\tan A : \tan BC :: R : \sin AB$, c'est-à-dire, $\tan 23° 42' : \tan 15° 17' :: R : \sin AB$. Opérant par logarithmes, on aura....

Log tang 15° 17'................ 9,4365704
Log du rayon.................. 10.......
Complément arith. du log tang 23° 42' 0,3575658

Somme ou *log. sin AB*.......... 19,7941562

qui, dans les tables, répond à 38° 30'; en sorte que le côté AB est de 38° 30', ou 141° 30', selon qu'il doit être plus petit ou plus grand que 90°, c'est-à-dire (*fig. 178*), selon qu'il doit appartenir au triangle ABC ou au triangle ADE.

EXEMPLE III. L'angle droit, l'angle A & le côté BC étant toujours les seules choses connues, pour trouver l'angle C du même triangle (*fig. 177*), je remarque que je ne puis appliquer aucune des deux analogies enseignées (349 & 351), parce que je n'aurois que deux termes de connus, soit dans l'une, soit dans l'autre, c'est pourquoi j'ai recours au triangle complémentaire DCE, dans lequel le côté DE complément de l'angle A de 23° 42', sera de 66° 18'; le côté ou l'hypothénuse DC complément de BC ou de 15° 17', sera de 74° 43', & l'angle DCE est égal à l'angle ACB qu'il s'agit de trouver; or dans ce triangle

DCE, je puis appliquer le principe donné (350), en disant $\sin DC : R :: \sin DE : \sin DCE$, c'est-à-dire, $\sin 74° 43' : R :: \sin 66° 18' : \sin DCE$.

Opérant par logarithmes :

Log sin 66° 18'..................	9,9617355
Log du rayon..................	10.......
Complément arith. du log sin 74° 43'	0,0156374
Somme ou *log. sin DCE*........	19,9773729

qui, dans les tables, répond à 71° 40'; donc l'angle DCE, & par conséquent l'angle demandé ACB est de 71° 40' ou de 108° 20' supplément de 71° 40'; car puisque rien ne détermine ici, si le triangle ACB est tel que le triangle ACB de la figure 178, ou tel que le triangle AED de la même figure, il demeure incertain, si l'on doit prendre l'angle ACB ou l'angle AED qui en est le supplément.

EXEMPLE IV. Que le côté AB du triangle ABC (*fig.* 177) soit de 48° 51', & le côté BC de 37° 45'; si l'on veut avoir l'hypothénuse AC, on aura recours au triangle complémentaire DCE, dans lequel on connoît alors l'hypothénuse DC complément de BC ou 37° 45', & qui sera par conséquent de 52° 15'; on connoît aussi l'angle D qui a pour mesure BF complément de AB ou de 48° 51', & qui sera par conséquent de 41° 9';

& pour avoir l'hypothénuse AC, il n'y aura qu'à calculer le côté CE, qui étant son complément, la fera connoître. Or dans le triangle DCE, pour avoir CE, on fera cette proportion (350) $R : \sin DC :: \sin D : \sin CE$, c'est-à-dire, $R : \sin 52° 15' :: \sin 41° 9' : \sin CE$. Opérant par logarithmes, on aura..........................

Log sin 41° 9'................	9,8182474
Log sin 52° 15'................	9,8980060
Somme....................	19,7162534
Log. du rayon................	10.......
Reste ou *log sin* CE............	9,7162534

qui, dans les tables, répond à 31° 21'; donc AC qui en est le complément, ne peut être que 58° 39'; car les deux côtés AB, BC étant de même espèce, l'hypothénuse doit (345) être moindre que 90°.

EXEMPLE V. Les mêmes choses étant données, pour trouver l'angle C ou l'angle A, on appliquera directement la proposition (351), qui, pour l'angle A, donne $R : \sin AB :: \tang A : \tang BC$, ou $\sin AB : R :: \tang BC : \tang A$, c'est-à-dire, $\sin 48° 51' : R :: \tang 37° 45' : \tang A$; & par la même raison, on aura pour l'angle C, $\sin BC : R :: \tang AB : \tang C$, c'est-à-dire, $\sin 37° 45' : R ::$

tang 48° 51′ : tang C. Opérant par logarithmes, on aura..

pour l'angle A,

Log tang 37° 35′.............. 9,8888996
Log du rayon................ 10.......
Complément arith. du log. sin 48° 51′ 0,1232111

Somme ou log tang A 10,0121107

pour l'angle C

Log. tang. 48° 51′............. 10,0585415
Log du rayon................ 10.......
Complément arith. du log sin 37° 45′ 0,2130944

Somme ou log tang C.......... 0,2716359

après avoir ôté une unité au premier chiffre, selon ce qui a été dit (297),

qui, dans les tables, répondent à 45° 48′ & 61° 51′, qui sont le premier, la valeur de l'angle A, & le second, la valeur de l'angle C; parce que les deux côtés AB, BC étant tous deux plus petits que 90°, les deux angles A & C doivent aussi (344) être tous deux plus petits que 90°.

Ces exemples suffisent pour faire voir comment on doit se conduire dans les autres cas; mais pour épargner à ceux qui auroient de ces sortes de calculs à faire, la peine de recourir aux triangles complémentaires, nous joignons ici une table qui indique quelle proportion il faut faire dans chaque cas.

COURS

Table pour la résolution de tous les cas possibles de Triangles Sphériques Rectangles (1).

Étant donnés.	Trou-vés.	Proportion à faire.	Cas où ce que l'on cherche doit être moindre que 90°.
AB, AC	C A CB	Sin AC : R :: sin AB : sin C Cos AB : cot AC :: R : cos A Cos AB : cos AC :: R : cos BC	Si AB est moindre que 90°. Si AB & AC sont de même espèce. Si AB & AC sont de même espèce.
AB, BC	A C AC	Sin AB : R :: tang BC : tang A Sin BC : R :: tang AB : tang C R : cos BC :: cos AB : cos AC	Si BC est moindre que 90°. Si AB est moindre que 90°. Si AB & BC sont de même espèce.
AB, A	C AC BC	R : cos AB :: sin A : cos C R : cos A :: cot AB : cot AC R : sin AB :: tang A : tang BC	Si AB est moindre que 90°. Si AB & A sont de même espèce. Si A est moindre que 90°.
AB, C	A AC BC	Cos AB : R :: cos C : sin A Sin C : sin AB :: R : sin AC Tang C : tang AB :: R : sin BC	Douteux. Douteux. Douteux.
BC, AC	A C AB	Sin AC : R :: sin BC : sin A Cot BC : cot AC :: R : cos C Cos BC : cos AC :: R : cos AB	Si BC est moindre que 90°. Si AC & BC sont de même espèce. Si AC & BC sont de même espèce.
BC, A	C AC AB	Cos C : R :: cos A : sin C Sin A : sin BC :: R : sin AC Tang A : tang BC :: R : sin AB	Douteux. Douteux. Douteux.
BC, C	A AC AB	R : cos BC :: sin C : cos A R : cos C :: cot BC : cot AC R : sin BC :: tang C : tang AB	Si BC est moindre que 90°. Si BC & C sont de même espèce. Si C est moindre que 90°.
AC, A	C AB BC	Cos AC : R :: cot A : tang C Cos A : R :: cot AC : cot AB R : sin AC :: sin A : sin BC	Si AC & A sont de même espèce. Si AC & A sont de même espèce. Si A est moindre que 90°.
AC, C	A AB BC	R : cos AC :: tang C : cot A Sin AC : R :: sin C : sin AB … :: … : cot BC	Si AC & C sont de même espèce. Si C est moindre que 90°. Si AC & C sont de même espèce.
A, C	AC AB BC	Tang C : cot A :: R : cos AC Sin A : cos C :: R : cos AB Sin C : cos A :: R : cos BC	Si A & C sont de même espèce. Si C est moindre que 90°. Si A est moindre que 90°.

(1) Cette table se rapporte au triangle ABC de la figure 177, dans laquelle B est l'angle droit.

Les proportions que renferme cette table font toutes fondées fur les deux principes enseignés (349 & 351), & appliquées, soit immédiatement au triangle ABC, soit aux triangles complémentaires, puis transportées au triangle ABC. Par exemple, la première est la proportion même du n°. 349 ou du n°. 350, appliquée immédiatement au triangle ABC, en renversant seulement les deux rapports. La seconde est la proportion du n°. 351 appliquée au triangle complémentaire CED, dans lequel on a $R : \sin DE :: \tang D : \tang CE$, ou en rapportant au triangle ABC, $R : \cos A :: \cot AB : \cot AC$, ou en mettant le premier rapport à la place du second, $\cot AB : \cot AC :: R : \cos A$.

On trouvera de même les autres proportions que renferme cette table; les inversions qu'on y a faites dans les proportions que donneroient immédiatement les deux principes (349 & 351) ne sont pas indispensables; elles n'ont pour objet que de faire que la quantité cherchée soit le quatrième terme de la proportion.

C'est par des triangles sphériques rectangles qu'on calcule les ascensions droites, & les déclinaisons des astres, par le moyen de leur longitude & de leur latitude, & réciproquement; mais ce n'est pas encore ici le lieu d'exposer les notions d'astronomie que ces objets supposent.

Des Triangles Sphériques Obliquangles.

354. Les triangles sphériques rectangles se résolvent dans tous les cas, par une seule analogie, ainsi qu'on vient de le voir. Il n'en est pas de même des triangles sphériques obliquangles : dans plusieurs cas, il faut faire deux analogies. Ces cas exigent qu'on abaisse, de l'un des angles du triangle proposé, un arc de grand cercle perpendiculairement sur le côté opposé. Comme cet arc peut tomber ou sur le côté même, ou sur le prolongement de ce côté, selon les différens rapports de grandeur des côtés & des angles, il convient, avant d'établir les principes de la résolution de ces sortes de triangles, de faire distinguer les cas où l'arc perpendiculaire tombe en dedans du triangle, de ceux où il tombe au-dehors.

355. *L'arc de grand cercle* AD (fig. 180) *abaissé perpendiculairement de l'angle* A *d'un triangle sphérique sur le côté opposé, tombe dans le triangle quand les deux autres angles* B & C *sont de même espèce, & au-dehors, quand ils sont de différente espèce.*

Car dans les triangles rectangles *ADC*, *ADB* (*fig.* 180) les deux angles *B* & *C* doivent être chacun de même espèce que le côté opposé *AD*

(344); donc ils doivent être de même espèce entr'eux.

Dans les triangles rectangles ADC, ADB de la figure 181, les angles ACD, ABD doivent être de même espèce chacun que le côté opposé AD; donc puisque ABC est supplément de ABD, ABC & ACD doivent être de différente espèce.

Principes pour la Résolution des Triangles Sphériques Obliquangles.

356. La résolution de tous les cas possibles des triangles sphériques obliquangles, porte sur cinq principes que nous allons faire connoître, & sur la résolution des triangles rectangles; tous ces principes ne sont pas nécessaires à la fois pour chaque cas; mais ils le sont pour être en état de les résoudre tous.

De ces cinq principes, nous en avons déjà établi deux; ce sont ceux qui sont énoncés aux numéros 336 & 349; voici les trois autres.

357. *Dans tout triangle sphérique* ABC (fig. 179), *si d'un angle* A *on abaisse l'arc de grand cercle* AD *perpendiculairement sur le côté opposé* BC, *on aura toujours cette proportion: Le cosinus du segment* BD, *est au cosinus du segment* CD, *comme le cosinus du côté* AB *est au cosinus du côté* AC.

Soit G le centre de la sphère: du sommet de

l'angle A abaissons sur le plan BGC de l'arc BC, la perpendiculaire AI; elle sera dans le plan AGD de l'arc AD. Conduisons par AI les deux plans AIE, AIF, de manière que les rayons GB, GC leur soient respectivement perpendiculaires; & du point D, menons les perpendiculaires DH, DK sur les mêmes rayons.

Les triangles GIE, GDH seront semblables à cause des lignes IE, DH perpendiculaires sur GB; par une raison semblable, les triangles GDK, GIF sont semblables. On a donc ces deux proportions

$$GH : GE :: GD : GI$$
$$\& \ GK : GF :: GD : GI.$$

Donc à cause du rapport commun de GD à GI, on a $GH : GE :: GK : GF$. Or GH est le cosinus de BD (270); GE, le cosinus de AB; GK, le cosinus de CD, & GF, celui de AC; donc $\cos BD : \cos AB :: \cos CD : \cos AC$, ou en mettant le troisième terme à la place du second, & le second à la place du troisième,

$$\cos BD : \cos CD :: \cos AB : \cos AC.$$

358. *Les mêmes choses étant supposées que dans la proposition précédente, on a cette autre proportion : Le sinus de* BD *est au sinus de* CD, *comme la cotangente de l'angle* B *est à la cotangente de l'angle* C.

Car les angles AEI, AFI sont égaux aux angles B & C chacun à chacun, ainsi que nous l'avons vu dans la démonstration du n°. 349; donc puisque les triangles AIE, AIF sont rectangles, les angles EAI, FAI sont complément des angles AEI, AFI, & par conséquent des angles B & C.

Cela posé, dans le triangle AEI, on a (296) $R : tang\ EAI$ ou $cot\ B :: AI : IE$; & dans le triangle rectangle AIF, on a $tang\ IAF$ ou $cot\ C : R :: IF : AI$; donc (100) $cot\ C : cot\ B :: IF : IE$;

Mais les triangles semblables GFI, GKD, & les triangles semblables GEI, GHD donnent

$$IF : DK :: GI : GD$$
$$\& IE : DH :: GI : GD;$$
$$\text{Donc } IF : DK :: IE : DH$$
$$\text{ou } IF : IE :: DK : DH;$$

Donc aussi $cot\ C : cot\ B :: DK : DH$; or DK & DH sont les sinus des segmens DC & DB; donc enfin $cot\ C : cot\ B :: sin\ DC : sin\ DB$.

359. *Dans tout triangle sphérique* ABC (fig. 180), *si d'un angle* A *on abaisse l'arc perpendiculaire* AD *sur le côté opposé* BC, *on a cette proportion : La tangente de la moitié du côté* BC *est à la tangente de la moitié de la somme des deux autres côtés, comme la tangente de la moitié de leur différence est à la tangente de la moitié de la différence des*

deux segmens CD, BD, ou (fig. 181) *à la tangente de la moitié de leur somme.*

On vient de voir (357) que $\cos AB : \cos AC :: \cos BD : \cos CD$; donc (98) $\cos AB + \cos AC : \cos AB - \cos AC :: \cos BD + \cos CD : \cos BD - \cos CD$; mais (287) $\cos AB + \cos AC : \cos AB - \cos AC :: \cot \dfrac{AB + AC}{2} : \tan \dfrac{AC - AB}{2}$; & par la même raison, $\cos BD + \cos CD : \cos BD - \cos CD :: \cot \dfrac{CD + BD}{2} : \tan \dfrac{CD - BD}{2}$; donc $\cot \dfrac{AC + AB}{2} : \tan \dfrac{AC - AB}{2} :: \cot \dfrac{CD + BD}{2} : \tan \dfrac{CD - BD}{2}$, ou $\cot \dfrac{AC + AB}{2} : \cot \dfrac{CD + BD}{2} :: \tan \dfrac{AC - AB}{2} : \tan \dfrac{CD - BD}{2}$, ou à cause que (280) les cotangentes sont réciproquement proportionnelles aux tangentes, $\tan \dfrac{CD + BD}{2} : \tan \dfrac{AC + AB}{2} :: \tan \dfrac{AC - AB}{2} : \tan \dfrac{CD - BD}{2}$. Or dans la figure 180, $CD + BD$ est BC ; & dans la figure 181, $CD - BD$ est BC ; donc pour la figure 180, on a $\tan \dfrac{BC}{2} : \tan \dfrac{AC + AB}{2} :: \tan \dfrac{AC - AB}{2} : \tan \dfrac{CD - BD}{2}$;

DE MATHÉMATIQUES. 303

& pour la figure 181, on a $\tang\frac{CD+BD}{2}$: $\tang\frac{AC+AB}{2}$ :: $\tang\frac{AC-AB}{2}$: $\tang\frac{BC}{2}$, ou $\tang\frac{BC}{2}$: $\tang\frac{AC+AB}{2}$ :: $\tang\frac{AC-AB}{2}$: $\tang\frac{CD+BD}{2}$.

Résolution des Triangles Sphériques Obliquangles.

360. Les principes que nous venons d'exposer, & la seconde proportion de la table que nous avons donnée pour les triangles rectangles, suffisent pour la résolution des triangles sphériques obliquangles, ou du moins pour déterminer les sinus ou les tangentes des différentes parties qui les composent ; il y a plusieurs cas où trois choses données suffisent pour déterminer tout le reste ; mais il y en a plusieurs aussi où la question reste indéterminée, parce que ces données ne sont pas suffisantes pour décider si la chose cherchée est moindre ou plus grande que 90°. Cependant, quoiqu'à envisager la chose généralement, le nombre de ces derniers cas soit assez considérable, il est très-rare dans les usages ordinaires de la Trigonométrie sphérique, qu'on ne sache pas de

quelle espèce doit être le côté ou l'angle qu'on demande.

Avant que d'entrer en matière, rappelons-nous que le sinus, le cosinus, la tangente & la cotangente d'un angle ou d'un arc, sont les mêmes pour cet angle ou cet arc, que pour son supplément.

361. On peut réduire le calcul des triangles obliquangles, aux six cas que nous allons d'abord résoudre : & nous en déduirons ensuite la résolution des autres.

QUESTION I. *Etant donnés deux côtés* A B, A C *& un angle opposé* B (fig. 180), *trouver l'angle opposé à l'autre côté donné.*

Faites cette proportion (349) *sin A C : sin A B :: sin B : sin C.* L'angle *C* peut être de plus ou de moins de 90°.

QUESTION II. *Etant donnés deux côtés* AB, AC (fig. 180) *& un angle opposé* B *, trouver le troisième côté* BC.

De l'angle *A* opposé au côté cherché, imaginez l'arc perpendiculaire *AD* ; & dans le triangle rectangle *ADB*, calculez le segment *BD* par cette proportion, qui revient au même que la seconde de la table ci-dessus, *page* 296,

cos. B : R :: cot A B : cot B D,

Ou bien par cette autre..................

R : cos B :: tang A B : tang B D

qui revient au même, puisque (280) les tangentes font réciproquement proportionnelles aux cotangentes.

Et pour avoir le second segment CD, faites cette autre proportion (357) :

$\cos AB : \cos AC :: \cos BD : \cos CD$.

Alors selon que AD tombe dans le triangle ou hors du triangle, vous aurez BC, en prenant ou la somme ou la différence de BD & BC.

QUESTION III. *Etant donnés les deux angles* B & C *(fig. 180), & un côté opposé* AB, *trouver le côté intercepté* BC.

De l'angle A opposé au côté cherché BC, imaginez l'arc perpendiculaire AD, & dans le triangle rectangle ADB, calculez BD par la même proportion que dans la question II, savoir ;

$R : \cos B :: \tan AB : \tan BD$.

Pour avoir le second segment CD, faites cette autre proportion (358) :

$\cot B : \cot C :: \sin BD : \sin CD$.

Et pour avoir BC, prenez la somme ou la différence de CD & de BD, selon que la perpendiculaire tombe dans le triangle ou hors du triangle.

QUESTION IV. *Etant donnés deux côtés* AB, BC *(fig. 180), & l'angle compris* B, *trouver le troisième côté* AC.

De l'un A des deux angles inconnus, imaginez

l'arc perpendiculaire AD sur le côté opposé BC. Calculez le segment BD par la même proportion que dans la question II.

$R : \cos B :: \tang AB : \tang BD$.

Retranchez BD du côté connu BC (*fig.* 180), ou ajoutez-le à ce côté (*fig.* 181), & vous aurez le segment CD; alors pour avoir AC, faites cette proportion (357) :

$\cos BD : \cos CD :: \cos AB : \cos AC$.

QUESTION V. *Etant donnés deux côtés* AB, BC (*fig.* 180), *& l'angle compris* B, *trouver l'un des deux autres angles; par exemple, l'angle* C.

Du troisième angle A, abaissez l'arc perpendiculaire AD sur le côté opposé BC. Calculez le segment BD par la même proportion que dans la question II.

$R : \cos B :: \tang AB : \tang BD$.

Retranchez BD du côté connu BC (*fig.* 180), ou ajoutez-le à ce côté (*fig.* 181), & vous aurez le segment CD; & pour avoir l'angle C faites cette proportion (358) :

$\sin BD : \sin CD :: \cot B : \cot C$.

QUESTION VI. *Etant donnés les trois côtés* AB, AC, BC (*fig.* 180), *trouver un angle; par exemple, l'angle* B.

Ayant imaginé l'arc AD perpendiculaire sur le côté BC adjacent à l'angle cherché, calculez la demi-différence des deux segmens BD, DC par cette proportion (359) $\tang \frac{BC}{2} : \tang \frac{AC+AB}{2}$ :: $\tang \frac{AC-AB}{2} : \tang \frac{CD-DB}{2}$; ayant trouvé cette demi-différence, retranchez-la de la moitié de BC, & vous aurez (301) le plus petit segment BD. Alors pour avoir l'angle A, vous ferez cette proportion, qui est toujours celle de la question II, mais que l'on a renversée :

$\tang AB : \tang BD :: R : \cof B$.

Si la perpendiculaire devoit tomber hors du triangle, la première proportion au lieu de donner la demi-différence, donneroit la demi-somme; c'est pourquoi il faudroit alors, pour avoir le plus petit segment BD (*fig. 181*), retrancher la moitié de BC, de cette demi-somme, parce que c'est BC qui est la différence des deux segmens.

On peut encore résoudre cette question par une règle semblable à celle que nous avons donnée pour un cas analogue dans les triangles rectilignes. Voici cette règle.

Prenez la moitié de la somme des trois côtés : de cette demi-somme retranchez successivement chacun des deux côtés qui comprennent l'angle cherché, ce qui vous donnera deux restes.

Alors, au double du logarithme du rayon, ajoutez les logarithmes des sinus de ces deux restes, & du total retranchez la somme des logarithmes des sinus des deux côtés qui comprennent l'angle cherché. Le reste sera le logarithme du quarré du sinus de la moitié de cet angle. Prenez la moitié de ce logarithme restant, & cherchez à quel nombre de degrés & minutes elle répond dans la table, ce sera la moitié de l'angle demandé.

Nous démontrerons cette règle dans la troisième partie.

362. Ces six cas exposés, voici comment on peut en déduire les six autres.

QUESTION VII. *Etant donnés deux angles* F & G (*fig.* 182) & *un côté opposé* GE, *trouver le côté* EF *opposé à l'autre angle connu* G.

Imaginez le triangle supplémentaire ABC; prenant les supplémens des angles F & G & du côté GE, vous aurez (336) les côtés AC, AB & l'angle B; si vous calculez l'angle C par ce qui a été dit dans la question I, son supplément sera le côté EF (336).

Au reste, ce n'est que pour conserver l'analogie avec les cas suivans que nous donnons cette solution; car la question présente se résout immédiatement par la proposition enseignée (349), en faisant cette proportion :

sin F : sin GE :: sin G : sin FE.

QUESTION VIII. *Etant donnés deux angles* F & G (fig. 182) *& un côté opposé* GE, *trouver le troisième angle* E.

Prenez les supplémens des trois choses données, & vous connoîtrez dans le triangle supplémentaire AC, AB & l'angle B ; calculez donc le côté BC, par la question II, le supplément de ce côté sera la valeur de l'angle E (336).

QUESTION IX. *Etant donnés les deux côtés* EG *&* EF (fig. 182) *& un angle opposé* G, *trouver l'angle* E *compris entre les deux côtés connus.*

Prenez les supplémens des trois choses données, & dans le triangle supplémentaire ABC, vous connoîtrez l'angle B, l'angle C & le côté AB ; il s'agira de calculer le côté BC, ce qui se fera par la question III. Le supplément de BC sera la valeur de l'angle E (336).

QUESTION X. *Etant donnés deux angles* G *&* E (fig. 182) *& le côté intercepté* GE, *trouver le troisième angle* F.

Prenez les supplémens des trois choses données, & dans le triangle supplémentaire ABC, vous connoîtrez AB, BC, & l'angle compris B ; il s'agira de calculer AC, ce qui se fera par la question IV. Le supplément de AC sera l'angle demandé F (336).

QUESTION XI. *Etant donnés deux angles* G *&* E

(fig. 182) & le côté intercepté G E, trouver l'un des deux autres côtés ; trouver F E, par exemple.

Prenez les supplémens des trois choses données, & dans le triangle supplémentaire ABC, vous connoîtrez AB, BC, & l'angle compris B ; il s'agira de calculer l'angle C, ce qui se fera par la question V. Le supplément de C sera la valeur du côté FE (336).

QUESTION XII. *Etant donnés les trois angles* E, F, G (fig. 182), *trouver l'un des côtés ; le côté* E G, *par exemple.*

Prenez les supplémens des trois choses données, & dans le triangle supplémentaire ABC, vous connoîtrez les trois côtés BC, AC, AB ; il s'agira de calculer l'angle B, ce qui se fera par la question VI. Le supplément de B sera la valeur du côté cherché EG (336).

Avant de passer aux exemples, remarquons que quoique plusieurs cas des triangles obliquangles exigent deux analogies, il y a cependant une espèce de triangles obliquangles qui peut toujours être résolue par une seule analogie, ce sont ceux dont un côté est de 90° ; car en employant le triangle supplémentaire, ce triangle devient un triangle rectangle.

Donnons maintenant quelques exemples.

EXEMPLE de la question IV. Supposons que le point F (*fig. 166*) marque la position de Paris sur la terre ; le point G celle de Toulon : on fait, par les obfervations aftronomiques, que la latitude de Paris, ou l'arc BF eft de 48° 50′ (*) ; que la latitude de Toulon, ou l'arc GE, eft de 43° 7′ ; & que la différence de longitude entre Paris & Toulon, ou l'arc BE, ou l'angle BAE ou FAG eft de 3° 37′. On demande quelle eft la plus courte diftance de Paris à Toulon.

Le chemin le plus court pour aller d'un point à un autre fur la furface d'une fphère, eft l'arc de grand cercle qui paffe par ces deux points. Imaginons l'arc FG de grand cercle. Si des arcs AB, AE de 90° chacun, nous retranchons les arcs BF, GE, qui font de 48° 50′ & 43° 7′, nous aurons les arcs AF, AG, de 41° 10′ & 46° 53′. Nous connoîtrons donc, dans le triangle AFG, les deux côtés AF, AG & l'angle compris FAG ; il eft queftion de calculer le troifième côté FG.

Repréfentons le triangle FAG, par le triangle ABC (*fig.* 183), & fuppofons AB de 41° 10′, BC de 46° 53′ & l'angle B de 3° 37′ ; alors, felon la règle donnée dans la queftion IV, je calcule le fegment BD par cette proportion :

$R : cofin\ 3°\ 37′ :: tang\ 41°\ 10′ : tang\ BD$.

---

(1) Nous négligeons les fecondes dans cet exemple.

Opérant par logarithmes, j'ai..............

Log cof 3° 37'................... 9,9991342
Log tang 41° 10'.................. 9,9417135

Somme....................... 19,9408477
Log du rayon................... 10........

Reste ou *log tang* BD.......... 9,9408477

qui, dans la table, répond à 41° 7'; retranchant 41° 7' de BC, c'est-à-dire, de 46° 53', nous aurons 5° 46' pour le segment CD.

Pour trouver le côté AC, je fais, conformément à ce qui a été prescrit dans la question VI, cette proportion :

cof 41° 7' : cof 5° 46' :: cof 41° 10' : cof AC.

Et opérant par logarithmes, j'ai............

Log cof 41° 10'................. 9,8766785
Log cof 5° 46'.................. 9,9977966
Complément arith. du log cof 41° 7'. 0,1229904

Somme ou *log cof* AC........... 19,9974655

D'où, par les tables, on conclut que AC est de 6° 11', qui, à raison de 20 grandes lieues par degrés, valent 124 grandes lieues, à très-peu-près ; mais en lieues moyennes ou de 25 au degré, cela revient à 154 lieues, environ.

EXEMPLE de la question VI. Nous avons dit (138), en parlant de la manière de lever les plans, que nous donnerions les moyens de réduire les angles observés au-dessus ou au-dessous d'un plan horizontal, à ceux qu'on observeroit dans ce plan même. En voici la méthode.

Supposons que A, B, C (*fig. 184*), soient trois points différemment élevés au-dessus du plan horizontal HE, & imaginons les perpendiculaires Bb, Aa, Cc sur ce plan; on aura un triangle abc dont les sommets a, b, c, représentent les objets A, B, C de la manière dont ils doivent être représentés sur une carte.

Supposant qu'on ait pu du point A observer les deux points B & C, on demande ce qu'il faut faire pour déterminer l'angle a.

On mesurera au point A l'angle BAC & les angles BAa, CAa; le premier peut être mesuré sans aucune difficulté; à l'égard de chacun des deux autres de l'angle BAa, par exemple, on disposera l'instrument dans le plan vertical qu'on imagine passer par AB, & plaçant un des diamètres, horizontalement, par le moyen du fil à plomb qui alors marquera la ligne Aa, on dirige l'autre diamètre au point B, & on verra sur l'instrument combien il y a de degrés entre le fil à plomb & le diamètre dirigé au point B, ce qui donnera l'angle BAa; on trouvera de même l'angle CAa.

Cela posé, si l'on conçoit que d'un rayon quelconque AD & du point A comme centre, on ait décrit les arcs DF, DG, GF, dans les plans des angles BAC, BAa, CAa, on aura un triangle sphérique DGF, dans lequel on connoîtra les côtés DF, DG, GF, mesures des angles BAC, BAa, CAa, qu'on a observés; l'angle DGF de ce triangle sera égal à l'angle bac, puisque les deux droites ba, ac étant perpendiculaires à l'intersection Aa des deux plans Ab, Ac, font le même angle que ces plans, & par conséquent (320) un angle égal à l'angle sphérique DGF.

Supposons donc que les angles observés BAC, DAa, CAa, soient respectivement de 82° 10′, 77° 42′, 74° 24′; il s'agit donc (*fig. 180*) de calculer l'angle B opposé au côté AC de 82° 10′ dans le triangle sphérique ABC, dont les trois côtés AB, AC, BC sont respectivement de 70° 24′, 82° 10′, 77° 42′. Donc, conformément à ce qui a été dit dans la question VI, je calcule la demi-différence des deux segmens BD & CD, par cette proportion $tang \dfrac{BC}{2} : tang \dfrac{AC+AB}{2} :: tang \dfrac{AC-AB}{2} : tang \dfrac{CD-BD}{2}$, c'est-à-dire,

DE MATHÉMATIQUES. 315

$tang\ 38°\ 51' : tang\ 78°\ 17' :: tang\ 3°\ 53' : tang\ \frac{CD-BD}{2}$.

Opérant par logarithmes, j'ai..............

Log tang 3° 53'................ 8,8317478
Log tang 78° 17'............... 10,6832050
Complément arith. du log tang 38° 51' 0,0939569

Somme ou log tang $\frac{CD-BD}{2}$ ... 19,6089097

qui répond à 22° 7'.

Retranchant 22° 7' qui est la demi-différence de la moitié de *BC*, c'est-à-dire, de 38° 51', nous aurons (301) le plus petit segment *BD* de 16° 44'; alors dans le triangle rectangle *ADB*, pour avoir l'angle *B*, je fais, conformément à ce qui a été dit dans la question IV, cette proportion, *tang AB : BD :: R : cos B*, c'est-à-dire, *tang* 74° 24' : *tang* 16° 44' :: *R : cos B*.

Et opérant par logarithmes, j'ai............

Log tang 16° 44'............... 9,4780592
Log du rayon................. 10.......
Complément arith. du log tang 74° 24' 89,4459232

Somme ou log cos B 108,9239824

qui répond à 4° 48', dont le complément 85° 12' est la valeur de l'angle *B*, c'est-à-dire (*fig. 184*) de l'angle *bac*.

Pour réduire l'angle C à l'angle c, on feroit un calcul semblable, en suppofant qu'on eût obfervé l'angle ACB, l'angle ACc, & l'angle BCc.

A l'égard du troifième angle b, il n'eft pas néceffaire de le calculer, parce que le triangle abc étant rectiligne, fes trois angles valent deux droits.

REMARQUE.

En fuppofant toujours qu'aucune partie d'un triangle fphérique n'eft de plus de 180°, on peut déterminer par une règle affez fimple, fi ce qu'on cherche doit être moindre que 90°, ou s'il peut indifféremment être plus grand ou plus petit. Voici cette règle.

Si le quatrième terme de l'analogie ou proportion que vous êtes obligé de faire pour réfoudre un triangle fphérique, eft un finus, l'arc auquel il appartiendra peut indifféremment être de moins, ou de plus que 90°, excepté le cas où le triangle étant rectangle, parmi les trois chofes connues, il s'en trouveroit une qui feroit oppofée dans le triangle à celle que l'on cherche. Dans ce cas (344) ces deux dernières quantités font toujours de même efpèce entr'elles.

Mais fi le quatrième terme eft un cofinus ou une cotangente, ou une tangente, alors obfervez à l'égard des termes connus de la proportion, la règle suivante. Donnez le signe + au rayon & à tous les sinus, soit que les arcs auxquels ils appartiennent soient plus grands, soit qu'ils soient plus petits que 90°. Donnez pareillement le signe + à tous les cosinus, tangentes & cotangentes des arcs plus petits que 90° ; & au contraire donnez le signe — à tous les cosinus, tangentes & cotangentes des arcs plus grands que 90°. Alors si le nombre des signes — est zéro, ou pair, l'arc qui répond au quatrième terme sera toujours moindre que 90° ; il sera au contraire plus grand que 90°, si le nombre des signes — est impair.

Cette règle est fondée, 1°. sur la règle pour la multiplication & la division des quantités considérées par rapport à leurs signes ; on verra cette dernière dans l'Algèbre. 2°. Sur ce qui a été observé (273 & *suiv.*) relativement aux sinus, cosinus, &c. des arcs plus petits ou plus grands que 90°. (*aaa*).

F I N.

ADDITIONS.

(a^*) N°. 1, page 1.

PAREILLEMENT, quand nous voulons juger de la quantité de fauciffons qui entre dans la chemife d'une batterie, nous ne nous occupons que de fa longueur & de fa largeur, & point du tout de fon épaiffeur. *Bézout.*

(b) N°. 2, page 3.

Les lignes droites ou courbes, que nous pouvons tracer fur le papier ou fur toute autre furface, ne peuvent être fans quelque largeur, parce que le crayon, la plume, ou en général l'inftrument dont nous nous fervons n'eft jamais terminé par une pointe que l'on puiffe regarder comme n'ayant ni longueur ni largeur. Auffi ces lignes ne doivent-elles être regardées que comme la repréfentation des lignes proprement dites. *Bézout.*

(c) N°. 3, page 4.

On s'y prendroit d'une manière femblable s'il s'agiffoit de prolonger la ligne droite AB. *Bézout.*

(d^*) N°. 21, page 14.

C'est par les angles qu'on détermine les positions des objets les uns à l'égard des autres; les angles flanqués, les angles d'épaule & de courtine, servent à déterminer la position des différentes lignes d'un front de fortification. Le tir du canon est réglé par l'angle que la ligne de mire fait avec le prolongement de l'axe de la pièce.

Bézout.

(e) N°. 29, page 21.

Quant à la seconde partie de la démonstration, je dis que la ligne AC (*fig.* 224), est plus longue que la ligne AF.

Sur le prolongement de la ligne AE, prenons la ligne EB égale à la ligne AE, & menons les lignes CB & FB. Si l'on renverse la figure CEB sur la figure CEA, la ligne CE restant commune, la ligne EB s'appliquera sur la ligne EA, parce que l'angle CEB est égal à l'angle CEA; le point B tombera sur le point A, puisque la ligne EB est égale à la ligne EA. La ligne CB s'appliquera donc exactement sur la ligne CA, & la ligne FB sur la ligne FA. Donc la ligne CB sera égale à la ligne CA, & la ligne FB égale à FA. Actuellement s'il étoit démontré que la somme des deux lignes CB & CA fût plus grande que la somme des deux lignes FB & FA, il seroit évident que la ligne CA, moitié de la somme des deux lignes CB & CA seroit plus longue que la ligne FA, moitié de la somme des deux lignes FB & FA. Il reste donc à démontrer que la somme des deux lignes CB & CA est plus grande que la somme des deux lignes FB & FA. Pour cet effet prolongeons la ligne BF jusqu'à la ligne CA. La ligne FA est plus courte que les sommes des deux lignes FG & GA. Nous aurons donc $BF + FA < BF + FG + GA$, ou $BF + FA < BG + GA$. Pareillement la ligne BG est plus courte que la somme des lignes BC & CG. Nous aurons donc de même $BG + GA < BC + CG + GA$, ou $BG + GA < BC + CA$; mais nous avons trouvé $BF + FA < BG + GA$. Nous aurons donc à plus forte raison $BF + FA < BC + CA$; donc la somme des deux lignes $BC + CA$ est plus grande que la somme des lignes $BF + FA$. Donc la ligne CA, moitié de la somme des deux lignes $CB + CA$ est plus longue que la ligne FA, moitié de la somme des deux lignes $FB + FA$; donc les lignes qui s'écarteront davantage de la perpendiculaire sont plus longues ; donc la perpendiculaire est la plus courte de toutes.

Concluons aussi que d'un même point, on ne sauroit mener à une même ligne droite trois lignes droites égales, parce qu'il faudroit qu'il y eût du même côté de la perpendiculaire deux obliques égales, ce qui est impossible.

(*f*) N°. 35, page 23.

Lorsqu'on a plusieurs perpendiculaires à tracer, pour abréger & pour éviter en même temps la confusion qui pourroit naître de la multitude des traits dont il faudroit alors charger le dessin, on emploie un instrument, construit & vérifié d'après les méthodes précédentes ; c'est l'équerre qui est formée, tantôt de deux règles perpendiculaires l'une à l'autre, & assemblées par une charnière, pour pouvoir être pliées l'une sur l'autre lorsqu'on n'en fait point usage, tantôt d'une seule pièce de bois ou de cuivre, dont deux côtés sont perpendiculaires l'un à l'autre. On applique une des règles ou l'un des côtés de l'équerre sur la ligne proposée, en observant de faire glisser ce côté jusqu'à ce que le second passe par le point donné ; alors faisant glisser le crayon ou la plume le long du second côté de l'équerre, on a la perpendiculaire demandée.

Sur le terrein où l'on opère en grand, on substitue au compas des perches ou des cordeaux ; mais quand on fait usage de ces derniers, il faut avoir l'attention de leur donner la même tension autant qu'il eſt poſſible, pendant la même opération. Pour donner une idée de la manière dont on les emploie, ſuppoſons qu'il s'agiſſe de placer le heurtoir d'une batterie (*fig. 186*).

Comme c'eſt la pièce contre laquelle les roues de l'affût doivent porter quand on met le canon en batterie, elle doit être perpendiculaire à la ligne du tir, & par conſéquent à la ligne du milieu de l'embraſure.

Pour lui donner cette diſpoſition, on tracera ſur ſa ſurface, & parallèlement à ſa longueur, une ligne BC, ſur laquelle on prendra arbitrairement les parties égales AB, AC, & l'on placera le point A ſur la ligne du tir ; ayant fixé aux points B & C deux cordeaux d'égale longueur, on fera tourner le heurtoir ſur le point A, juſqu'à ce que leurs extrémités puiſſent ſe réunir en un même point D ſur la ligne du tir. Le heurtoir BC fera perpendiculaire à la ligne du tir. *Bézout.*

(g) N°. 44, page 26.

Lorſqu'on a pluſieurs parallèles à mener, on peut, pour abréger, & pour éviter la multitude des traits, faire de l'équerre l'uſage ſuivant.

On placera un côté de l'équerre ſur la droite donnée, & tenant l'autre côté appliqué contre une règle immobile, on fera gliſſer l'équerre le long de cette règle, jusqu'à ce que le premier côté passe par le point donné ; la ligne tracée le long de ce même côté sera la parallèle demandée.

Sur le terrein, pour mener une parallèle à une ligne donnée, on s'y prend assez communément, en faisant en sorte que les deux lignes soient toutes deux perpendiculaires à une troisième ; c'est ainsi que si l'on demandoit (*fig. 187*) de mener une parallèle à l'une des faces d'un bastion, & à une distance de 200 toises ; on prendroit sur le prolongement de la face de ce bastion un point F, duquel on éleveroit sur ce prolongement même une perpendiculaire FA longue de 200 toises & à l'extrémité A de celle-ci, on éleveroit une perpendiculaire AB, qui feroit la parallèle demandée. *Bézout.*

(*h*) N°. 46, page 27.

Une ligne droite ne peut rencontrer une circonférence en plus de deux points.

Car si une ligne droite rencontroit une circonférence de cercle en trois points, il faudroit que ces trois points fussent également distans du centre, & on auroit alors trois lignes droites égales, menées d'un même point sur une même ligne droite, ce qui est impossible.

Dans un même cercle le plus petit arc est soutendu par la plus petite corde, & réciproquement.

Supposons que l'arc BD (*fig.* 225) est plus petit que l'arc BA; menons les cordes BA & BD, & les rayons CB, CD & CA; l'angle BCD étant plus petit que l'angle BCA, le côté CD rencontrera nécessairement la corde BA en un point quelconque E. Or, la ligne BD est plus petite que la somme des lignes DE & BE, de même la ligne CA est plus petite que la somme des lignes AE & CE; donc la somme des lignes $BD + CA$ sera plus petite que la somme des lignes $DE + BE + AE + CE$, ou ce qui revient à la même chose, la somme des lignes $BD + CA$ sera plus petite que la somme des lignes DC & AB.

Si donc l'on retranche de part & d'autre les lignes égales CA & DC, il restera $BD < BA$; donc la corde BD sera plus petite que la corde AB; donc le plus petit arc est toujours soutendu par la plus petite corde.

Réciproquement, si la corde BD est plus petite que la corde BA, l'arc BD sera plus petit que l'arc BA.

Car si la corde BD est plus petite que la corde BA, l'angle BCD sera plus petit que l'angle BCA; donc l'arc BD sera plus petit que l'arc BA.

Toute corde est plus petite que le diamètre;

Car si l'on mène deux rayons aux extrémités de la corde, cette corde sera plus petite que la somme des deux rayons, & par conséquent plus petite que le diamètre.

(*i*) N°. 55, page 31.

Par trois points donnés, on ne peut faire passer qu'une seule circonférence de cercle.

Car s'il y avoit une seconde circonférence qui passât par les trois points donnés A, B, C (*fig. 26*), il faudroit nécessairement que le centre de cette nouvelle circonférence fût sur la ligne DE, parce que, sans cette condition, le centre seroit inégalement distant des points A & B. Il faudroit par une raison semblable qu'il fût sur la ligne FG. Or le centre devant se trouver à la fois sur les deux lignes DE & FG, il faut nécessairement que le centre se trouve à l'intersection de ces deux lignes, & comme deux lignes droites ne peuvent se rencontrer qu'en un point, il faut conclure qu'il n'y a qu'une seule circonférence qui puisse passer par trois points donnés.

(*k*) N°. 59, page 33.

Quand une tangente HK (*fig. 30*) *est parallèle à une corde* AB, *le point d'attouchement* I *est au milieu de l'arc* AIB

Au point du contact *I*, menons le rayon *G I* ; ce rayon sera perpendiculaire à la tangente *H K* & à la corde *A B*. Le rayon *G I* étant perpendiculaire à la corde, le point *I* sera le milieu de l'arc *A I B* ; donc les arcs *A I* & *B I* compris entre la corde *A B*, & la tangente *H K* qui lui est parallèle, seront égaux.

Les propositions que nous avons établies (49, 56 & 57), ont leur application dans la fortification & dans le tracé des bouches à feu, & de plusieurs attirails d'artillerie ; il y est souvent question d'arcs qui doivent se toucher, ou toucher des lignes droites, & passer par des points donnés.

(*l*) N°. 62, page 34.

Un angle B A D (*fig.* 226, 227 & 228), *qui a son sommet à la circonférence, & qui est formé par deux cordes* B A & A D, *a toujours pour mesure la moitié de l'arc* B D *compris entre ses côtés.*

Cette proposition a trois cas, parce qu'il peut arriver que le centre se trouve entre les deux côtés de l'angle, ou qu'un des côtés passe par le centre, ou qu'enfin le centre soit hors des deux côtés.

I. CAS. Si un des côtés *A B* (*fig.* 226) passe par le centre, menons par le centre *C* le diamètre *E F* parallèle au côté *A D* ; l'angle *B A D* est égal à l'angle BCF. Il a donc même mesure que celui-ci qui a son sommet au centre, c'est-à-dire, qu'il a pour mesure l'arc BF. Il ne s'agit donc plus que de faire voir que l'arc BF est la moitié de l'arc BD. Or BF comme mesure de l'angle BCF doit être égal à l'arc EA mesure de l'angle ECA qui est égal à BCF; mais l'arc EA est égal à l'arc FD à cause des parallèles EF & AD; donc BF est égal à FD; donc BF est la moitié de BD; donc l'angle BAD a pour mesure la moitié de l'arc BD qu'il comprend entre ses côtés.

II. CAS. Si le centre se trouve entre les deux côtés, menons par le sommet A de l'angle BAD (*fig.* 227), & par le centre C le diamètre AE. Cette ligne divisera l'angle BAD en deux autres BAE & DAE. Or l'angle BAE a pour mesure la moitié de l'arc BE & l'angle EAD, la moitié de l'arc ED; donc les deux angles BAE & EAD, ou ce qui est la même chose, l'angle total BAD a pour mesure la moitié des deux arcs BE & ED, c'est-à-dire, la moitié de l'arc BD.

III. CAS. Si le centre est hors des deux côtés, par le sommet A de l'angle BAD (*fig.* 228), & par le centre, menons le diamètre AE; l'angle EAD a pour mesure la moitié de l'arc ED, ou, ce qui est la même chose, la moitié de l'arc EB, plus la moitié de l'arc BD. Mais l'angle EAB, qui est une partie de l'angle EAD, a pour mesure la moitié de l'arc EB; donc l'angle BAD qui est l'autre partie de l'angle EAD, aura pour mesure la moitié de l'arc BD, sans cela l'angle total EAD n'auroit point pour mesure la moitié de l'arc ED; d'où je conclus que dans tous les cas, un angle qui a son sommet à la circonférence, & qui est formé par deux cordes, a toujours pour mesure la moitié de l'arc compris entre ses côtés.

Un angle BAD (fig. 229) *qui a son sommet à la circonférence, & qui est formé par une tangente* AB, *& par une corde* AD, *a toujours pour mesure la moitié de l'arc compris entre ses côtés.*

Menons la ligne DE parallèle à la tangente GB. L'angle DAB est égal à l'angle ADE, ces deux angles étant alternes internes, ils ont donc même mesure; mais l'angle ADE formé par les deux cordes DA & DE a pour mesure la moitié de l'arc EA compris entre ses côtés; donc l'angle BAD qui lui est égal aura aussi pour mesure la moitié de l'arc AE; or l'arc AE est égal à l'arc AD (59); donc l'angle BAD a pour mesure la moitié de l'arc AD compris entre ses côtés.

L'angle GAD qui est le supplément de l'angle BAD a aussi pour mesure la moitié de AED compris entre ses côtés; car les deux angles DAB

& DAG valant ensemble 180 degrés, ont pour mesure la moitié de la circonférence entière ; mais l'angle DAB a pour mesure la moitié de l'arc AD ; donc l'angle DAG aura pour mesure la moitié du reste de la circonférence, c'est-à-dire, la moitié de l'arc AED.

(m) N°. 72, page 39.

Sur une ligne donnée AB (fig. 230) *décrire un segment de cercle capable d'un angle donné* M (fig. 231), *c'est-à-dire, un segment tel que tous les angles qui y seront inscrits seront égaux à l'angle donné* M.

Prolongeons la ligne AB jusqu'en F, & faisons au point B l'angle FBH égal à l'angle M ; par le point B, menons la ligne BC perpendiculaire à GH, & par le milieu de AB la perpendiculaire EC ; & du point de rencontre C, & du rayon CB, décrivons une circonférence de cercle ; ADB sera le segment demandé. En effet, l'angle FBH est égal à l'angle ABG, l'angle ABG, qui est formé par une corde & une tangente, a pour mesure la moitié de l'arc AIB ; l'angle ADB a pour mesure la moitié du même arc ; donc l'angle ADB est égal à l'angle ABG ; mais l'angle ABG est égal à l'angle FBH, & celui-ci égal à l'angle M ; donc l'angle ADB est égal à l'angle M ; donc tous les angles circonscrits dans ce segment, seront égaux à l'angle M, puisque tous ces angles seront égaux à l'angle *A D B* ; donc le segment *ADB* sera capable de l'angle donné *M*.

(*n**) N°. 84, page 49.

Les propriétés des polygones ont une application assez fréquente dans la fortification. Les termes d'*angle saillant*, *angle rentrant*, y sont particulièrement appliqués aux angles du chemin couvert & des lignes de retranchement.

(*o*) N°. 88, page 51.

On peut toujours faire passer une même circonférence de cercle par tous les sommets des angles d'un polygone régulier : tout se réduit à prouver qu'il y a au-dedans d'un polygone *A B C D E F* (*fig.* 53), un point *O* également éloigné des sommets de tous les angles.

Partageons en deux également les angles *F A D* & *ABC* par les lignes *AO* & *BO*, & par le point *O* où ces deux lignes se rencontrent, menons les lignes *O C*, *O D*, *O E*, *O F*; je dis que tous les triangles *A O B*, *B O C*, *C O D*, &c. seront égaux & isocèles. En effet, les deux angles *OAB* & *O B A* sont égaux, puisqu'ils sont moitiés d'angles égaux ; donc le triangle *A O B* est isocèle ; donc *OA* est égal à *O B*. Le triangle *B O C* est égal au triangle *B O A* ; car le côté *B O* est égal au côté

AO, & le côté BC au côté BA; l'angle CBO est égal à l'angle BAO; donc ces deux triangles font égaux; donc le côté OC est égal au côté OB. Le triangle COD est égal au triangle COB, car le côté CO est égal au côté OB, le côté CD au côté BC; l'angle DCO est égal à l'angle CBO, car, l'angle BCO étant la moitié de l'angle DCB, l'angle DCO en est l'autre moitié; donc l'angle DCO est égal à l'angle BCO; mais l'angle BCO est égal à CBO; donc les deux triangles COD, COB sont égaux; donc le côté DO est égal au côté CO. On démontreroit de même que le triangle EDO est égal au triangle DCO, & ainsi de suite. Donc toutes les lignes AO, BO, CO, &c. sont égales; donc le point O est également éloigné des sommets de tous les angles polygones.

On voit donc que pour circonscrire un cercle à un polygone régulier, il faut partager deux angles FAB & ABC de ce polygone en deux parties égales par les lignes AO & OB, & par leur point de rencontre O & avec le rayon AO, décrire une circonférence de cercle.

(p) N°. 101, page 56.

I. On appelle côtés *homologues* de deux triangles, ou en général de deux figures semblables, ceux qui ont des positions semblables chacun dans la figure à laquelle ils appartiennent.

Lorfqu'on dit que deux triangles ou deux figures femblables ont leurs côtés homologues proportionnels, on entend que chaque côté de la première figure contient le côté homologue de la feconde, toujours le même nombre de fois; en forte que dans les proportions qu'on en déduit, lorfqu'on a comparé un côté de la première au côté homologue de la feconde, il faut former le fecond rapport, en comparant de même un autre côté de la première au côté homologue de la feconde; ou bien fi l'on a d'abord comparé l'un à l'autre deux côtés de la première figure, les deux côtés que l'on doit comparer pour former le fecond rapport, doivent être homologues à ceux-là, & pris dans le même ordre, c'eſt-à-dire, que l'antécédent du fecond rapport doit être le côté homologue de l'antécédent du premier.

II. *Deux triangles qui ont les angles homologues égaux chacun à chacun, ont les côtés homologues proportionnels, & font par conféquent femblables.*

Si les deux triangles *A B C*, *a b c* (*fig.* 232), font tels, que l'angle *A* du premier foit égal à l'angle *a* du fecond, l'angle *B* égal à l'angle *b*, l'angle *C* à l'angle *c*; je dis que le côté *A B* du premier triangle contiendra le côté homologue *a b* du fecond, le même nombre de fois que le côté *A C* contiendra le côté *a c*, & que le côté *B C* contiendra le côté bc, c'est-à-dire, qu'on aura $AB : ab :: AC : ac :: BC : bc$. Je suppose d'abord que le côté AB contienne un nombre exact de fois le côté ab, trois fois par exemple : il faut prouver que le côté AC contiendra trois fois le côté ac, & le côté BC trois fois le côté bc. Partageons en trois parties égales le côté AB, par les points de division D & E, menons les lignes DF & EG parallèles au côté BC, & par les points F & G, les lignes FH & GK parallèles au côté AB. Cela posé, les triangles ADF, FIG & GKC seront égaux chacun au triangle abc. En effet, le côté AD du triangle ADF est égal au côté ab, l'angle A est égal à l'angle a, l'angle ADF est égal à l'angle b, puisque l'angle ADF (137) est égal à l'angle B, qui est égale à l'angle b. Le triangle ADF est donc égal au triangle abc, puisque ces deux triangles ont un côté égal adjacent à deux angles égaux chacun à chacun ; le côté AF est donc égal au côté ac, & le côté DF au côté bc. Le côté FI du triangle FIG est égal au côté ab, puisque le côté FI est égal à la ligne DE (82), laquelle est égale au côté ab; l'angle GFI est égal à l'angle a, car l'angle GFI est égal à l'angle A, qui est égal à l'angle a; l'angle FIG est égal à b, puisque l'angle FIG est égal à l'angle B (43), qui est égal à l'angle b; donc ces deux triangles sont égaux ; donc le côté *FG* est égal au côté *ac*, & le côté *GI* au côté *bc*.

Je démontrerois de la même manière que le triangle *GKC* est égal au triangle *abc*; donc les triangles *ADF*, *FIG* & *GKC* sont égaux chacun au triangle *abc*; d'où je conclus, 1°. que le côté *AC* contient trois fois le côté *ac*, puisque les lignes *AF*, *FG* & *GC* sont égales chacune au côté *ab*; 2°. que le côté *BC* contiendra aussi trois fois le côté *ac*, puis les lignes *EI*, *IG* & *KC*, ou, ce qui est la même chose (82), les lignes *BH*, *HK* & *KC* sont égales chacune à la ligne *bc*.

Au lieu de trois fois, si le côté *AB* contenoit exactement quatre fois, ou cinq fois, ou enfin tel autre nombre de fois qu'on voudroit, le côté *ab*, il feroit également facile de démontrer que les côtés *AC* & *BC* contiendroient le même nombre de fois les côtés *ac* & *bc*; mais si le côté *AB* du triangle *ABC* (*fig.* 233) au lieu de contenir exactement un certain nombre de fois le côté *ab*, le contenoit avec quelque fraction, trois fois & deux tiers, par exemple, je dis que le côté *AC* contiendroit le côté *ac* trois fois & deux tiers, & que le côté *BC* contiendroit aussi le côté *bc* trois fois & deux tiers. Je fais en allant de *A* vers *B* les lignes *AD*, *DE* & *EF* égales chacune au côté *ab*, la ligne *FB* qui restera vers la

ADDITIONS. 335

droite fera égale aux deux tiers du côté ab, puisque le côté AB eft fuppofé contenir trois fois & deux tiers le côté ab ; partageant donc la ligne FB en deux parties égales, chacune de ces deux parties fera le tiers du côté ab. Je partage enfuite le côté ab en trois parties égales ; & par les points de divifion des deux côtés AB & ab, je mène des parallèles aux côtés BC & bc, & par les points où ces parallèles rencontrent les côtés AC & ac, je mène des paralièles aux côtés AB & ab. La ligne FL étant parailèle au côté BC, l'angle AFL fera égal à l'angle B, & par conféquent à l'angle b, les deux triangles AFL & abc, auront leurs angles égaux chacun à chacun ; mais le côté AF contient trois fois le côté ab ; donc le côté AL contiendra trois fois le côté ac & le côté FL, ou la ligne BP qui lui eft égale, contiendra auffi trois fois le côté bc ; donc pour que les côtés AC & BC contiennent trois fois & deux tiers les côtés ab & bc, il faut néceffairement que les lignes LC & PC contiennent les deux tiers des lignes ac & bc, ou, ce qui eft la même chofe, il faut néceffairement que les lignes LC & PC foient les deux tiers des côtés ac & bc. Or la ligne FB, ou bien la ligne LP valant les deux tiers du côté ab, il eft évident que la moitié de la ligne LP vaudra le tiers de la ligne ab ; donc le côté ab contiendra trois fois les lignes LR, &

trois fois auſſi RP, ou MQ; mais les triangles abc, LRM, MQC ont leurs angles égaux chacun à chacun ; donc le côté ac contiendra trois fois le côté LM, & trois fois auſſi le côté MC; & le côté bc contiendra de même trois fois le côté RM ou PQ, & trois fois auſſi le côté QC; donc les deux lignes LM & MC étant chacune le tiers du côté ab, la ligne LC ſera les deux tiers du côté ac, & par la même raiſon la ligne CP ſera auſſi les deux tiers du côté bc. Je conclus enfin que ſi les deux triangles ABC & abc ont leurs angles égaux chacun à chacun, & ſi le côté AB contient trois fois & deux tiers le côté ab, les côtés AC & BC contiendront chacun le même nombre de fois les côtés ac & bc.

Si le côté AB contenoit le côté ab avec une autre fraction, on démontreroit abſolument de la même manière que les côtés AC & BC contiendroient chacun le même nombre de fois les côtés ac & bc; d'où je conclus que, ſi deux triangles ABC & abc ont leurs angles homologues égaux, ces deux triangles auront leurs côtés homologues proportionnels.

La démonſtration que je viens de donner, ſuppoſe que les côtés AB & ab ſont commenſurables ; ſi ces côtés étoient incommenſurables, voici de quelle manière je démontrerois que les côtés homologues ſeroient encore proportionnels.

Je dis d'abord qu'on auroit cette proportion (*fig.* 234) $AB : ab :: AC : ac$. Je fais la ligne AF égale à la ligne ab, & par le point F je mène la ligne FG parallèle au côté BC; les deux triangles AFG & abc seront égaux. La proportion ci-dessus sera donc celle-ci, $AB : AF :: AC : AG$. Si cette proportion n'étoit pas vraie, les trois premiers termes restans les mêmes, le quatrième terme seroit plus grand ou plus petit que AG. Supposons qu'il soit plus grand, & que l'on ait $AB : AF :: AC : AK$. Divisons la ligne AC en parties égales plus petites que GK, on aura au moins un point de division entre G & K; & par ce point menons la ligne LH parallèle au côté CB. Les lignes AC & AL étant commensurables entre elles, on aura, par ce qui a été démontré, $AB : AH :: AC : AL$; mais on a par supposition $AB : AF :: AC : AK$. Changeant la place des moyens de ces deux proportions, on aura $AB : AC :: AH : AL$ & $AB : AC :: AF : AK$. Les deux premiers termes de la première proportion étant égaux aux deux premiers termes de la seconde, les deux seconds termes de la première seront proportionnels aux deux derniers termes de la seconde, & l'on aura $AH : AL :: AF : AK$, ou bien $AH : AF :: AL : AK$; mais la ligne AH est plus grande que AF; donc pour que cette proportion pût subsister, il faudroit que AL fût aussi plus grand que AK; mais au contraire il est plus petit; donc la proportion est impossible; donc AB ne peut être à AF, comme AC est à une ligne plus grande que AG. Par un raisonnement entièrement semblable, on prouveroit que le quatrième terme de la proportion ne peut être plus petit que AE; donc il est exactement AG. On prouveroit d'une manière absolument semblable que $AB : ab :: BC : bc$. Je conclus enfin que, dans tous les cas, les triangles qui ont leurs angles homologues égaux, ont aussi leurs côtés homologues proportionnels, & sont par conséquent semblables.

Puisque lorsque deux angles d'un triangle sont égaux à deux angles d'un autre triangle, le troisième angle de l'un est nécessairement égal au troisième de l'autre, nous concluons que deux triangles sont semblables lorsqu'ils ont deux angles égaux chacun à chacun.

IV. On a vu que deux angles qui ont leurs côtés parallèles, & qui sont tournés du même côté, sont égaux; donc deux triangles qui ont les côtés parallèles, ont les angles égaux chacun à chacun, & ont par conséquent les côtés homologues proportionnels.

V. *Deux triangles qui ont leurs côtés perpendiculaires chacun à chacun ont leurs angles égaux cha-*

cun, & par conséquent leurs côtés homologues proportionnels.

Je suppose le côté FH (*fig. 235*), perpendiculaire au côté AC, le côté DE au côté BC & le côté FD au côté AB. Dans le quadrilatère $CIEH$, les deux angles CIE & CHE sont droits; or, les quatre angles d'un quadrilatère valent ensemble quatre angles droits; les deux angles ICH & IEH vaudront donc deux angles droits; mais les deux angles DEF & IEH valant aussi deux angles droits, l'angle C & l'angle FED auront donc chacun pour supplément l'angle FEH; donc ces deux angles seront égaux. On démontreroit de la même manière que l'angle FDE est égal à l'angle CBA, & l'angle DFE à l'angle CAB; & l'on concluroit que ces deux triangles ont leurs angles égaux chacun à chacun, & leurs côtés homologues proportionnels.

Remarquons que dans le cas des côtés parallèles, les côtés homologues sont les côtés parallèles; & que dans le cas des côtés perpendiculaires, les côtés homologues sont les côtés perpendiculaires.

VI. *Deux triangles qui ont un angle égal compris entre deux côtés homologues proportionnels, ont aussi les angles égaux chacun à chacun, & sont par conséquent semblables.*

Si les deux triangles ABC & abc (*fig. 232*),

font tels que l'angle C du premier foit égal à l'angle c du fecond, & qu'en même temps les côtés qui comprennent ces angles, font tels qu'on ait $AC:ac::BC:bc$, je dis qu'ils feront femblables, c'eft-à-dire, qu'ils auront les autres angles égaux chacun à chacun, & leurs troifièmes côtés AB & ab, en même rapport que AC & ac, ou que BC & bc. Je fais la ligne GC égale au côté ac, & par le point G je mène la ligne GK parallèle au côté AB. L'angle CGK fera égal à l'angle A, l'angle GKC égal à l'angle B; les deux triangles ABC & GKC auront donc leurs angles égaux chacun à chacun, & par conféquent leurs côtés homologues proportionnels. Nous pourrons donc faire cette proportion $AC:CG::BC:KC$; mais on a par fuppofition $AC:ac::BC:bc$. Actuellement fi l'on compare ces deux proportions, & fi l'on fait attention que la ligne GC a été faite égale à ac, on verra que les trois premiers termes de la première proportion font égaux terme pour terme aux trois premiers termes de la feconde proportion, d'où l'on conclura que le quatrième terme CK de la première eft égal au quatrième bc de la feconde. Les deux triangles GKC & abc auront donc un angle égal compris entre deux côtés égaux chacun à chacun, & ils feront par conféquent égaux. Or le triangle GKC eft femblable au triangle ABC; donc le triangle

abc qui est égal au triangle GKC sera aussi semblable au triangle ABC.

VII. *Deux triangles qui ont leurs côtés homologues proportionnels, ont leurs angles égaux chacun à chacun, & sont par conséquent semblables.*

Si l'on suppose (*fig. 232*) que $AC:ac::BC:bc::AB:ab$, je dis que l'angle A sera égal à l'angle a, l'angle B à l'angle b, l'angle C à l'angle c. Je fais la ligne GC égale au côté ac, & par le point G je mène la ligne GK parallèle au côté AB; l'angle CGH sera égal à l'angle A, & l'angle GKC égal à l'angle B; les deux triangles ABC & GKC auront donc leurs angles égaux chacun à chacun, & par conséquent leurs côtés homologues seront proportionnels. On aura donc cette suite de termes proportionnels $AC:GC::BC:KC::BA:GK$; mais nous avons par supposition $AC:ac::BC:bc::AB:ab$. Actuellement si l'on compare les quatre premiers termes de ces deux suites, & si l'on fait attention que la ligne CG a été faite égale au côté ac, l'on verra que les trois premiers termes de la première suite sont égaux terme pour terme aux trois premiers termes de la seconde suite: & l'on conclura que le quatrième terme KC de la première suite est égal au quatrième terme bc de la seconde suite. On s'assurera de même que le sixième terme GK de la première suite est égal au sixième terme ab

de la seconde, en faisant attention que les cinq premiers termes de la première suite sont égaux terme pour terme aux cinq premiers termes de la seconde. Les deux triangles GKC & abc seront donc égaux, puisque le côté GC sera égal au côté ac, le côté KC au côté bc, & le côté GK au côté ab. Or le triangle GKC est semblable au triangle ABC; donc le triangle abc qui est égal au triangle GKC est aussi semblable au triangle ABC; donc les triangles qui ont leurs côtés homologues proportionnels, ont aussi leurs angles égaux, & sont par conséquent semblables.

VIII. *Si par un point* D (fig. 56) *pris à volonté sur un des côtés* AF *d'un triangle* AFL, *on mène une ligne* DI *parallèle au côté* FL, *les deux côtés* AF & AL, *seront coupés proportionnellement, c'est-à-dire, qu'on aura toujours* $AD:AF::AI:IL$ & $AD:DF::AI:IL$.

En effet, la ligne DI étant parallèle au côté FL, les deux triangles FLA & DIA seront semblables : on aura donc $AD:AF::AI:AL$. Pour démontrer la seconde partie, menons la ligne IH parallèle au côté AF, le triangle IHL sera semblable au triangle AFL, & par conséquent au triangle ADI; on aura donc $AD:IH::AI:IL$, ou à cause que DF est égal au côté IH, $AD:DF::AI:IL$.

IX. Donc, 1°. *Si d'un point* A *pris à volonté hors*

de la ligne GL (fig. 57), *on tire à différens points de cette ligne, plusieurs lignes* AG, AH, AI, AK, AL ; *toute parallèle* BF *à la ligne* GL, *coupera toutes ces lignes, en parties proportionnelles*, c'est-à-dire, qu'on aura.........................

AB : *BG* :: *AC* : *CH* :: *AD* : *DI* :: *AE* : *EK* :: *AF* : *FL*
& *AB* : *AG* :: *AC* : *AH* :: *AD* : *AI* :: *AE* : *AK* :: *AF* : *AL*.

Car en considérant successivement les triangles *GAH, GAI, GAK, GAL*, comme on fait le triangle *FAL* dans la figure 56, on démontrera de la même manière que tous ces rapports sont égaux.

X. 2°. *La ligne* AD (fig. 56*.) *qui divise en deux parties égales un angle* BAC *d'un triangle, coupe le côté opposé* BC *en deux parties* BD & DC, *proportionnelles aux côtés correspondans* AB, AC, *c'est-à-dire, de manière qu'on a* BD : DC :: AB : AC.

Car si par le point *B*, on mène *BE* parallèle à *AD*, & qui rencontre *CA* prolongée en *E* ; les lignes *CE* & *CB* étant alors coupées proportionnellement (VIII), on aura *BD* : *CD* :: *AE* : *AC*.

Or, il est facile de voir que *AE* est égal à *AB* ; car à cause des parallèles *AD* & *BE*, l'angle *E* est égal à l'angle *DAC* (37), & l'angle *EBA* est égal à son alterne *BAD* (38) ; donc puisque *DAC* & *BAD* sont égaux comme étant les moitiés de BAC, les angles E & EBA seront égaux ; donc les côtés AE & AB sont aussi égaux ; donc la proportion $BD : CO :: AE : AC$, se change en celle-ci $BD : CD :: AB : AC$.

XI. *Si l'on coupe les lignes* AF & AL (fig. 56) *proportionnellement aux points* D & I, *c'est-à-dire, de manière que l'on ait* $AF : AD :: AL : AI$, *la ligne* DI *sera parallèle à* FL.

En effet, l'angle A étant commun aux deux triangles AFL & ADI, & de plus ayant cette proportion $AF : AD :: AL : AI$, il est évident que les deux AFL & ADI seront semblables, puisqu'ils auront un angle égal compris entre deux côtés proportionnels ; donc l'angle ADI sera égal à l'angle AFL ; donc la ligne DI sera parallèle à FL.

XII. *Donc si on coupe proportionnellement aux points* B, C, D, E, F (fig. 57), *les lignes* AG, AH, AI, AK, AL, *menées du point* A *à différens points de la ligne* GL, *la ligne* $BCDEF$ *qui passera par tous ces points, sera une ligne droite parallèle à* GL.

XIII. *Si de l'angle droit* A *d'un triangle rectangle* BAC (fig. 43), *on abaisse une perpendiculaire* AD *sur le côté opposé* BC (*qu'on appelle* hypothénuse), 1°. *les deux triangles* ADB, ADC *seront semblables entre eux & au triangle* BAC. 2°. *La perpendi-*

culaire AD sera moyenne proportionnelle entre les deux parties BD & DC de l'hypothénuse. 3°. Chaque côté AB ou AC de l'angle droit, sera moyen proportionnel entre l'hypothénuse & le segment correspondant BD ou DC.

Car les deux triangles ADB, ADC, ont chacun un angle droit en D; comme le triangle BAC en a un en A; d'ailleurs ils ont de plus chacun un angle commun avec ce même triangle BAC, puisque l'angle B appartient tout-à-la-fois au triangle ADB & au triangle BAC; pareillement l'angle C appartient tout-à-la-fois au triangle ADC & au triangle BAC; donc (III) ces trois triangles sont semblables. Donc (III) comparant les côtés homologues des deux triangles ADB & ADC, on aura

$$BD : AD :: AD : DC.$$

Comparant les côtés homologues des deux triangles ADB, BAC, on aura

$$BD : AB :: AB : BC;$$

enfin, comparant les côtés homologues des triangles ADC & BAC, on aura

$$CD : AC :: AC : BC,$$

où l'on voit que AD est (*Arith.* 174) moyenne proportionnelle entre BD & DC; AB moyenne proportionnelle entre BD & CB; & enfin AC moyenne proportionnelle entre CD & BC.

XIV. Nous avons prouvé ci-dessus (VIII) que

quand la ligne DI (*fig. 56*), est parallèle au côté FL, les deux triangles ADI, AFL sont semblables ; comme cette vérité a lieu, de quelque grandeur que puisse être l'angle A, on doit donc conclure (*fig. 57*) que les triangles AGH, AHI, AIK, AKL, sont semblables aux triangles ABC, ACD, ADE, AEF chacun à chacun, & que par conséquent (III) $KL : EF :: AK : AE :: KI : DE :: AI : AD :: IH : CD :: AH : AC :: GH : BC$; donc, en ne tirant de cette suite de rapports, que ceux qui renferment des parties des lignes GL & BF, on aura $KL : EF :: KI : DE :: IH : CD :: GH : BC$, c'est-à-dire, que si d'un point A, on tire à différens points d'une ligne droite G L, *plusieurs autres lignes droites ; ces lignes couperont toute parallèle à* G L, *de la même manière qu'elles coupent* G L, *c'est-à-dire, en parties qui auront entr'elles les mêmes rapports que les parties correspondantes de* G L.

(*p* bis.*) N°. 104, page 63.

On peut faire usage de cette proposition pour déterminer les points du prolongement de la capitale d'un bastion.

On prendra sur les prolongemens BD, BE (*fig. 188*) des deux faces, deux points D & E ; & ayant mesuré BD & BE, ou (lorsqu'on ne

ADDITIONS.

peut les mesurer) en ayant déterminé les longueurs, par les moyens qui seront enseignés par la suite, on mesurera aussi DE; alors comme la capitale divise l'angle ABC & son opposé DBE en deux parties égales, on aura $DB:BE::DF:EF$, ce qui (*Arith.* 184) donne $DB+BE:BE::DE:EF$. On aura donc EF, & par conséquent le point F. *Bézout.*

(*q*) N°. 108, page 64.

Lorsqu'on dit que deux triangles ou deux figures semblables ont les côtés proportionnels, on entend que chaque côté de la première figure contient le côté homologue de la seconde, toujours le même nombre de fois; en sorte que dans les proportions qu'on en déduit, lorsqu'on a comparé un côté de la première au côté homologue de la seconde, il faut former le second rapport, en comparant de même un autre côté de la première au côté homologue de la seconde; ou bien si on a d'abord comparé l'un à l'autre deux côtés de la première figure, les deux côtés que l'on doit comparer pour former le second rapport, doivent être homologues à ceux-là, & pris dans le même ordre, c'est-à-dire, que l'antécédent du second rapport doit être côté homologue de l'antécédent du premier. *Bézout.*

(9 bis.) N°. 121 , page 74.

La théorie des lignes proportionnelles, & des triangles femblables, eft la bafe d'un grand nombre d'opérations de la Géométrie-pratique. Nous ferons connoître les principales ; mais nous ne parlerons, pour le préfent, que de celles qui peuvent être exécutées fans la mefure des angles, c'eft-à-dire, uniquement avec le fecours de piquets & de cordeaux. Nous parlerons des autres, lorfqu'à l'occafion de la Trigonométrie, nous aurons fait connoître les inftrumens qui fervent à mefurer les angles.

1°. Suppofons qu'on ait deffein de jeter un pont fur une rivière, & que dans cette vue on veuille connoître la largeur AB de cette rivière (*fig. 189*).

Dans l'alignement de AB, & à une diftance BC qui foit au moins le tiers de la largeur AB eftimée groffièrement, on plantera un piquet C, & l'on mefurera BC. A droite ou à gauche de BC, & fuivant telle direction qu'on le voudra d'ailleurs, on mefurera une diftance quelconque CE (la plus longue fera la meilleure). On fixera le milieu D de CE, & ayant déterminé le point F qui eft en même temps dans l'alignement BE & dans l'alignement AD, on mefurera BF & FE. Alors on déterminera AB par cette proportion $\frac{1}{2} BE - BF : \frac{1}{2} BC :: BF : AB.$

En effet, si par le milieu D on conçoit DG parallèle à AB, le point G où elle rencontrera BE sera (102) le milieu de BE, & FG sera par conséquent égale à FE — BF. Mais les triangles FGD & ABF semblables, à cause des parallèles, donnent FG : GD :: BF : AB. D'ailleurs à cause des triangles semblables EDG, ECB, on a DG moitié de CB, puisque ED est moitié de EC; donc FG ou FE — BF : $\frac{1}{2}$ BC :: BF : AB.

2°. On peut s'y prendre de cette autre manière pour mesurer les distances.

Supposons qu'il soit question de mesurer la distance d'un point B de la tranchée (*fig. 19*) pris sur la capitale de la demi-lune, au sommet A de l'angle saillant du chemin couvert.

On fera BC perpendiculaire à AB, & d'une longueur arbitraire. On plantera un piquet en un point E de BC, tel que CE soit égal à BE, ou en soit partie aliquote comme la moitié, le tiers, &c. alors on s'éloignera sur la ligne CD perpendiculaire à BC, jusqu'à ce que de son extrémité D on voie le piquet E se confondre avec le point A. Alors AB sera égal à CD, si on a fait BE égal à CE, & AB sera le double ou le triple de CD, si on a fait CE la moitié ou le tiers de BE. Cela est évident, si l'on fait attention que les lignes CD & AB étant parallèles, les triangles ABE, ECD font femblables.

3°. S'agit-il de mefurer une diftance inacceffible AB (*fig.* 191).

On prendra un point C tellement fitué qu'on puiffe de ce point voir les deux points A & B, & mefurer fur les alignemens des parties CD, CE, qui foient le plus approchantes qu'il fera poffible de CA & CB, quoiqu'à la rigueur on puiffe les prendre petites à l'égard de CA & CB.

Par les moyens qu'on vient d'enfeigner, ou par d'autres femblables qu'on peut imaginer d'après ceux-là, on déterminera la longueur de CA & celle de CB; puis ayant placé fur les alignemens CA & CB, les piquets D & E, de manière que CD foit à CE :: CA : CB (ce qui eft facile, puifque l'on connoît CA & CB, & que l'on peut prendre arbitrairement CD) on mefurera DE; alors on aura AB, par cette proportion CD : DE :: CA : AB, fondée fur ce que les deux triangles CAB, CDE ayant un angle égal compris entre côtés proportionnels, font femblables (113).

4°. S'il eft queftion de mener par un point connu C (*fig.* 193) fur le terrein (n'ayant autre chofe que des piquets) une parallèle à une ligne inacceffible AB.

Ayant pris arbitrairement le point D, on prendra sur l'alignement AD un point E, qui soit en même temps dans l'alignement de B & C. De ce point E, on mènera une parallèle EG à la ligne supposée accessible DB; puis du point C on mènera GCF parallèle à AD, & qui rencontrera BD en un point F. Sur EG, on marquera un point H qui soit dans l'alignement FA; & la ligne $KCHI$ que l'on fera passer par ces points, sera la parallèle demandée.

Car, à cause des parallèles FG & AD, les triangles FHG & FAD sont semblables, & donnent FG ou $ED:GH::AD:FD$. Par la même raison, les triangles ECG, BED donnent EG ou $FD:GC::BD:DE$. Ces deux proportions ayant les mêmes extrêmes, le produit des moyens sera égal dans l'une & dans l'autre, & l'on pourra par conséquent (*Arith.* 180) former de ces quatre quantités la proportion suivante $GC:GH::AD:BD$; les deux triangles GCH & ABD ont donc un angle égal compris entre côtés proportionnels; car il est évident, à cause du parallélogramme $GEDF$, que l'angle G est égal à l'angle D. Donc l'angle GCH ou son opposé KCF est égal à l'angle BAD; donc CF ayant été faite parallèle à AD, CK l'est nécessairement à AB.

5°. Connoissant l'épaisseur de l'épaulement d'une batterie (*fig.* 192), & l'ouverture extérieure HK, & intérieure AB, d'une embrasure que l'on veut dégorger, il s'agit de déterminer la direction des joues HA & KB.

Si on imagine que P soit le point où prolongées elles doivent se rencontrer, les triangles semblables HKP, ABP donneront $HK:AB::HP:AP$. Et si par les milieux G & C on conçoit la ligne du tir GCP, les triangles semblables HGP, ACP donnent $HP:AP::GP:CP$; donc $HK:AB::GP:CP$, & par conséquent (*Arith* 184) $HK - AB:AB::GC:CP$; on connoîtra donc CP, c'est-à-dire, la quantité dont il faut s'éloigner du milieu de l'ouverture C perpendiculairement à AB, pour avoir le point P, qui avec A & B, est dans les alignemens que doivent avoir les joues AH, BK.

6°. C'est par une application à-peu-près pareille des triangles semblables que l'on peut déterminer le point de rencontre C (*fig.* 194) de la ligne de mire avec le prolongement de l'axe d'une pièce de canon.

Le boulet, par sa pesanteur, s'écarte au sortir de la pièce de la direction suivant laquelle il est chassé; en sorte que si la ligne de mire GH étoit parallèle à l'axe de la pièce, le boulet frapperoit toujours au-dessous du point de mire. Pour prévenir cette erreur, on donne à la ligne de mire GH une inclinaison telle que cette ligne rencontre l'axe à une distance AC moindre que celle à laquelle le boulet pourra rencontrer cette ligne de mire prolongée. Pour déterminer ce point C, il ne s'agit que de connoître la longueur AB de l'axe de la pièce, comprise entre les deux points de mire G & H, & les hauteurs GA & HB de ces deux points au-dessus de l'axe. Alors les triangles semblables GAC & HBC donnent $GA : HB :: AC : BC$, d'où (*Arith. 184*) on conclut $GA — HB : HB :: AB : BC$, où tout est connu, excepté BC. *Bézout*.

(*r*) N°. 129, page 80.

Si d'un point A (fig. 69), *pris hors du cercle, on mène une sécante* AC *& une tangente* AF, *cette tangente sera moyenne proportionnelle entre la sécante* AC *& la partie extérieure* EA *de cette même sécante.*

Menons les cordes FC & FE, les deux triangles FAE, FAC seront semblables. En effet, l'angle A est commun aux deux triangles; les deux angles FCE & AFE sont égaux, puisqu'ils ont chacun pour mesure la moitié de l'arc FE; donc ces deux triangles ont leurs angles égaux chacun à chacun; donc $AC : EA :: EA : AE$; donc la tangente AF est moyenne entre la sécante AC, & la partie extérieure AE.

(1 bis) N°. 130, page 81.

Inscrire dans un cercle donné un pentagone régulier. Je divise le rayon AC (*fig.* 236) en moyenne & extrême raison ; je porte le plus grand segment CE de A en B, & de B en D, la corde AB sera le côté du décagone régulier, & la corde AD sera celui du pentagone régulier.

Je mène la ligne BE, les deux triangles ABC, ABE seront semblables. En effet, l'angle EAB est commun, & à cause que le rayon AC est partagé en moyenne & extrême raison au point E, on a $AC : EC :: EC : AE$, ou bien, la ligne AB étant égale à la ligne EC, $AC : AB :: AB : AE$. Les triangles ABC, AEB ont par conséquent un angle égal compris entre deux côtés proportionnels, ils sont semblables ; mais le triangle ACB est isocèle ; donc le triangle ABE l'est pareillement ; donc la ligne AB est égale à la ligne BE ; & par conséquent la ligne BE égale à la ligne EC, puisque celle-ci est égale à la ligne AB ; donc le triangle BEC est aussi isocèle ; donc l'angle C est égal à l'angle EBC ; mais j'ai fait voir que l'angle C étoit égal à l'angle ABE ; donc l'angle C est la moitié de l'angle ABC ; donc l'angle C est encore la moitié de l'angle BAC, puisque celui-ci est égal à l'angle ABC ; donc l'angle C est la cinquième partie des trois angles du triangle *ACB*, c'est-à-dire, la cinquième partie de deux angles droits, ou la dixième de quatre; donc l'arc *AB* est la dixième partie de la circonférence, & la corde *AB* le côté du décagone régulier; donc la corde *AD* sera le côté du pentagone régulier.

(*s*) N°. 137, page 85.

Si deux cordes A B, a b (*fig. 74*) *soutendent des arcs qui soient chacun une portion égale de la circonférence à laquelle ils appartiennent, ces cordes seront entr'elles comme les circonférences* A B C, a b c.

Je mène les rayons *IA*, *IB*, *Ia*, *Ib*, les deux triangles *AIB*, *aib* seront semblables. En effet, l'angle *AIB* est égal à l'angle *aib*, & la ligne *IA* étant égale à la ligne *IB*, & la ligne *Ia* égale à la ligne *Ib*, on aura cette proportion *IA* : *IB* :: *Ia* : *Ib*; donc ces deux triangles auront un angle égal compris entre des côtés proportionnels; donc ils sont semblables; donc *AB* : *ab* :: *AI* : *aI*; donc les cordes *AB* & *ab* sont entr'elles comme les rayons; mais nous avons démontré que les rayons entr'eux sont comme les circonférences; donc les cordes *AB*, *ab* seront entr'elles comme les circonférences.

Si dans les deux polygones semblables *ABCDE*, *abcde* (*fig. 237*), on mène les deux lignes *LM*,

lm également inclinées à l'égard de deux côtés homologues AE, ae, & terminées à deux points semblablement placés à l'égard de ces côtés, les lignes LM, lm, seront entr'elles comme deux côtés homologues quelconques.

Je mène les lignes LD, ld. Puisque les points L, l sont semblablement placés à l'égard des côtés AE, ae, on aura $EL : el :: EA : ea :: ED : ed$; les deux triangles LED, led seront donc semblables, puisqu'ils auront un angle égal compris entre deux côtés proportionnels.

Les deux angles DLM, dlm sont égaux; car si des deux angles égaux ELM, elm on retranche les angles égaux ELD, eld, les restes seront égaux; mais ces restes sont les angles DLM, dlm; donc les angles DLM, dlm sont égaux; les angles LDM, ldm sont égaux par la même raison; donc les triangles LMD, lmd, ont deux angles égaux chacun à chacun; donc ils sont semblables : on a par conséquent $LM : lm :: LD : ld$; mais les deux triangles semblables LDE, lde donnent cette proportion $LD : ld :: ED : ed$; donc $LM : lm :: ED : ed$; donc les lignes LM, lm sont entr'elles comme les côtés homologues ED, ed, & par conséquent comme deux côtés homologues quelconques de ces deux polygones.

Si dans deux polygones semblables, on tire

deux lignes LM, lm terminées à des points L, M, l, m semblablement placés à l'égard de quatre côtés homologues AE, DC, ac, dc, ces lignes seront entr'elles comme deux côtés homologues quelconques de ces deux polygones.

Puisque les points L, l sont semblablement placés à l'égard des deux côtés homologues AE, ac, on a, $EL : el :: EA : ea :: ED : ed$; les deux triangles LED, led sont donc semblables, puisqu'ils ont un angle égal compris entre deux côtés homologues proportionnels ; donc $LD : ld :: ED : ed$.

Les points M, m étant aussi semblablement placés à l'égard des côtés homologues Dc, dc, on a $DM : dm :: DC : dc :: ED : ed$; mais l'angle LDC est égal à l'angle ldc; donc les deux triangles LMD, lmd sont semblables, puisqu'ils ont un angle égal compris entre deux côtés proportionnels ; donc $LM : lm :: LD : ld$; mais $LD : ld :: ED : ed$; donc $LM : lm :: ED : ed$; donc les lignes LM, lm seront entr'elles comme les côtés ED & ed, & par conséquent comme deux côtés homologues quelconques de ces deux polygones.

(*t*) Nº. 143, page 100.

Et *pour transformer un triangle en un quarré de même surface*, la question se réduit à prendre (126) ou (*Arith* 178) une moyenne proportionnelle entre la base & la moitié de la hauteur, puisque (*Arith.* 178) le quarré de cette moyenne proportionnelle sera égal au produit de ces deux facteurs.

On peut donc transformer une figure quelconque en un quarré de même surface. Bézout.

(*u*) Nº. 144, page 102.

Si au lieu d'évaluer la surface *ABCD* (*fig. 90*) en parties quarrées, on vouloit l'évaluer en parties rectangulaires *a b c d* ; un raisonnement semblable fait voir qu'il faudra mesurer *AB* en parties telles que *a b*, & *BC* en parties telles que *b c*, & multiplier l'un par l'autre le nombre des parties de chaque espèce.

Par exemple, si on veut savoir combien il faut de saucissons de 18 pieds de long & de 11 pouces de grosseur, pour le revêtement intérieur d'une batterie de mortier longue de 21 toises & haute de 7 pieds 4 pouces, on verra que la grosseur 11 pouces est contenue 8 fois dans la hauteur 7 pieds 4 pouces, & que la longueur 18 pieds est contenue 7 fois dans la longueur 21 toises ; on multipliera donc 7 par 8, & le produit 56 exprimera le nombre cherché de saucissons.

Au reste, lorsqu'il s'agit de mesurer une surface en parties rectangles, on peut le faire aussi en mesurant d'abord en parties quarrées, & divisant le nombre de ces parties par celui des mesures quarrées pareilles que contient la mesure rectangulaire que l'on emploie. *Bézout.*

(x) N°. 157, page 125.

Selon ce qui a été dit (151), la surface du cercle est égale à celle d'un triangle qui auroit pour hauteur le rayon, & pour base la circonférence, & par conséquent égale à un rectangle qui auroit pour hauteur le rayon, & pour base la demi-circonférence ; donc si l'on compare ce rectangle au quarré du rayon qui est un rectangle de même hauteur, on verra évidemment (157) que le *quarré du rayon est à la surface du cercle, comme le rayon est à la demi-circonférence.* Ainsi pour avoir la surface d'un cercle, il suffit de multiplier le quarré de son rayon, par le rapport de la demi-circonférence au rayon, ou de la circonférence au diamètre.

Ainsi dans l'exemple donné (147), je multiplie 100 quarré du rayon 10 par $\frac{22}{7}$, ce qui me donne

$\frac{2200}{7}$, ou $314\frac{2}{7}$ pieds quarrés pour la surface du cercle qui a 20 pieds de diamètre. *Bézout.*

(γ) N°. 163, page 130.

La même méthode peut être employée à *déterminer le rayon d'un cercle qui auroit une surface proposée.*

On prendra arbitrairement un nombre que l'on considérera comme le rayon d'un cercle, dont on calculera la surface par ce qui a été dit (151). Puis on fera cette proportion.... *La surface calculée est à la surface donnée, comme le quarré du rayon connu de la première est au quarré du rayon inconnu de la seconde.*

On peut aussi trouver ce rayon par la proposition donnée (157). *Bézout.*

Dans tout triangle rectangle, le quarré construit sur l'hypothénuse est égal aux quarrés construits sur les deux autres côtés.

Sur le côté AC (*fig. 238*), construisons le quarré $ACGF$, & sur le côté CB, le quarré $CBHI$; prolongeons le côté FG & le côté HI; aux extrémités A & B de l'hypothénuse AB, élevons les perpendiculaires AD & BE, & par les points D & E, menons la ligne DE, & enfin par les points K & C, menons la ligne KL.

Le triangle ACB est égal au triangle AFD; car le côté AC est égal au côté AF, & l'angle ACB à l'angle AFD; l'angle CAB est aussi égal à l'angle FAD, parce que ces deux angles ont pour complément l'angle DAC; donc ces deux triangles sont égaux; donc le côté AB est égal au côté AD. Je démontrerois de la même manière que le côté AB est égal au côté BE, d'où je conclurai que la figure $ABFD$ est le quarré construit sur l'hypothénuse.

Le triangle GCK est égal au triangle DFA. En effet, l'angle KGC est droit, ainsi que l'angle F; le côté GC est égal à FA, le côté GK est égal au côté FD, parce que le côté GK est égal au côté CI, qui est égal au côté CB, qui est égal au côté DF. Or, le triangle GKC étant égal au triangle FDA, l'angle FKL sera égal à l'angle FDA, & par conséquent la ligne KL sera parallèle au côté DA, & au côté EB.

Le quarré $ACGF$ est égal en superficie au parallélogramme $ACKD$, puisqu'ils ont même base & hauteur; mais le parallélogramme $ACKD$ est égal au rectangle $ALMD$ par la même raison; donc le quarré $FACG$ est égal au rectangle $ALMD$.

Je démontrerai de la même manière que le quarré $CBHI$ est égal au rectangle $LBEM$, & je conclurai que la somme des deux quarrés $ACGF$

& *C B H I* est égale à la somme des deux rectangles *A L M D* & *L B E M*; mais la somme des deux rectangles est égale au quarré fait sur l'hypothénuse, donc la somme des deux quarrés *A C G F* & *B H I C* est égale au quarré fait sur l'hypothénuse; donc dans tout triangle rectangle le quarré construit sur l'hypothénuse est égal aux quarrés construits sur les deux autres côtés.

(7) N°. 166, page 131.

Supposons, par exemple, qu'on demande la longueur du talut intérieur d'un rempart qui auroit 18 pieds de base & 12 pieds de hauteur.

J'ajoute le quarré de 18.............. 324
Avec le quarré de 12................ 144
La somme...................... 468

est le quarré de longueur du talus, dont la racine 21,6 sera la longueur demandée.

Supposons pour second exemple que *A* (*fig. 195*) soit un fourneau de mine, auquel on communique par la galerie *D B*, & le rameau *B A* de 9 pieds. L'effet de la poudre étant supposé pouvoir s'étendre en tous sens à une distance de 25 pieds, il faut trouver quelle partie *B C* de la galerie on doit bourrer pour que la galerie résiste autant que le reste du terrein.

Il est clair qu'on doit bourrer jusqu'à une distance BC telle que AC soit de 25 pieds; BC est un côté de l'angle droit du triangle rectangle ABC; on l'aura donc comme il suit :

Du quarré de 25.................... 625
Je retranche celui de 9.............. 81

Le reste........................ 544

est le quarré de BC, & sa racine 23,3 est la longueur que doit avoir BC.

On peut faire usage de la propriété du quarré de l'hypothénuse pour élever facilement une perpendiculaire sur une ligne droite en un point donné.

Par exemple, sur le prolongement EA de la face d'un bastion (*fig. 196*), on veut établir perpendiculairement une batterie au point A. On formera avec un cordeau un triangle rectangle ABC, en prenant AB de 3 toises par exemple, & faisant AC de 4 toises, & BC de 5 toises, ce qui est facile. Alors AC sera perpendiculaire sur BA; car le quarré de 5 vaut le quarré de 4, plus le quarré de 3. *Bézout.*

(aa) N°. 167, page 133.

La propriété des trois côtés d'un triangle rectangle enseignée (164), n'est pas particulière aux quarrés formés sur ces côtés; en général, *si sur les trois côtés d'un triangle rectangle quelconque, on forme trois figures semblables quelconques, par exemple, trois triangles, trois cercles, &c. la figure formée sur l'hypothénuse vaudra la somme des figures semblables formées sur les deux autres côtés.*

Cela se démontre absolument de même que pour les quarrés, en partant de ce principe (161), que les surfaces des figures semblables sont entr'elles comme les quarrés de leurs côtés homologues.

Donc aussi la surface d'une figure quelconque, formée sur un des côtés de l'angle droit, est égale à la différence des deux figures semblables, formées sur l'hypothénuse & sur l'autre côté de l'angle droit.

Cette démonstration, qui est de Bézout, doit être remplacée par la suivante.

Je suppose qu'on ait construit trois cercles sur les trois côtés triangles rectangles (*fig. 239*); puisque les surfaces des cercles sont entr'elles comme les quarrés des diamètres, nous aurons cette suite de rapports égaux $2 \times AFCA : \overline{AC}^2 ::$

$2 \times CGBC : \overline{CB}^2 :: 2 \times AEBA : \overline{AB}^2$, ce qui donne (*Arith.* 121) $2 \times AFCA + 2 \times CGBC : \overline{BC}^2 + \overline{CB}^2 :: 2 \times AEBA : \overline{AB}^2$; ou encore en changeant la place des moyens $2 \times AFCA + 2 + CGBC : 2 \times AEBA :: \overline{AC}^2 + \overline{CB}^2 : \overline{AB}^2$; mais le second antécédent $\overline{AC}^2 + \overline{CB}^2$ est égal au conséquent $\overline{AB}^2$; donc le premier antécédent $2 \times AFCA + 2 \times CGBC$ égalera aussi son conséquent $2 \times AEBA$, c'est-à-dire, que les deux cercles construits sur les côtés de l'angle droit égaleront le cercle construit sur l'hypothénuse.

La démonstration seroit absolument la même, s'il s'agissoit d'autres figures.

Puisque le cercle construit sur l'hypothénuse est égal aux deux cercles construits sur les deux autres côtés, il est évident que le dernier cercle construit sur l'hypothénuse égalera les deux demi-cercles construits sur les deux autres côtés. On aura donc $AEBA = AFCA + CGBC$. Or, si de deux quantités égales on retranche la partie $ADCA$ & $CEBC$, il restera $AFCDA + AGBEC = ACB$.

Si le triangle rectancle ACB étoit isocèle, chacune des lunules seroit égale à la moitié du triangle ACB, on pourroit donc quarrer ces lunules.

(bb) N°. 208, page 151.

Toute coupe ou toute section de la sphère par un plan est un cercle.

Soit BGE (*fig. 128*) la section faite par un plan dans la sphère dont le centre est en C; du centre C, je mène la perpendiculaire CF sur le plan BGE, & différentes lignes CE, CT, CX à la courbe formée par la section. Les obliques CE, CT, CX sont égales, puisqu'elles sont des rayons de la sphère; elles sont donc également éloignées de la perpendiculaire CF; donc toutes les lignes FE, FT, FX sont égales; donc la section EGB est un cercle dont le point F est le centre.

Si la section passe par le centre de la sphère, le rayon de la section sera le rayon de la sphère; donc tous les grands cercles sont égaux entr'eux.

On appelle petit cercle, toute section de la sphère, par un plan qui ne passe pas par le centre.

(cc) N°. 217, page 156.

On peut dire aussi que la surface *d'un cylindre droit est double de celle d'un cercle dont le rayon seroit moyen proportionnel entre la hauteur de ce cylindre & le rayon de sa base.*

Car si l'on représente par H la hauteur, par r le rayon de la base, & par R le rayon moyen proportionnel, & qu'en même temps on représente par *cir. r*, & *cir. R*, les circonférences qui ont pour rayon r & R, on aura, par la supposition, $r : R :: R : H$; & puisque les circonférences sont proportionnelles (136) aux rayons, on a *cir. r* : *cir. R* :: $R : H$. Or, le produit des extrêmes de cette proportion est la surface du cylindre, & le produit des moyens est le double de la surface du cercle qui a pour rayon R; donc (*Arith.* 178), &c.

Dorénavant pour marquer la surface d'un cercle qui a pour rayon une ligne quelconque R, nous emploierons aussi cette expression abrégée *cer. R*.

Bézout.

(*dd*) N°. 246, page 174.

Si on veut comparer la solidité de la sphère au cube de son diamètre; en représentant par D le diamètre, on aura donc $\frac{2}{3} D \times$ *cer. D* pour cette solidité, ou bien $\frac{2}{3} D \times$ *cir. D* $\times \frac{1}{4} D$, ou $\frac{1}{6}\overline{D}^2 \times$ *cir. D*. Et le cube du diamètre sera $\overline{D}^3$, donc la solidité de la sphère est au cube de son diamètre, comme $\frac{1}{6}\overline{D}^2 \times$ *cir. D* : $\overline{D}^2$, ou :: $\frac{1}{6}$ *cir. D* : D, ou :: *cir. D* : $6D$, c'est-à-dire, comme la circonférence d'un cercle est à 6 fois son diamètre. Par exemple, en prenant le rapport de 22 : 7 pour celui du diametre à la circonférence, la solidité de la sphère est au cube de son diamètre, comme 22 est à 42, ou comme 11 est à 21. *Bézout.*

(*ee*) N°. 148, page 175.

A l'égard du segment (*fig. 128*), comme il vaut le secteur $CBGEHA$ moins le cône $CBGEH$, il sera toujours facile à calculer ; mais on peut calculer le segment d'une manière plus commode.

La solidité d'un segment sphérique $ABGEHA$, (fig. 128), *est égale à celle d'un cylindre qui auroit la flèche* AF *pour rayon de sa base, & qui auroit pour hauteur le rayon* CA *de la sphère moins le tiers de la flèche* AF.

Concevons la solidité de ce segment comme composée d'une infinité de tranches circulaires, parallèles à $BGHE$, & d'une épaisseur infiniment petite ; le nombre des points solides de chaque tranche ne dépendant alors que de la section circulaire, pourra être représenté par cette section même ; ainsi la tranche correspondante à IN, par exemple, pourra être représentée par cer. IN.

Menons la corde AN ; à cause du triangle rectangle AIN, on aura cer. IN égal à cer. AN — cer. AI ; donc la somme des cer. IN, ou la folidité du fegment, fera égale à la fomme des *cer. AN* moins la fomme des *cer. AI* correfpondans. Voyons donc ce que vaut chacune de ces deux fommes.

Puifque (170) *AN* eft moyenne proportionnelle entre *AI* & *AD*, *cer. AN* eft (217) moitié de la furface d'un cylindre qui auroit *AI* pour rayon de fa bafe, & *AD* pour hauteur, ou bien eft égale à un cylindre qui auroit *AI* pour rayon de fa bafe, & *AC* pour hauteur. Donc la fomme des *cer. AN* fera égale à la fomme des enveloppes cylindriques, qui ayant *AC* pour hauteur, auroient fucceffivement pour rayons de leurs bafes, les différentes lignes *AI*. Donc la fomme des *cer. AN* eft égale à la folidité d'un cylindre qui auroit *AC* pour hauteur, & *AF* pour rayon de fa bafe.

A l'égard de la fomme des *cer. AI*; fi fur *AC* on conçoit le quarré *ACPQ*, & qu'ayant tiré la diagonale *AP*, on prolonge *AI* jufqu'en *R*, on aura *AI* égale à *IR*; donc la fomme des *cer. AI* fera égale à la fomme des *cer. IR*, laquelle prife de *A* en *F* compofe le cône qui auroit *AF* pour hauteur, & *cer. FS* ou *cer. AF* pour bafe. Elle eft donc égale à ce cône, ou à un cylindre qui auroit auffi *cer. AF* pour bafe, & $\frac{1}{3} AF$ pour hauteur. Donc la fomme des *cer. AN*, moins la fomme des *cer. AI*, c'eft-à-dire, la fomme des *cer. NI*, ou la solidité du segment, est égale au cylindre qui auroit *cer. AF* pour base, & *AC* pour hauteur, moins le cylindre qui auroit aussi *cer. AF* pour base, & $\frac{1}{3}AF$ pour hauteur, c'est-à-dire, est égale au cylindre qui auroit *cer. AF* pour base, & $CA - \frac{1}{3}AF$ pour hauteur.

Donc, pour avoir la solidité d'un segment sphérique, il faut multiplier le cercle, qui a pour rayon la flèche, par le rayon de la sphère moins le tiers de la flèche.

Pour donner un exemple du calcul de la solidité de la sphère & de ses segmens, supposons que l'on demande le poids d'une bombe de 10 pouces de diamètre, ayant 18 lignes d'épaisseur, avec un culot renforcé de 6 lignes de flèche. Le pied cube de fer coulé pèse 519 ℔ $\frac{3}{4}$.

Nous calculerons d'abord la solidité de la sphère de 10 pouces, & ensuite nous calculerons celle d'une sphère de 7 pouces, c'est-à-dire, de 10 pouces moins le double de l'épaisseur de la bombe ; nous calculerons, dis-je, la solidité de cette dernière, diminuée de celle du culot de 6 lignes de flèche, c'est-à-dire, que nous ne calculerons de celle-ci que le segment sphérique qui auroit 7 pouces moins 6 lignes, ou 6 pouces $\frac{1}{2}$ de flèche.

Pour avoir la solidité de la sphère de 10 pouces, il faut (246) multiplier le cube de son dia-

ADDITIONS. 371

mètre par $\frac{11}{21}$; ainsi opérant par logarithmes, j'ai

Log. 10.....	1,0000000
Log. 10^{-3}.....	3,0000000
Log. 11.....	1,0413927
Complément - Log. 21.....	8 6777807
Somme.....	12,7191734

qui répond à 523,81 ; donc la sphère de 10 pouces de diamètre, a une solidité de 523,81 pouces cubes.

Pour avoir la solidité du segment sphérique de 6 pouces $\frac{1}{2}$ de flèche dans une sphère de 7 pouces de diamètre, il faut (248) multiplier la surface du cercle de 6 pouces $\frac{1}{2}$ de rayon, par le rayon de la sphère moins le tiers de la flèche, c'est-à-dire, par 1 pouce & $\frac{1}{3}$.

Donc, & d'après ce qui a été dit (remarq. x), opérant par logarithmes, on aura

Log. $6\frac{1}{2}$......	0,8129134
Log. $6\frac{1}{2}^{-2}$......	1,6258268
Log. $\frac{22}{7}$......	0,4973247
Log. $1\frac{1}{3}$......	0,1249387
Somme.....	2,2480902
qui répond à	177,05

Donc, la solidité du vide de la bombe est de

177,05 pouces cubes, & par conséquent la solidité du plein est de 346,76 pouces cubes.

Il ne s'agit donc plus, pour avoir le poids de la bombe, que de multiplier par $519\frac{3}{4}$, & de diviser par 1728, parce que le poids d'un pouce cube est la 1728ᵉ partie de celui du pied cube; ainsi

$$
\begin{aligned}
\text{Log. } 346{,}76 & \ldots \ldots 2{,}5400290 \\
\text{Log. } 519\tfrac{3}{4} & \ldots \ldots 2{,}7157945 \\
\text{Complément-Log. } 1728 & \ldots \ldots 6{,}7624563 \\
\hline
\text{Somme} & \ldots \ldots 12{,}0182798 \\
\text{qui répond à} & \ldots \ldots \ldots 104\text{lb},3
\end{aligned}
$$

qui est le poids de la bombe, non compris le vide de l'œil ni le poids des anses & anneaux. *Bézout.*

(*ff*) Nº. 253, page 178.

Par exemple, s'il s'agit de trouver la solidité du corps $ABCDHEFG$ (*fig. 137 & 198*), composé de deux prismes triangulaires tronqués, dont les arêtes AE, BF, CG, DH, soient perpendiculaires à la base qui sera d'ailleurs un quadrilatère quelconque.

On imaginera la diagonale EG, correspondante à l'arête AC, & l'on aura $EFG \times \dfrac{AE+BF+CG}{3}$ pour la solidité de la partie qui répond au triangle

EFG; on aura pareillement $EHG \times \dfrac{AE+DH+CG}{3}$ pour la solidité de la partie qui répond au triangle EHG.

Si les deux triangles EFG, EGH sont égaux, comme il arrive, lorsque la base est un parallélogramme, on aura $\frac{1}{2} EFGH \times \dfrac{2AE + 2CG + BF + DH}{3}$ pour la solidité totale.

Si les perpendiculaires AE, BF, &c. restant les mêmes, la surface supérieure, au lieu d'être terminée par les deux plans ADC, ABC qui ont pour section commune AC, étoit terminée par deux plans qui eussent pour section commune BD; alors la solidité seroit exprimée par $\frac{1}{2} EFGH \times \dfrac{2BF + 2DH + AE + CG}{3}$.

Si après avoir ajouté ce solide au précédent, on prend moitié du tout, on aura $EFGH \times \dfrac{BF + DH + AE + CG}{4}$ pour la valeur du solide qui tiendroit le milieu entre les deux que nous venons de considérer pour chaque figure.

Cette dernière expression renferme la règle que suivent plusieurs praticiens pour mesurer la solidité des corps tels que ceux des *fig. 137 & 198*; d'où l'on voit que cette règle n'est pas rigoureusement exacte; on peut même ajouter qu'elle peut souvent conduire à une erreur assez forte; pour nous en convaincre, prenons un cas fort simple; suppofons, *fig. 198*, que AE & GC foient chacune zéro; on aura $\frac{1}{2} EFGH \times \frac{BF+DH}{3}$ ou $EFGH \times \frac{BF+DH}{6}$ pour la folidité du corps repréfenté par la *fig. 132*; mais par la règle dont il s'agit, on auroit $EFGH \times \frac{BF+DH}{4}$; or ces deux folides font l'un à l'autre :: $\frac{1}{6} : \frac{1}{4}$ ou :: 4 : 6 :: 2 : 3 ; cette règle feroit donc trouver la folidité trop forte de moitié en fus de fa véritable valeur; il eft vrai que dans ce cas, où il eft facile de voir que le folide eft compofé de deux pyramides triangulaires, on verroit facilement que l'on ne doit point admettre cette règle; mais il n'en eft pas moins à conclure, de cet exemple fimple, que l'application aux cas plus compofés ne donne point une approximation fuffifante.

Tout ce que nous venons de dire, ne fuppofant point que ABC & ADC (*fig. 137 & 198*), foient dans des plans différens, a également lieu lorfqu'ils font dans un même plan; & puifque ce qui a été dit a lieu, lorfque la bafe eft un quadrilatère quelconque, il eft facile d'en conclure la mefure de la folidité d'un ponton (*fig. 199*).

L'avant & l'arrière du ponton, fes flancs, fon fond, & fon ouverture fupérieure, font tous des furfaces planes ; & les arêtes formées par les flancs, le fond & l'ouverture, font des lignes parallèles ; l'ouverture a plus de largeur que le fond ; en forte que la fection faite perpendiculairement à la longueur est un trapèze tel que $EFGH$.

Si donc on conçoit le ponton coupé perpendiculairement à fa longueur, & au milieu, il résulte évidemment de ce qui a été dit (254), que chaque moitié est un composé de deux prismes triangulaires tronqués, dont l'un a pour expression $EHG \times \dfrac{AE+DH+CG}{3}$, ou $EHG \times \dfrac{2AE+CG}{3}$, parce que AE est égal à DH. Pareillement le second prisme triangulaire aura pour expression $EFG \times \dfrac{2CG+AE}{3}$; donc le ponton entier aura pour expression $EHG \times \dfrac{2AI+CL}{3} + EFG \times \dfrac{2CL+AI}{3}$. Or, la profondeur du ponton étant connue, on aura la hauteur commune des deux triangles, qui par conséquent feront faciles à calculer ; il fera donc facile d'avoir la folidité du ponton : nous en verrons un exemple dans peu.

L'avant & l'arrière du ponton font communément inclinés de 45 degrés fur le fond ; cette circonstance peut fournir une autre expression ;

mais comme elle n'est pas plus simple que la précédente, nous ne nous y arrêterons pas.

Bézout.

(*gg*) N°. 259, page 191.

Si au lieu de rapporter la solidité à la toise-cube, on vouloit la rapporter au pied-cube, on le pourroit également, en concevant le pied-cube comme composé de douze parallélipipèdes, qui ont tous 1 pied quarré de base, sur 1 pouce de hauteur chacun, & qu'on marqueroit ainsi *P P p*, pour exprimer *pied-pied-pouces* ; c'est ainsi que nous allons en user dans l'exemple suivant.

Exemple appliqué à la solidité d'un ponton.

Soit (*fig.* 199), la plus grande lar-
   geur EH, de.................... 4^P 4^p
La plus petite FG, de............ 4 2
Leur distance ou le creux du ponton. 2 4
La plus grande longueur AI....... 18 0
La plus petite CL................. 13 4

Donc 2 $AI + CL$............... 49^P 4^p
Et 2 $CL + AI$................. 44 8

Je calcule la surface du triangle EHG, & celle du triangle EFG, qui ont pour hauteur com-

ADDITIONS. 377

mune le creux du ponton, & je trouve comme il suit :

$4^P . 4^P$	$4^P . 2^P$
2. 4	2. 4
8. 8	8. 4
Pour 4^P... 1. 5. 4	Pour 4^P... 1. 4. 8
Somme 10. 1. 4	Somme 9. 8. 8
Moitié $5^{PP} 0^{Pp} 8^{Pl}$ Tr. *EHG*.	Moitié $4^{PP} 10^{Pp} 4^{Pl}$ Tr. *EFG*.

Je multiplie la première par $2AI + CL$, & la seconde par $2CL + AI$, & prenant le tiers du tout, j'ai la solidité du ponton, comme il suit.

$5^{PP} 0^{Pp} 8^{Pl}$	$4^{PP} 10^{Pp} 4^{Pl}$
49. 4.	$44^P . 8^P$
247. 8. 8.	213. 10. 8.
Pour 4^P... 1. 8. 2. 8.	Pour 6^P.. 2. 5. 2.
	Pour 2^P.. 0. 9. 8. 8.
Som. $249^{PPP} 4^{PPp} 10^{PPl} 8^{PPpl}$	Som. $217^{PPP} 1^{PPp} 6^{PPl} 8^{PPpl}$

Réunissant ces deux sommes, & prenant le tiers, on a $155^{PPP} 6^{PPp} 1^{PPl} 9^{PPpt} 4^{PP\prime}$ pour la solidité du ponton.

Exemple appliqué au toisé d'une Batterie.

Pour donner encore une application des prismes tronqués & du toisé, supposons que l'on demande la quantité de terre nécessaire à la construction de l'épaulement d'une batterie de quatre pièces de canon.

La longueur d'une pareille batterie est de 13^T 2^P par le bas. La hauteur de l'épaulement, en dedans, est ordinairement de 1^T 1^P, & en dehors elle est 1^T 0^P 4^P. Le talud intérieur est le tiers de la hauteur intérieure, & l'extérieur est la moitié de la hauteur extérieure; ainsi le premier est de 2^P 4^P, & le second de 3^P 2^P; la largeur de la base est de 3^T 5^P 6^P, ainsi la largeur au sommet extérieur de l'épaulement, est de 3^T 0^P 0^P. On donne aux deux côtés de l'épaulement le même talud qu'au-dedans, c'est-à-dire, le tiers de la hauteur intérieure vers le dedans, & le tiers de la hauteur extérieure vers le dehors; ainsi la longueur intérieure de l'épaulement, vers le haut, est de 12^T 3^P 4^P, & sa longueur extérieure vers le haut, est de 12^T 3^P 9^P 4^l.

Ces dimensions établies, on peut considérer le massif de la batterie (abstraction faite des embrasures), comme un prisme tronqué, dont la coupe faite perpendiculairement à sa longueur, seroit le trapèze $EFGH$ (*fig.* 200), dont

ADDITIONS. 379

La base HE est de............ $3^T\ 5^P\ 6^P$
Le talud intérieur HK........ 0. 2. 4
La hauteur GK de l'angle G.... 1. 1. 0
Le talud extérieur IE......... 0. 3. 2
La hauteur IF de l'angle F..... 1. 0. 4

Et si on conçoit que cette coupe soit faite au milieu de la longueur, ce prisme total est partagé en deux prismes droits, tronqués, parfaitement égaux, & qui ont chacun pour base le trapèze $EFGH$. Si l'on imagine donc la diagonale GE, il suit de ce qui a été dit, qu'on aura la solidité d'une des moitiés en multipliant le triangle EFG par le $\frac{1}{3}$ de la somme des trois arêtes, qui, d'un même côté, répondent aux angles F, E, G, y ajoutant le produit du triangle EGH, multiplié pareillement par la somme des trois arêtes, qui, du même côté, répondent aux angles E, G, H, & doublant le tout; mais puisque ces arêtes sont moitié des longueurs qui répondent à ces mêmes angles, ou des arêtes du prisme total, il s'ensuit que l'opération consiste à multiplier le triangle EFG par le tiers de la somme des trois arêtes totales qui répondent aux angles E, F, G, & le triangle EGH par le tiers de la somme de celles qui répondent aux trois angles E, G, H, & à ajouter ces deux produits.

Or, ces arêtes sont respectivement comme il suit.

Arêtes $\begin{cases} \text{En } E\ldots\ldots\ldots\ldots & 13^T\ 2^P\ 0^p\ 0^l \\ \text{En } G\ldots\ldots\ldots\ldots & 12\ \ 3\ \ 4\ \ 0 \\ \text{En } F\ldots\ldots\ldots\ldots & 12\ \ 3\ \ 9\ \ 4 \\ \text{En } H\ldots\ldots\ldots\ldots & 13\ \ 2\ \ 0\ \ 0 \end{cases}$

Le tiers des trois arêtes en
E, F, G, sera donc……… $12^T\ 5^P\ 0^p\ 5^P\ 4^{pt}$

Et le tiers des trois arêtes en
E, G, H, sera………… $13^T\ 0^P\ 5^P\ 4^l$

Il ne s'agit donc que d'avoir la surface du triangle EFG, & celle du triangle EGH; or la seconde est évidemment égale $\dfrac{HE \times GK}{2}$, & la première qui est la différence entre le quadrilatère $EFGH$ & le triangle EGH, sera $EK \times \frac{1}{2} FI - EI \times \frac{1}{2} GK$, d'où & d'après les mesures ci-dessus, on trouvera, comme il suit.

Le triangle EGH.. $2^{TT}\ 1^{TP}\ 8^{Tp}\ 6^{Tl}\ 0^{Tpt}$
$EK \times \frac{1}{2} FI$…..   1   5   2   0   8
$EI \times \frac{1}{2} GK$…..   0   1   10   2   0
Triangle EFG…   1   3   3   10   8

Donc le prisme correspondant au triangle EGH.. $29^{TTT}\ 5^{TTp}\ 2^{TTp}\ 8^{TTl}\ 2^{TTpt}\ 8^{TT'}$

Et le prisme correspondant au triangle FGE..   19. 5. 8. 7. 2. 1

Massif de la batterie………… $49^{TTT}\ 4^{TTp}\ 11^{TTp}\ 5^{TTl}\ 4^{TTpt}\ 9^{TT'}$

A l'égard des embrasures, si l'on suppose que leur fond est horizontal, que l'ouverture intérieure est de deux pieds haut & bas, l'extérieur de 9^P en bas, & 12 pieds 6^P en haut; que la hauteur de l'embrasure est de 3^P 6^P du côté intérieur de la batterie; en concevant chacune coupée perpendiculairement à la longueur de la batterie, on verra que le profil peut en être représenté par le quadrilatère $FGDM$, dans lequel on aura GO de 3^P 6^P, FN de 2^P 10^P, & les taluds DO & NM seront, savoir, DO de 1^P 2^P, & NM de 1^P 5^P; d'où on conclura que DM est de 3^T 2^P 7^P; & comme le solide de l'embrasure est aussi un prisme tronqué, dont toutes les dimensions sont actuellement connues; on conclura, par un calcul semblable au précédent, que le solide des quatre embrasures est de 6^{TTT} 3^{TTP} 1^{TTp} 6^{TTl} 3^{TTpt} 1$^{TT'}$, lequel retranché du massif trouvé ci-dessus, il reste 43^{TTT} 1^{TTP} 9^{TTp} 9^{TTl} 1^{TTpt} 8$^{TT'}$ pour la totalité des terres nécessaires à la construction de l'épaulement, d'où il est facile de conclure le nombre de travailleurs nécessaires pour construire cette batterie dans un temps déterminé, sachant par expérience que trois hommes, sans trop se fatiguer, peuvent creuser & rapporter sur la batterie une toise-cube en 18 heures.

Bézout.

(*hh*) N°. 262, page 195.

Quelques toiseurs divisent autrement la solive. En se la représentant comme un parallélipipède de 2 toises de haut sur 36 pouces quarrés de base, ils la divisent en douze parties qu'ils appellent des pieds; ils divisent ce pied en 12 pouces, & le pouce en trois parties qu'ils appellent *chevilles*. Ainsi leur pied de solive est la moitié du pied de solive ordinaire; il en est de même du pouce, & chaque cheville vaut 2 lignes de solive.

Pour les bois qu'on reçoit dans l'artillerie, on entend par équarrissage, le quarré inscrit au cercle qu'on a pris pour base dans un corps d'arbre non équarri ou en grume. Ce quarré qui a pour diagonale le diamètre est (167) la moitié du quarré du diamètre ou du quarré circonscrit. Comme les arbres vont en diminuant de grosseur à mesure qu'on s'éloigne du pied, on les regarde dans la pratique, comme des cylindres de même longueur que le corps de l'arbre, mais d'un diamètre égal à celui de l'arbre vers le milieu de sa hauteur. On diminue encore ce diamètre de quelques pouces par rapport à l'écorce & à l'aubier, mais cette diminution varie selon la nature des bois & le pays.

Lorsqu'on a mesuré ce diamètre, on le rend

ADDITIONS. 383

12 fois plus grand, & on le multiplie par ce même diamètre rendu six fois plus grand ; la moitié de ce produit qu'on appelle *base de solive du bois équarri*, exprime en sous-entendant une toise de longueur, le nombre des solives & parties de solives que contient une toise de longueur de l'arbre équarri. En sorte que pour avoir le nombre total des solives de cet arbre, il ne s'agit plus que de multiplier par le nombre des toises & parties de toise de sa longueur.

Et pour avoir le nombre des solives du même arbre en *grume*, on multiplie le quarré du diamètre rendu 72 fois plus grand comme il vient d'être dit par $\frac{11}{7}$, & on en prend moitié ; ce qui donne la surface du cercle qui sert de base au cylindre dont la solidité est prise pour celle de l'arbre ; on appelle cette surface, *base de solive du bois en grume*. Enfin on multiplie cette base de solive par le nombre des toises & parties de toise de la longueur de l'arbre.

EXEMPLE.

On demande la base de solive tant équarrie, qu'en grume, pour un arbre de 25 pouces de diamètre.

A 25 pouces je substitue 25 pieds, ou... $4^T 1^P$

D'un autre côté, à 25 pouces, je substitue 25 demi-pieds, ou........................ $2^T 0^P 6^P$.

Je multiplie l'un par l'autre, & j'ai $8^{TT}\ 4^{TP}\ 1^{TP}$
dont la moitié................ $4^{TT}\ 2^{TP}\ 0^{TP}\ 6^{TP}$
comptée en folives, donne pour la bafe de folive équarrie.................. $4^{sol}\ 2^{P}\ 0^{P}\ 6^{l}$.

Puis pour avoir la bafe de folive en grume, je multiplie par $\frac{11}{7}$, la quantité $8^{TT}\ 4^{TP}\ 1^{TP}$, ce qui donne.................. $13^{TT}\ 3^{TP}\ 10^{TP}\ 2^{Pl}$
dont la moitié............... 6 4 11 1
comptée en folives, donne pour la bafe de folive en grume..................... $6^{sol}\ 4^{P}\ 11^{P}\ 1^{l}$.

Bézout.

(*ii*) N°. 265, page 198.

Ces principes peuvent fervir à réfoudre plufieurs queftions de la nature des fuivantes.

1°. *Connoiffant le poids d'un pied cube de poudre, trouver le côté d'un fourneau cubique qui doit contenir un poids donné de poudre.*

Les poids de différens volumes d'une même efpèce de matière étant proportionnels à ces volumes, font proportionnels aux cubes de leurs dimenfions, lorfqu'ils font femblables.

Ainfi, fuppofant que le pied cube de poudre contienne 64 ℔, fi l'on veut avoir le côté d'un fourneau cubique contenant 10 ℔ de poudre, on fera cette proportion, 64 : 10 comme le cube

ADDITIONS. 385

de 1 est à un quatrième terme qui sera le cube du côté cherché, lequel sera donc $\frac{10}{64}$, dont la racine cubique $\frac{2,154}{4}$, ou $0^{P},538$, ou $0^{P}\ 6^{p}\ 5^{l}$ est le côté cherché.

Si dans cette opération on veut employer les logarithmes, au logarithme de 10, on ajoutera (*Arith.* 242) le complément arithmétique du logarithme de 64; ce qui donne 9,193820, à la caractéristique duquel (*Arith.* 242) j'ajoute 20; & prenant le tiers de la somme 29,193820, j'ai 9,731273 pour le logarithme de la racine cubique, ou du côté cherché; la caractéristique étant trop forte de 10 unités. Je la diminue donc d'autant d'unités qu'il est nécessaire pour trouver le reste dans les tables, & je trouve 5386 pour le nombre qui correspond au logarithme restant 3,731273, dont la caractéristique étant trop forte encore de 4 unités, me fait connoître que le nombre cherché, est à moins d'un dix-millième près, 0,5386 qui donne, comme ci-dessus, $0^{P.}\ 6^{p}\ 5^{l}$.

Dans l'exemple précédent, nous avons pris 64 ℔ pour le poids d'un pied cube de poudre; & ce l'est en effet à-peu-près. Mais dans les charges des fourneaux on ne doit pas compter sur ce pied à cause de la paille, des sacs à terre, &c. qu'on emploie nécessairement. Mais en supposant qu'on emploie toujours de ces derniers, proportionnellement à la quantité de poudre, il suffit de savoir, une fois pour toutes, quel est le poids de la poudre qui entre dans un fourneau d'un pied cubique, pour pouvoir déterminer de la même manière le côté de tout autre fourneau qui contiendroit un poids connu de poudre, avec les autres matières qui doivent y entrer.

2°. *Connoissant les poids de deux boulets, & le diamètre de l'un, pour avoir le diamètre de l'autre, on se conduira comme il suit.*

Par exemple, le diamètre du boulet de 24, est de $5^P 5^l$, $4^{pts} 5^P$, ou 444; on demande le diamètre du boulet de 12.

Les solidités doivent donc être ∷ 24 : 12 ou ∷ 2 : 1. Donc les cubes des diamètres doivent aussi être ∷ 2 : 1; ainsi du triple du logarithme de 5,444, je retranche le logarithme de 2, & j'ai 1,906724 dont le tiers 0,635575 cherché avec une caractéristique plus forte de trois unités, répond à 4321; donc le diamètre cherché, est de $4^P,321$ ou $4^P 3^l 10^{pts}$.

Si l'on n'avoit pas de tables de logarithmes, on cuberoit $5^P 444$; & l'ayant divisé par 2, on extrairoit la racine cubique du quotient.

Par les mêmes principes, on peut résoudre les deux questions suivantes; mais le principe donné (246) peut en fournir encore une solution plus facile comme il suit.

ADDITIONS. 387

Trouver le diamètre d'une sphère qui auroit une solidité connue. Par exemple, pour faire une sphère qui contienne 10 pieds cubes de matière, on fera cette proportion, 11 : 21 :: 10 est à un quatrième terme, qui sera le cube du diamètre cherché; extrayant donc la racine cubique de ce quatrième terme, on aura le diamètre.

Si on opère par logarithmes, on trouvera comme il suit..........

       Log. 10...... 1,000000
       Log. 21...... 1,322219
       Somme....... 2,322219
       Log. 11...... 1,041393
       Reste........ 1,280826
dont le tiers........... 0,426942
étant cherché avec une caractéristique plus forte de trois unités, donne $2^P,673$, ou $2^P 8^p 0^1 11^{pts}$ pour le diamètre cherché.

Le même principe peut être employé à *déterminer le diamètre des balles de plomb suivant leur nombre à la livre.*

Par exemple, sachant que le pied cube de plomb pèse 828 ℔, on demande le diamètre d'une balle de 16 à la livre.

Puisqu'il doit y en avoir 16 dans la livre, il y en aura donc 16 fois 828, ou 13248 dans un pied cube; la solidité de chacune sera donc la $\frac{1}{13248}$ⁿᵉ partie d'un pied cube. Je fais donc cette proportion $11 : 21 :: \frac{1}{13248}$ est à un quatrième terme qui sera le cube du diamètre cherché; ou bien réduisant le pied cube en lignes cubes, je fais cette proportion $11 : 21 :: \frac{1728 \times 1728}{16 \times 828}$ est à un quatrième terme qui sera $\frac{1728 \times 1728 \times 21}{16 \times 828 \times 11}$.

Opérant par logarithmes.......

	Log. $\overline{1728}^2$... 6,475088
Log. 16... 1,204120	Log. 21...... 1,322219
Log. 828.. 2,918030	Somme..... 7,797307
Log. 11... 1,041393	5,163543
Somme... 5,163543	Dif. des 2 Som. 2,633764
	dont le tiers.. 0,877921

étant cherché avec une caractéristique plus forte de deux unités seulement, donne $7^l,55$, ou 7^l $64^{pts} \frac{3}{5}$ pour le diamètre de chaque balle.

Puisque les surfaces des corps semblables sont entr'elles comme les quarrés des lignes homologues, les lignes homologues seront donc entr'elles comme les racines quarrées de ces surfaces; & les solides qui sont comme les cubes des lignes homologues, seront donc comme les cubes des racines quarrées des surfaces. Les surfaces seront donc aussi entr'elles, comme les quarrés des racines cubiques des solidités. *Bézout.*

(*kk*) N°. 277, page 212.

Si la ligne CA étoit le rayon d'après lequel on auroit construit les tables, & si le sinus AP de l'arc AB valoit 45000 parties du rayon CA que nous avons supposé divisé en 100000 parties, il est évident que, si au lieu du rayon CA, on avoit pris le rayon CD, le sinus de l'arc DG vaudroit encore 45000 parties de son rayon CD.

En effet, les deux lignes AP, DE étant perpendiculaires à la ligne CE, les deux triangles CPA, CED seront semblables: on aura donc la proportion suivante $CA : CP :: CD : DE$, ou bien $100,000 : 45000 :: 1000000 : x = 45000$; d'où je conclus que, quels que soient les rayons, les sinus des arcs qui auront le même nombre de degrés, seront les mêmes portions des rayons de ces arcs, avec cette seule différence que lorsque les rayons seront plus grands, les parties des rayons & des sinus seront plus grandes, *& vice versa.*

(*ll*) N°. 294, page 232.

Avant que d'enseigner l'usage des principes précédens, pour la résolution des triangles, il est à propos de faire connoître comment on mesure les angles qui font partie de ces triangles.

L'instrument qu'on emploie lorsqu'on veut mesurer les angles avec une précision suffisante pour la plupart des pratiques, est le *Graphomètre* (*fig. 9*).

C'est un demi-cercle de cuivre divisé en 180^d, & sur lequel on marque même les demi-degrés, selon la grandeur de son diamètre.

La demi-circonférence DHB sur laquelle les divisions sont marquées, n'est pas une simple ligne ; c'est une couronne demi-circulaire à laquelle l'ouvrier donne plus ou moins de largeur ; & cette couronne est ce qu'on appelle le *limbe* de l'instrument.

Le diamètre DB fait corps avec l'instrument ; mais le diamètre EC qu'on nomme *alidade*, n'y est assujetti que par le centre A, autour duquel il peut tourner & parcourir, par son extrémité C, toutes les divisions de l'instrument. Chacun de ces deux diamètres est garni à ses deux extrémités, de *pinnules*, à travers lesquelles on regarde les objets. Quelquefois, au lieu de pinnules, chacun de ces deux diamètres porte une lunette. Celle qui répond au diamètre BD est parallèle à ce diamètre. L'autre, fixée à l'alidade EC peut se mouvoir avec elle, & s'incliner un peu sur elle, afin de n'être pas obligé de déranger le plan de l'instrument pour appercevoir les objets qui feroient un peu élevés ou abaissés à l'égard de ce plan.

L'instrument est porté sur un pied, & peut, sans rien changer à la position du pied, être incliné dans tous les sens, selon le besoin.

Pour rendre le graphomètre propre à mesurer les angles avec plus de précision, à indiquer les parties de degrés, on fait, le plus souvent, sur la largeur & à l'extrémité du diamètre mobile, des divisions qui, selon la manière dont elles correspondent à celles du limbe, servent à connoître les parties de degré, de 5 en 5 minutes, ou de 4 en 4 minutes, &c.

Pour les faire marquer de 5′ en 5′, par exemple, on prend sur la largeur & à l'extrémité de l'alidade une étendue de 11 degrés, & on la divise en douze parties égales, dont chacune est par conséquent de 55′. Lorsque la première division de l'alidade correspond à l'une des divisions du limbe, alors l'angle compris entre les deux diamètres, est mesuré par les divisions du limbe. Mais lorsque la première division de l'alidade ne s'accorde pas avec une des divisions du limbe, alors on cherche sur l'une & sur l'autre, quelle est la division qui approche le plus de se correspondre, & l'on ajoute au nombre de degrés marqués sur le limbe entre la première division de celui-ci, & celle de l'alidade, autant de fois 5 minutes qu'il y a d'intervalles fur l'alidade entre fa première divifion, & celle qui a fa correfpondance fur le limbe, parce que pour chaque intervalle il y a 5 minutes de différence entre le limbe & l'alidade.

Si on vouloit évaluer les minutes de 4 en 4, on prendroit un arc de 14 degrés que l'on diviferoit en quinze parties; & pour évaluer de 3 en 3, on prendroit 19 degrés que l'on diviferoit en vingt parties.

Pour mefurer un angle avec cet inftrument; par exemple, pour mefurer l'angle que formeroient au point A (*fig. 9*) les lignes qu'on imagineroit tirées de ce point aux deux objets G & F, on place le centre du graphomètre en A, & on difpofe l'inftrument de manière que regardant à travers les pinnules du diamètre fixe BD, l'on apperçoive l'un F de ces objets, & qu'en même temps l'autre objet G fe trouve dans le prolongement du plan de l'inftrument, ce qu'on fait en inclinant plus ou moins le graphomètre : alors on fait mouvoir l'alidade EC jufqu'à ce qu'on puiffe appercevoir l'objet G à travers les pinnules E & C; l'arc BC compris entre les deux diamètres eft la mefure de l'angle GAF.

Lorfqu'on veut employer le graphomètre à mefurer des angles dans un plan vertical, c'eftà-dire, des angles formés dans un plan qui paffe

ADDITIONS. 393

par ce qu'on appelle une ligne *à-plomb* on donne au plan de l'instrument la position verticale à l'aide d'un poids suspendu par un fil dont on attache une extrémité au centre du graphomètre. Lorsque le fil rase le bord de l'instrument, & répond à 90^d, le graphomètre a la disposition convenable. *Bézout.*

(*mm**) N°. 297, page 238.

BDC (fig. 211) *est l'arrondissement de la contrescarpe, compris entre les prolongemens égaux* AB, AC *des deux faces d'un bastion; on demande la corde* BC *& la flèche* DE *de cet arrondissement, en supposant connus* AB, AC, *& l'angle* BAC *égal à l'angle flanqué du bastion.*

Soient AB & AC, chacun de 20^T ou 120^P, & l'angle BAC de 83^d 8′.

Dans le triangle BEA, rectangle en E, on aura (295)

   1°. R : sin. BAE :: AB : BE.
   2°. R : sin. ABE ou cos. BAE :: AB : AE.

Donc, 1°..........................

Log. AB, ou log. 120^P........ 2,0791812
Log. sin. BAE, ou log. sin. 41^d 34′. 9,8218351
Somme moins log. du rayon..... 11,9010163

qui, dans les tables, répond à 79ᵖ, 62; donc la corde BC est de 159ᵖ, 24........

2°. Log. 120ᵈ 2,0791812
Log. cof. 41ᵖ 34′............. 9,8740085
Somme — log. du rayon....... 11,9531897

qui répond à 89ᵖ,78; donc la flèche DE ou $AD — AE$ est de 30ᵖ,23.

Par la même méthode que nous venons d'employer pour déterminer la corde DE, on peut résoudre, par le calcul, cette autre question.... *Déterminer le vent du boulet dans les pièces d'un calibre connu.*

La méthode graphique que l'on suit pour cela, consiste à élever à l'extrémité A (*fig.* 202) d'une ligne AB, égale au diamètre du boulet, une perpendiculaire AD égale au rayon AC; puis du point A comme centre, & du rayon AD, on décrit l'arc DCE qui rencontre en E la circonférence qui a AB pour diamètre; on porte la corde DE de B en F, & AF est le vent du boulet, c'est-à-dire, que AF est la quantité, dont le diamètre intérieur de la pièce doit être plus grand que celui du boulet.

Pour déterminer AF par le calcul, il ne s'agit, en imaginant la corde AE, que de calculer DE dans le triangle isocèle DAE, dont on connoît les côtés AD, AE, égaux chacun au demi-diamètre du boulet, & l'angle DAE qui (63 & 93)

ADDITIONS. 395

est de 150ᵈ ; en imaginant donc du point A une perpendiculaire sur DE, on aura deux triangles-rectangles égaux, par l'un desquels on calculera, comme dans l'exemple précédent, la valeur de la demi-corde DE. Doublant & retranchant de la valeur de AB, on aura celle de AF.

Par exemple, pour les pièces de 4, dont le boulet a $3^{po.}\,0^l\,3^{pts}\,\frac{3}{4}$, ou $3^{po.},026$; on trouvera DE de $2^{po.}923$; le vent du boulet, dans les pièces de ce calibre, est donc de $0^{po},103$ ou de $0^{po.}\,1^l\,2^{pts}\,\frac{4}{5}$.

Le cable ou cordage d'ancre AC (fig. 203) *étant de* 32^T *ou* 192^P, & *la profondeur* AB *de la rivière de* 12^P, *trouver l'angle* ACB *que fait le cordage avec le lit* BC *de la rivière, supposé horizontal, & abstraction faite de la courbure que ce cordage peut prendre tant par l'impulsion de l'eau, que par l'excès de son poids sur celui de l'eau dont il occupe la place.*

On imaginera le triangle-rectangle ABC, dans lequel on connoît AC de 192 pieds, AB de 12 pieds, & l'angle droit B. Et pour trouver l'angle ACB, on fera (295) cette proportion, $AC:AB :: R: \sin. ACB$.

Donc par logarithmes,
Log. AB..................... 1,0791812
Log. du rayon................ 10,0000000
Complément arithm. log. AC... 7,7166988
  Somme.............. 18,7958800

ou log. sinus de ACB, qui, dans les tables, répond à $3^d\,35'$.

Trouver l'angle que la ligne de mire fait avec l'axe prolongé, dans une pièce d'un calibre & de dimensions connus.

Si par le point H (*fig. 194*) le plus élevé du renflement du boulet, on imagine la droite HI parallèle à l'axe AB, l'angle GHI sera égal à l'angle GCA que la ligne de mire fait avec l'axe prolongé. Connoissant donc dans le triangle rectangle GIH, le côté GI & le côté HI, il sera facile d'avoir l'angle GIH, par cette proportion (296) $IH:GI::R:\tang.\,GHI$.

Par exemple, dans la pièce de 12 légère, on a
AG de.......................... $6^{po},231$
BH........................... $4,\,926$
& par conséquent GI............. $1,\,305$
d'ailleurs HI.................... $77,\,254$
on aura donc $77,254:1,305$ ou $77254:1305$
$::R:\tang.\,GHI$: donc par logarithmes,

Log. 1305.................... 3,1156105
Log. du rayon................
Log. 1305.................... 10,0000000
Complément arith. log. 77254... 5,1120790
  Somme................ 18,2279895

C'est le logarithme de la tangente de l'angle cherché, lequel sera par conséquent de $0^d\,58'$.

Une pièce de 12 légère étant pointée à 3 degrés,

ADDITIONS. 397

trouver la hauteur à laquelle la ligne de mire s'élève à la distance de 600 toises, qui est à-peu-près la portée de cette pièce sous l'angle de 3 degrés.

La ligne de mire faisant avec l'axe un angle de 58′, ainsi qu'on vient de le voir, ne fera donc avec l'horizon qu'un angle de 2^d 2′; ainsi sa hauteur, à la distance horizontale de 600 toises, fera le second côté de l'angle droit dans un triangle rectangle, dont l'angle adjacent au premier côté 600 toises est de 2^d 2′. On aura donc ce côté (296) par la proportion $R : tang. 2^d 2′ :: 600^T$ est à un quatrième terme que l'on trouvera de 21$_T$,3.

La première embrasure d'une batterie A C à ricochet (fig. 204) étant directe, trouver l'inclinaison de la septième embrasure, c'est-à-dire, l'angle que la ligne du tir fait avec l'épaulement A C à la septième embrasure; on suppose que toutes les pièces de cette batterie sont dirigées vers un même point B éloigné de 250 toises ou 1500 pieds.

La ligne AB du tir de la première embrasure est supposée perpendiculaire à l'épaulement AC; ainsi la question est de déterminer l'angle BCA de triangle-rectangle BAC dont l'angle A est droit; le côté AB est de 1500 pieds, & le côté AC est déterminé par la grandeur, la distance & le nombre des embrasures.

Supposons, par exemple, qu'il y ait 20 pieds

398 ADDITIONS.

de distance du milieu d'une embrasure au milieu de sa voisine, alors on fera cette proportion, 120 : 1500 :: R : tang. *B C A*. Donc par logarithmes ;

Log. 1500..................... 3,1760913
Log. du rayon................ 10,0000000
Complément arith. log. 120..... 7,9208188

Somme............... 11,0969101

C'est le logarithme de la tangente de l'angle *B C A*, qui est donc de $85^d\ 26'$.

Comme le heurtoir *D F* doit toujours être perpendiculaire à la ligne du tir, & qu'il doit être appuyé contre l'épaulement, au moins par une de ses extrémités, il fait donc avec l'épaulement un angle *A D F*, qui est le complément de celui *D C E* ou *A C B* que nous venons de déterminer ; ainsi connoissant la longueur *D F* du heurtoir, & par conséquent sa moitié *D E*, il sera facile de calculer la distance *C E* de l'épaulement, à laquelle doit être placé, sur la ligne de tir, le milieu *E* du heurtoir. *Bézout.*

(*nn*) N°. 298, page 244.

Dans tout triangle rectiligne, le sinus d'un angle est au côté opposé à cet angle, comme le sinus de tout autre angle du même triangle est au côté qui lui est opposé.

On a démontré (295) que dans tout triangle

rectangle, le rayon ou le sinus de l'angle droit étoit à l'hypothénuse, comme le sinus d'un des angles aigus étoit au côté qui lui étoit opposé. Je ne parlerai donc que des triangles obliquangles.

Des sommets des trois angles du triangle ABC (*fig. 153*), je décris trois arcs avec la même ouverture de compas; & d'une des extrémités de ces arcs, je mène des perpendiculaires sur les côtés qui passent par l'autre extrémité de ces arcs; ces perpendiculaires seront le sinus des angles de ces triangles. Il s'agit de démontrer qu'on aura toujours $LM : AB :: EG : BC :: NK : AC$.

Je circonscris une circonférence de cercle au triangle ABC, & après avoir mené les rayons DA, DB, DC, je décris le cercle abc avec un rayon égal à celui avec lequel j'ai décrit trois arcs des sommets du triangle ABC. Enfin, je mène les cordes ab, bc, ac, par les points de section a, b, c.

Le triangle abc est semblable au triangle ABC. En effet les lignes Da, Db étant égales, & les lignes DA, DB étant aussi égales, les deux triangles aDb, ADB seront semblables; donc l'angle Dab sera égal à l'angle DAB; donc le côté ab sera parallèle au côté AB. On démontrera de même que le côté bc est parallèle au côté BC, & que le côté ac l'est aussi au côté AC; donc ces deux triangles abc, ABC sont semblables, puisqu'ils ont leurs côtés parallèles ; donc $ab : AB :: bc : BC :: ac : AC$, ou $\underline{ab} : AB :: \underline{bc} : BC :: \underline{ac} : AC$. Par le centre D, je mène des perpendiculaires sur les cordes ab, bc, ac. Ces cordes, ainsi que les arcs qu'elles soutendent, étant partagés en deux parties égales, au lieu de $\underline{ab} : AB :: \underline{bc} : BC : \underline{ac} : AE$, on aura donc $ai : AB :: bg : BC :: ch : AC$. Il me reste à faire voir que les lignes ai, bg, ch, font égales aux sinus LM, EG, NK, des angles C, A, B.

Pour démontrer que les lignes ai, bg, ch font égales aux sinus des angles C, A, B, il faut prouver que les triangles aiD, bgD, ahD font égaux chacun à chacun aux triangles LMC, EGA, NKB, je dis d'abord que le triangle aiD est égal au triangle LMC. En effet, la ligne Da est égale à la ligne LC, puisque ces deux lignes font deux rayons égaux ; les deux angles aiD, LMC font droits ; l'angle aDi est égal à l'angle acb, puisqu'ils ont tous les deux pour mesure la moitié de l'arc ab ; mais l'angle acb est égal à l'angle C ; donc l'angle aDi est égal à l'angle C ; donc ces deux triangles font égaux ; donc la ligne ai est égale au sinus LM. Je démontrerai de la même manière que les triangles bgD, ahD font égaux aux triangles EGA,

ADDITIONS. 401

NKB, & je conclurai de leur égalité, que les lignes bg, ch, sont égales aux sinus EG NK; donc au lieu de cette suite de termes proportionnels $ai : AB :: bg : BC :: ch : AC$, nous aurons $LM : AB :: EG : BC :: NK : AC$; donc les sinus des angles du triangle ABC sont proportionnels aux côtés qui leur sont opposés.

Si le triangle MNP (*fig. 152*) avoit un angle MNP obtus, je ferois la même construction que ci-dessus, avec cette seule différence que l'arc décrit du sommet de l'angle obtus, au lieu d'être compris par les deux côtés de cet angle, seroit compris entre l'un de ses côtés, & le prolongement de l'autre. Après avoir démontré que les deux triangles mnp, MNP sont semblables, & que l'on a cette suite de termes proportionnels, $mh : MP$ $:: me : MN :: ng : NP$, je ferai voir que les lignes mh, me, ng sont égales aux sinus GH, IL, EF, des angles MNP, MPN, NMP, en prouvant que les triangles mCh, mCe, nCg sont égaux aux triangles NGH, PIL, MEF. Je dis d'abord que le triangle mCh est égal au triangle NGH. En effet, le côté mC est égal au côté NG, l'angle mhC est droit, ainsi que l'angle NHG, l'angle mCr est égal à l'angle pnq, puisqu'ils ont chacun pour mesure la moitié de l'arc mnp; mais l'angle pnq est égal à l'angle GNH, puisque ces deux angles sont supplémens des angles égaux mnp, MNP;

donc les deux triangles *m C h*, *N G H* sont égaux; donc la ligne *m h* est égale au sinus *G H*.

Le triangle *m C e* est égal au triangle *P I L*, car le côté *m C* est égal au côté *P I*, l'angle *m e C* est droit, ainsi que l'angle *I L P*, l'angle *m C s* est égal à l'angle *m p n*, puisque ces deux angles ont chacun pour mesure la moitié de l'arc *m n*; mais l'angle *m p n* est égal à l'angle *I P L*; donc l'angle *m C s* est égal à l'angle *I P L*; donc les deux triangles *m C e*, *P I L* sont égaux; donc la ligne *m e* est égale au sinus *I L* de l'angle *M P N*. Je démontrerai de la même manière que la ligne *n g* est égale au sinus *E F* de l'angle *P M N*; donc les lignes *m h*, *m e*, *n g* sont égales aux sinus *GH*, *IL*, *EF*, des angles *MNP*, *MPN*, *PMN*; donc au lieu de cette suite de termes proportionnels, *m h* : *MP* :: *m e* : *MN* :: *n g* : *NP*, nous aurons celle-ci, *GH* : *MP* :: *IL* : *MN* :: *EF* : *NP* ; donc dans tout triangle obtus-angle, les sinus des angles sont proportionnels aux côtés opposés à ces angles.

(*oo*) N°. 300, page 245.

EXEMPLE I. *On veut connoître les distances* C A, C B *(fig. 205) d'une galiote à bombes* C, *à deux batteries de côté* A & B.

Des points *A* & *B* on observera (au même instant, si la galiote *C* est en mouvement) les angles CAB, CBA; puis on mesurera la distance AB des deux batteries A & B. Alors dans le triangle CAB, dont on connoît deux angles & un côté, on retranchera de 180 degrés la somme des deux angles connus, pour avoir le troisième, & l'on déterminera AC & CB par les deux proportions suivantes.

$$\text{sin. } C : AB :: \text{sin. } B : AC$$
$$\text{sin. } C : AB :: \text{sin. } A : BC.$$

Supposons, par exemple, que AB ait été trouvé de 256 toises; l'angle A, de $84^d\ 14'$; l'angle B, de $85^d\ 40'$; on aura l'angle C, de $10^d\ 6'$; & pour avoir AC & BC, on opérera par logarithmes comme il suit.

Log. sin. B...	9,9987567	Log. sin. A...	9,9977966
Log. AB.....	2,4082400	Log. AB.....	2,4082400
Compl. arith. log. sin. C	0,7560528	Compl. arith. log. sin. C	0,7560528
Log. AC....	13,1630495	Log. CB....	13,1620894
Donc AC...	1456 toises.	Donc CB...	1452 toises.

EXEMPLE II. *Connoissant la distance* AC (fig. 206) *d'un point* C *à l'angle flanqué d'un bastion, la distance* AB *des sommets des angles flanqués de deux bastions voisins, ou le côté extérieur du polygone; & ayant observé l'angle* C, *trouver la distance* BC.

Soit le côté extérieur AB, de 200 toises, la distance AC de 130 toises, & l'angle C de 59^d $16'$. On commencera par calculer l'angle B par cette proportion AB fin. $C :: AC :$ fin. B. Opérant donc par logarithmes, on aura :

Log. fin. 59^d $16'$.............. 9,9342737
Log. 130................... 2,1139434
Complément. arith. log. 200.... 7,6989700

Somme............... 19,7471871

C'est le logarithme du finus de l'angle B ; mais comme un finus (275) appartient également à un angle aigu & à l'angle obtus qui en est le supplément, & que rien dans l'énoncé de la question ne détermine si l'angle B doit être aigu ou obtus, on n'est pas plus en droit de prendre pour valeur de l'angle B, la quantité 33^d $58'$ qui répond dans les tables, au logarithme trouvé, que son supplément 146^d $2'$. Mais supposons que l'on sache d'ailleurs que l'angle B doit être aigu ; alors nous devons prendre 33^d $58'$ pour sa valeur, d'où nous conclurons que l'angle BAC est de 86^d $46'$. Ainsi pour avoir le côté BC, il ne s'agit donc plus que de faire cette proportion, fin. $C : AB$ :: fin. $BAC : BC$; donc

Log. 200................. 2,3010300
Log. sin. 88ᵈ 46'............ 9,9993081
Complém. arith.-log. sin. 59ᵈ 16'.. 0,0659263

Somme................. 12,3660644

C'est le logarithme du côté BC que l'on trouve par conséquent de 232ᵀ,3. *Bézout.*

(*pp*) N°. 304, page 253.

Dans tout triangle rectiligne, la somme de deux côtés est à leur différence, comme la tangente de la moitié de la somme des deux angles opposés à ces côtés est à la tangente de la moitié de leur différence.

Si les deux côtés AB, AC (*fig.* 240) étoient égaux, les deux angles ABC, ACB seroient égaux ; donc si l'on connoissoit aussi l'angle compris BAC, il est évident que l'on connoîtroit tous les angles. Je dis en outre que dans ce cas la proposition ci-dessus ne nous apprendroit rien, puisqu'elle auroit deux termes égaux à zéro.

Sur la ligne BD je prends AD égal au côté AC ; je joins les deux points D & C par la ligne DC ; par le point A, je mène la ligne AE parallèle au côté BC, & de ce même point A j'abaisse sur la ligne DC la perpendiculaire AF, & du point F, je tire la ligne *FH* parallèle au côté *B C*. Enfin, du point *A*, & avec le rayon *AF*, je décris l'arc *FG*.

Cela posé, il est évident que la ligne *D B* est égale à la somme des côtés *A B* & *A C*, puisque par la construction, la ligne *D A* égale *A C*.

La ligne *A H* est égale à la moitié de la différence des deux côtés *A B* & *A C*, ou des deux lignes *A B* & *D A*; car la ligne *A F* étant perpendiculaire sur *D C*, & les deux lignes *A C* & *A D* étant égales, la ligne *D C* sera partagée en deux parties égales au point *F*.

Par conséquent, la ligne *D B* sera partagée aussi en deux parties égales au point *H* par la ligne *FH* parallèle à la ligne *BC*. En effet, les deux triangles *D B C* & *D H F* étant semblables, & la ligne *D F* étant la moitié de la ligne *D C*, il faut bien que la ligne *D H* soit la moitié de la ligne *D B*, c'est-à-dire, de la moitié de la somme des deux côtés *A B* & *A C*; mais *A H* est la quantité qu'il faut ajouter à la moitié de la somme de ces deux côtés pour avoir le plus grand; donc (301) la ligne *A H* est la moitié de la différence de ces deux côtés; donc 2 *A H* est égale à leur différence.

L'angle extérieur *DAC* est égal aux deux angles intérieurs *AB C* & *A C B* opposés. L'angle *DAC*, qui est partagé en deux parties égales par la perpendiculaire AF, sera donc la moitié de la somme des deux angles ABC & ACB ; & la ligne FD, qui est perpendiculaire à l'extrémité du rayon AF, sera la tangente de l'angle DAF, & par conséquent la tangente de la moitié de la somme des deux angles ABC & ACB.

L'angle DAE étant égal à l'angle ABC, l'angle CAE sera égal à l'angle ACB, puisque les deux angles DAE & CAE valent ensemble les deux angles ABC & ACB. Or, si de l'angle DAF, qui est la moitié de la somme des deux angles ABC & ACB, on retranche l'angle FAE, il restera l'angle DAE égal à l'angle B ; donc l'angle FAE est la moitié de la différence des deux angles ABC & ACB, puisque cet angle est la quantité qu'il faut retrancher de la moitié de la somme de deux quantités pour avoir la plus petite (301); mais la ligne FE est la tangente de l'angle FAE ; donc la ligne FE est la tangente de la moitié de la différence des deux angles ABC & ACB. Ainsi la ligne DH sera la moitié de la somme des deux côtés AB & AC; le double de la ligne AH sera la différence de ces deux côtés ; la ligne DF sera la tangente de la moitié de la somme des deux angles ABC & ACB, & enfin la ligne FE sera la tangente de la moitié de leur différence.

La ligne AE étant parallèle à la ligne HF, on

aura $DH:AH::DF:EF$, ou bien en doublant les deux premiers termes $2\times DH: 2\times AH :: DF: EF$, & enfin $AB+AC:AB-AC :: \text{tang.}\dfrac{ABC+ACB}{2}:\text{tang.}\dfrac{ABC-ACB}{2}$;
donc dans tout triangle la somme de deux côtés est à leur différence, comme la tangente de la moitié de la somme des deux angles opposés à ces côtés est à la tangente de la moitié de leur différence.

(qq^*) N°. 311, page 258.

D'après ces méthodes & l'inspection de la *figure 207*, il est facile de voir comment on s'y prendroit pour établir une batterie sur le prolongement de la courtine AB. *Bézout.*

(rr^*) N°. 312, page 259.

A, B, C (fig. 208) *sont trois points connus, c'est-à-dire, dont les distances & les angles que forment ces distances, sont connus; on veut établir une batterie hors de ces trois points, mais de manière que du point* D *où elle sera placée, on voie* AB *sous un angle connu,* & BC *sous un angle connu. On demande la position du point* D.

On imaginera un cercle, dont la circonférence passe par les trois points A, C & D; puis concevant la droite DBF, on imaginera les deux cordes AF & CF.

Dans le triangle AFC, on connoît AC, l'angle FAC égal à FDC, & l'angle FCA égal à FDA; on pourra donc calculer FC & FA (300).

Dans le triangle FBC, on connoît FC, BC, & l'angle FCB, composé de FCA, égal à FDA, & de ACB connu; on pourra donc (306) calculer l'angle CBF, dont le supplément est CBD.

Alors dans le triangle CBD, où l'on connoît CB, l'angle CBD & l'angle BDC, il sera facile de calculer DC. On s'y prendra de même pour calculer AD, par le moyen des triangles AFC, ABF & ABD.

Si la somme des deux angles observés ADB, BDC étoit égale à l'angle ABC, ou à son supplément, le problême seroit indéterminé, ou susceptible d'une infinité de solutions; le point B se trouveroit alors sur la circonférence.

Parmi les exemples que les commençans peuvent prendre pour s'exercer aux calculs trigonométriques, nous croyons devoir leur indiquer le calcul des lignes & des angles d'un front de fortification régulière; par exemple, dans un pentagone construit selon le premier système de M. de Vauban.

Nous supposerons le côté extérieur AB (*fig.* 211) de 180 toises; la perpendiculaire CD de 30 toises;

les faces de bastion AE, BF, de 50 toises. La largeur AG du fossé, vis-à-vis de l'angle flanqué, ou le rayon de l'arrondissement de la contrescarpe, de 18 toises ; la capitale HI de la demi-lune, de 55 toises ; la distance ET de l'angle de l'épaule, à la rencontre T de la face QI de la demi-lune, trois toises.

Alors le triangle ACD, rectangle en C, dans lequel on connoît AC & CD, fera connoître les angles DAC, ADC, par ce qui a été dit (296), & le côté AD, par ce qui a été dit (166) ; l'angle DAC étant connu, on aura ses égaux DBC, ELK, FKL; & du même angle DAC, comparé à la moitié de l'angle intérieur du pentagone, on conclura la moitié de l'angle flanqué VAE.

AD & AE étant connus, on aura DE & son égal DF; ainsi dans le triangle ADF, où l'on connoît AD & DF, & l'angle ADF, double de ADC, on calculera (306) les angles DFA, DAF, & le côté AF; & comme dans cette construction le triangle AFL est isocèle, par le moyen du triangle LAF, on aura facilement les deux angles ALF & AFL. Ajoutant au premier de ces deux angles, l'angle KLE égal à DAC, on aura l'angle KLF de la courtine. Et retranchant de l'angle AFL, l'angle calculé AFD, on aura KFL, dont le supplément LFB est l'angle de l'épaule.

Si de AL égale à AF calculé, on retranche AD, on aura DL; & les triangles semblables ADB, KDL, donneront KL ou la courtine.

Dans le triangle KLF dont tous les angles sont connus, & le côté KL, on aura aisément KF & LF (300).

De KF retranchant FD, on aura KD; & dans le triangle rectangle KMD où l'on connoît KD & KM, on aura MD (166). On connoîtra donc MC.

Dans le triangle AOC (en imaginant que O est le centre du polygone), on connoît AC & les angles; on calculera donc facilement AO & OC (295 & 296).

Dans le triangle rectangle AGF, où l'on connoît AF & AG, on calculera FAG (299), qui étant ajouté à FAD & à DAO actuellement connus, donnera le supplément de GAN.

On aura donc GAN & son complément ANG ou ONH, d'où par le triangle ONH, dont l'angle NOH est connu, il sera facile de conclure l'angle NHO, & par conséquent son supplément QHI.

Dans le triangle rectangle NAG, il sera donc facile de calculer AN; ce qui donnera ON dans le triangle ONH, où les angles étant d'ailleurs connus, on pourra calculer OH. On aura donc CH; & comme on connoît HI, on aura CI.

Ajoutant CI à CD, on aura DI dans le triangle TDI, où l'on connoît d'ailleurs DT ou $DE + ET$, & l'angle TDI; on pourra donc (310) calculer l'angle DIT ou HIQ du triangle HIQ dont on connoît actuellement HI & l'angle QHI. D'où il sera facile de calculer dans ce triangle QHI, la demi-gorge QH, & la face QI de la demi-lune QIP.

Usages de la Trigonométrie pour lever & tracer les plans.

L'art de tracer les plans consiste à déterminer sur le papier, des points qui soient placés entr'eux, comme le sont, sur le terrain, les objets que ces points doivent représenter. On suppose alors que tous les objets dont il s'agit sont situés dans un même plan horizontal; mais s'ils n'y étoient pas, en sorte que les opérations qu'on aura faites pour déterminer les situations respectives de ces objets, n'eussent pas été faites toutes dans un même plan horizontal, ou à-peu-près, il faudroit avant que de tracer le plan, ramener ces observations à ce qu'elles auroient été, si on les eût faites dans un plan horizontal. Nous allons d'abord expliquer comment on doit s'y prendre quand les observations ont été faites dans un plan horizontal, ou y ont été réduites;

nous ferons voir enfuite comment on les y réduit.

Soient donc $A, B, C, D, E, F, G, H, I, K$, (*fig. 75*), plufieurs objets remarquables, dont on veut repréfenter les pofitions refpectives fur un plan.

On deffinera groffièrement, fur un papier, ces objets, dans les pofitions qu'on leur juge à l'œil ; & pour cet effet, on fe tranfportera aux différens lieux où il fera néceffaire, pour prendre une connoiffance légère de tous ces objets : ce premier deffin qu'on appelle un *croquis* ou *brouillon*, fervira à marquer les différentes mefures qu'on prendra dans le cours des opérations.

On mefurera une bafe AB, dont la longueur ne foit pas trop difproportionnée à la diftance des objets les plus éloignés qu'on peut voir de fes extrémités, & qui foit telle, en même temps, que de fes mêmes extrémités on puiffe appercevoir le plus grand nombre d'objets que faire fe pourra ; alors avec le graphomètre, on mefurera au point A les angles EAB, FAB, GAB, CAB, DAB, que font au point A, avec la bafe AB, les lignes qu'on imaginera menées de ce point aux objets E, F, G, C, D, qu'on fuppofe pouvoir être apperçus des extrémités A & B de la bafe : on mefurera de même, au point B, les angles EBA, FBA, GBA, CBA, DBA, que font en ce point, avec la ligne AB, les lignes qu'on imaginera menées de ce même point B, aux mêmes objets que ci-dessus.

S'il y a des objets, comme H, I, qu'on n'ait pas pu voir des deux extrémités A & B, on se transportera en deux des lieux E & F qu'on vient d'observer, & d'où l'on puisse voir ces objets H & I; alors regardant EF comme une base, on mesurera les angles HEF, IEF, HFE, IFE, que font avec cette nouvelle base les lignes qui iroient de ses extrémités aux deux objets H & I. Enfin, s'il y a quelqu'autre objet, comme K, qu'on n'ait pu voir, ni des extrémités de AB, ni de celles de EF, on prendra encore pour base quelqu'autre ligne, comme FG, qui joint deux des points observés, & on mesurera de même, à ses deux extrémités, les angles KFG, KGF.

Cela posé, dans les triangles ACB, ADB, AEB, AFB, AGB, dans chacun desquels on connoît le côté AB, & les deux angles adjacens à ce côté, il sera facile (300) de calculer les deux autres côtés.

A l'égard des triangles HEF, IEF, comme on n'y a mesuré que les angles sur EF, on commencera par calculer EF, à l'aide du triangle EAF, dans lequel on connoît l'angle EAF, différence des deux angles observés EAB, FAB, & les côtés AE, AF, qu'aura donnés le calcul précédent : il sera donc facile d'avoir EF, par ce qui a été dit (306) ; alors, dans chacun des triangles HEF, IEF, on connoîtra le côté EF, & les deux angles adjacens ; on calculera les deux autres côtés, comme il vient d'être dit pour les premiers ; on se conduira de même pour le triangle KFG.

Ces calculs étant faits, on tirera (*fig. 76*) sur le papier, une ligne ab, que l'on fera d'autant de parties de l'échelle qui doit déterminer la grandeur que l'on veut donner au plan, d'autant de parties, dis-je, qu'on a trouvé de toises ou de pieds dans AB ; puis pour déterminer l'un quelconque des points que l'on a pu voir des extrémités A & B de la base, le point E, par exemple, on prendra sur l'échelle autant de parties que le calcul a donné de toises ou de pieds pour AE, & du point a, comme centre, & d'un rayon ae, égal à ce nombre de parties, on décrira un arc. On prendra pareillement sur l'échelle autant de parties, qu'on a trouvé de toises ou de pieds dans BE, & du point b, comme centre, & d'un rayon égal à ce nombre de parties, on décrira un arc qui coupe celui qui a été déduit du rayon ae, en un point e, lequel représentera sur le papier, la position du point e à l'égard de ab, semblable à celle de E, à l'égard de AB ; car, par cette construction, le triangle aeb a les côtés proportionnels à ceux du triangle AEB ; il lui eft donc femblable : on s'y prendra de même pour déterminer les points f, g, c, d, qui doivent être la repréfentation des points F, G, C, D.

A l'égard des points h, i, k, qui doivent être la repréfentation des objets H, I, K, qui n'ont pu être apperçus des points A & B ; les points e, f, g, ayant été déterminés comme il vient d'être dit, les lignes ef & fg, ferviront de bafe, comme ab en a fervi pour c, d, e, f, g ; en forte que l'opération fe réduira de même à tracer des points e & f, comme centres, & des rayons he, hf, qui contiennent autant de parties de l'échelle, que HE & HF ont été trouvés (par le calcul) contenir de toifes ou de pieds ; à tracer, dis-je, deux arcs dont l'interfection h marquera le point H, & ainfi des autres. Alors la figure tracée fur le papier fera femblable au terrein que l'on a levé (133), puifqu'elle fera compofée d'un même nombre de triangles que celui-ci, femblables à ceux de ce dernier, & femblablement difpofés ; il ne s'agira plus que de deffiner, à chacun de ces points, les objets qu'on y aura remarqués ; & on remplira les parties intermédiaires, qui demandent moins de fcrupule, par les moyens dont nous parlerons plus bas.

Il faut obferver encore, que cette méthode devant être employée pour fixer les points principaux & fondamentaux du plan, il eſt à propos d'employer un graphomètre à lunettes, plutôt qu'un graphomètre à pinnules.

De la manière de réduire les Angles obſervés dans des plans inclinés à l'horizon, à ceux qu'on obſerveroit ſi les objets étoient dans un plan horizontal.

Lorſque, dans les opérations précédentes, les objets ne ſont pas tous ſitués dans un même plan horizontal, il faut, avant que de former le plan qui doit les repréſenter, réduire les angles à ce qu'ils auroient été obſervés ſi tous les objets euſſent été dans un même plan horizontal : voici comment cela peut s'exécuter.

Soient A, B, C (*fig.* 209) trois points différemment élevés au-deſſus de l'horizon, & dont les hauteurs reſpectives ſoient AD, BF, CE; en ſorte que FDE ſoit un plan horizontal : on a meſuré l'angle BAC; mais comme le plan ſur lequel on veut rapporter ces objets, eſt FDE, on imagine que B eſt placé en F, A en D, & C en E; & l'on demande l'angle FDE.

A la ſtation qu'on fera pour meſurer l'angle BAC, on meſurera auſſi les angles BAD, CAD, que font les rayons viſuels AB, AC, avec le fil-à-plomb au point A; ce que l'on fera, comme il a été expliqué dans l'exemple relatif à la *fig. 150, page 235.*

Cela posé, concevons que AB & AC prolongés, s'il est nécessaire, rencontrent le plan horizontal FDE, aux points G & I; dans les triangles ADG, ADI, rectangles en D, si on regarde AD comme le rayon des tables, DG & DI seront les tangentes des angles observés GAD, IAD, & AG, AI en seront les sécantes; donc, si on prend dans les tables les sécantes & les tangentes des angles GAD & IAD, on connoîtra 1°. dans le triangle GAI, les côtés GA & AI, & l'angle observé GAI; on pourra donc, par ce qui a été dit (306), calculer le côté GI. 2°. Dans le triangle GDI, on connoîtra les côtés GD & DI, & le côté GI que l'on vient de calculer; on pourra donc, par ce qui a été dit (306), calculer l'angle GDI.

On s'y prendroit d'une manière semblable pour réduire l'angle observé au point B; & lorsque dans un triangle on aura réduit deux angles, il sera inutile de faire un semblable calcul pour réduire le troisième, parce que les trois angles du triangle réduit, ne pouvant valoir que 180^d, le troisième sera toujours facile à avoir.

Ayant ainsi réduit les angles, il sera facile de réduire les distances, ou l'une d'entr'elles (car il suffit d'en réduire une pour chaque triangle).

En effet, si on imagine l'horizontale BO, dans le triangle BAO, rectangle en O, on connoît BA qui a été mesuré, l'angle droit & l'angle BAO; on aura donc (295) facilement BO ou FD.

EXEMPLE.

On a trouvé l'angle BAC de $62^d\ 37'$; l'angle BAD de $88^d\ 5'$, & l'angle CAD de $78^d\ 17'$.

Je cherche dans les tables, les sécantes & les tangentes des angles BAD & CAD, & je trouve, comme il suit, en négligeant les trois dernières décimales;

Sec. $88^d\ 5'$ ou AG............ 29,90
Sec. 78. 17 ou AI............ 4,92
Tang. 88. 5 ou DG............ 29,88
Tang. 78. 17 ou DI............ 4,82

Alors, dans le triangle AGI, je calcule (310) la demi-différence des deux angles AGI, AIG, par cette proportion $AG + AI : AG - AI ::$ tang. $58^d\ 41'$, demi-somme de ces deux angles, est à un quatrième terme; je trouve donc que cette demi-différence est $49^d\ 42'$, ce qui donne l'angle AGI, de $8^d\ 59'$; d'où (304) on trouvera GI de 27,98.

Connoissant les trois côtés DG, DI, GI, on trouvera (304) que l'angle GDI est de $62^d\ 27'$.

Si les tables dont on fait ufage ne contenoient pas les fécantes, on les auroit néanmoins facilement par le principe donné (278).

Des méthodes par lefquelles on fupplée à la Trigonométrie, dans l'art de lever les Plans.

L'ufage du calcul trigonométrique, dans l'art de lever les plans, n'eft indifpenfable, que lorfque les points principaux de l'efpace dont on veut former la carte, font à des diftances affez confidérables les uns des autres.

Mais lorfque les diftances font médiocres, après avoir mefuré une bafe, & obfervé les angles, comme il vient d'être dit (pag. 413), au lieu de calculer les triangles pour former, à l'aide des côtés calculés & réduits à l'échelle du plan, des triangles femblables à ceux qu'on a obfervés fur le terrein, on fe contente de former ces triangles femblables par le moyen des angles obfervés, ainfi que nous allons le dire.

Cette méthode eft moins exacte que la précédente, en ce que le rapporteur, ou en général l'inftrument que l'on emploie pour former fur le papier des angles égaux à ceux qu'on a obfervés fur le terrein, ne pouvant être que d'un affez petit rayon, on ne peut apporter dans la formation de ces angles, la même précision qu'on peut apporter en mesurant sur l'échelle la valeur que le calcul a déterminée pour les côtés.

Mais comme il est peu ordinaire qu'on ait besoin d'une exactitude aussi scrupuleuse, & que d'ailleurs la méthode de rapporter les angles sur le papier est beaucoup plus expéditive, cette dernière doit être regardée comme étant d'un usage fort étendu & suffisamment exact. Elle consiste à tirer (*fig. 76*) une ligne *a b* qui contienne autant de parties de l'échelle du plan, qu'on a trouvé de mesures dans la base *A B*. Puis aux extrémités *a*, *b*, on fait les angles *eab*, *eba*, *fab*, *fba*, &c. égaux aux angles observés *E A B*, *E B A*, *F A B*, *F B A*, &c. que font avec la base *A B*, les objets que l'on a pu voir des points *A*, *B*. Puis joignant les points *e*, *f* par la droite *ef*, on forme aux extrémités de cette ligne comme base, des angles égaux à ceux qu'on a observés des deux points *E* & *F*, & ainsi de suite.

On peut aussi se dispenser du calcul trigonométrique pour réduire à des angles horizontaux ceux qu'on auroit observés dans des plans inclinés à l'horizon. En voici la méthode.

Les mêmes observations étant supposées qu'à la pag. 417 pour la *fig. 210*, au point *A* (*fig. 210*) de la ligne quelconque *A D*, on fera les angles *D A G*, *D A I* égaux aux angles verticaux observés *DAG* & *DAI* de la *fig.* 209 ; au point quelconque *D*, *fig.* 210, on élèvera fur *AD* la perpendiculaire indéfinie *IDG*. Au point *A*, on mènera la ligne *AM* faifant avec *AI* l'angle *IAM* égal à l'angle *BAC* qu'il s'agit de réduire ; & ayant fait *AM* égale à *AG*, on tirera *IM*. Puis du point *I* comme centre, & du rayon *IM*, du point *D* comme centre, & du rayon *DG*, on décrira deux arcs qui fe coupent en *O* ; l'angle *IDO* fera l'angle demandé.

De la Bouffole & de fon ufage pour lever les parties de détail d'un plan.

La principale pièce de la bouffole (*fig.* 212) eft une aiguille aimantée foutenue en fon milieu par un pivot fur lequel elle a toute la mobilité poffible. Cette aiguille eft renfermée dans une boîte de cuivre ou de bois. Sur le bord intérieur de cette boîte on marque les 360 degrés ; & vers le bord extérieur & aux divifions 180 degrés & 360 degrés, ou parallèlement à la ligne qui paffe par ces deux divifions, on place deux pinnules qui forment enfemble ce qu'on appelle la *vifière*.

L'ufage de la bouffole eft fondé fur la propriété qu'a l'aiguille aimantée de refter conftamment dans une même pofition, ou d'y revenir quand elle en a été écartée (du moins dans un même lieu & pendant un assez long intervalle de temps). D'où il suit que si on fait tourner la boîte de la boussole, on pourra juger de la quantité dont elle a tourné, en comparant le point de la graduation auquel l'aiguille répondra à celui auquel elle répondoit d'abord.

On applique assez ordinairement une boussole au graphomètre, non dans la vue de suppléer au graphomètre, mais pour *orienter* les objets, c'est-à-dire, pour connoître, à environ un demi-degré, leur position à l'égard des quatre *points cardinaux*, ou à l'égard de la ligne *nord* & *sud*, avec laquelle l'aiguille aimantée fait constamment le même angle dans un même lieu, du moins pendant le cours d'environ une année.

La boussole est employée aux mêmes usages que le graphomètre, c'est-à-dire à la mesure des angles ; mais plusieurs raisons ne permettant pas de donner beaucoup de longueur à l'aiguille, les degrés de la graduation occupent trop peu d'étendue sur l'instrument, pour qu'on puisse mesurer les angles avec autant de précision qu'avec le graphomètre : c'est ce qui fait qu'on n'emploie la boussole que pour déterminer les points de détail d'un plan ou d'une carte dont les points principaux ont été fixés par les moyens précédemment décrits.

Suppofons donc qu'il s'agit de lever le cours d'une rivière, par exemple ; on plantera des piquers aux coudes les plus fenfibles A, B, C, D, E, F (*fig.* 213); & ayant placé la bouffole au point A, en forte que la vifière foit dirigée le long de AB, on obfervera fur la graduation, quel eft le nombre des degrés compris entre la ligne AB, & la direction actuelle de l'aiguille ; puis on mefurera AB. On établira enfuite la bouffole au point B; on dirigera de même la vifière le long de BC, & l'on obfervera de même l'angle que BC forme avec BN, direction de l'aiguille, qui eft parallèle à la première direction AN; on mefurera BC, & on fera pareilles opérations à chaque détour ; ayant ainfi mefuré tous les angles & toutes les diftances, on les rapportera fur le papier, de la manière fuivante.

On prendra arbitrairement le point a (*fig.* 214), qui doit repréfenter le point A, & l'on mènera arbitrairement la ligne an, pour repréfenter la direction de l'aiguille aimantée. Au point a, on fera, à l'aide du rapporteur, l'angle nab égal à l'angle obfervé NAB; & on donnera à ab autant de parties de l'échelle du plan, qu'on a trouvé de mefures pour AB. Au point b, on mènera bn, parallèle à an, & l'on fera l'angle nbc égal à l'angle obfervé NBC, & on donnera à bc autant de parties de l'échelle, qu'on a trouvé de mesures pour *B C*. On continuera de même pour tous les autres points, après quoi on figurera les parties intermédiaires à-peu-près telles qu'on les a jugées à la vue.

Ce que nous disons des détours d'une rivière, s'applique évidemment aux détours d'un chemin, à l'enceinte d'un bois, au contour d'un marais, &c.

De la Planchette, & de son usage pour lever les Plans.

Il y a encore une autre manière de lever, qui est d'autant plus commode, qu'elle exige peu d'appareil, & qu'en même temps qu'on observe les différens points dont on veut avoir les positions, on les trace sur le plan sans les perdre de vue. L'instrument qu'on emploie à cet effet, est représenté par la *fig. 78. A B C D*, est une planche de 16 à 18 pouces de long, & à-peuprès de pareille largeur, portée sur un pied comme le graphomètre. Sur cette planche on étend une feuille de papier, qu'on arrête par le moyen d'un chassis qui entoure la planche. *L M* est une règle garnie de pinnules placées à ses deux extrémités & dans un alignement parallèle au bord de la règle.

Lorsqu'on veut faire usage de cet instrument, qu'on appelle *planchette*, pour tracer le plan d'une campagne, on prend une base mn, comme dans les opérations ci-dessus ; & posant le pied de l'instrument en m, on fait planter un piquet en n. On applique la règle LM sur le papier, & on la dirige de manière à voir le piquet placé en n, à travers des deux pinnules ; alors on tire le long de la règle une ligne EF à laquelle on donne autant de parties de l'échelle du plan, qu'on aura trouvé de mesures entre le point E, d'où l'on observe d'abord, & le point f, d'où l'on observera à la seconde station. On fait ensuite tourner la règle autour du point E, jusqu'à ce qu'on rencontre, en regardant au travers des pinnules quelqu'un des objets I, H, G ; & à mesure qu'on en rencontre un, on tire le long de la règle une ligne indéfinie. Ayant ainsi parcouru tous les objets qu'on peut voir lorsqu'on est en m, on transporte l'instrument en n, & on laisse un piquet en m ; alors on fait au point n les mêmes opérations à l'égard des objets I, H, G, qu'on a faites à l'autre station. Les lignes fi, fh, fg, qui dans ce second cas vont, ou sont imaginées aller à ces objets, rencontrent les premières aux points g, h, i, qui sont la représentation des objets G, H, I.

La planchette s'emploie principalement pour lever les détails d'un pays dont les points principaux ont déjà été déterminés exactement par les moyens ci-dessus, & rapportés ensuite sur le papier ; ou pour ajouter à une carte déjà construite, des objets dont la position auroit été omise.

Par exemple, supposant que A, B, C (*fig. 215*), sont des points qui ont été déjà déterminés & marqués sur la carte en a, b, c; que D soit un point dont la position est inconnue : voici comment avec la planchette on déterminera sa position d. On établira la planchette au point D, & on l'orientera de la manière qui va être expliquée ci-dessous ; alors on dirigera l'alidade dans l'alignement $A a$, & ensuite dans l'alignement $B b$, & traçant une ligne le long de l'alidade, dans chaque alignement, la rencontre d marquera sur la carte, la position du point D à l'égard des objets A, B, C. On vérifiera cette position en dirigeant l'alidade suivant $C c$, & observant si cette ligne prolongée passe par le point d.

On marque ordinairement sur la carte la direction de l'aiguille aimantée ; & pour cet effet on emploie une boussole de figure rectangulaire, telle qu'on voit (*fig. 216*), dont la largeur est environ le tiers de la longueur ; dans le milieu du fond est gravée une ligne parallèle au long côté de la boîte : c'est sur cette ligne qu'est placé le pivot qui porte l'aiguille.

Pour marquer sur le plan la direction de l'aiguille aimantée, on établit l'alidade de la planchette dans l'alignement de deux objets marqués sur ce plan, & de manière que la représentation de ces objets sur le plan, soit sur ce même alignement ; alors on place la boussole sur la planchette, & on la tourne jusqu'à ce que l'aiguille s'arrête dans la ligne nord & sud de la boîte, c'est-à-dire, dans la ligne du milieu du fond de la boîte ; enfin, on trace une ligne selon la direction du long côté de la boîte ; c'est la direction de l'aiguille.

Réciproquement, lorsque la direction de l'aiguille est marquée sur la carte, & qu'on veut donner à la carte ou à la planchette, la même disposition qu'ont les objets sur le terrein, il ne s'agit que de faire convenir la ligne nord & sud de la carte, avec la ligne nord & sud de la boussole.

Au lieu de déterminer la position des objets par deux stations, comme nous l'avons expliqué ci-dessus pour la *figure 78*, on se contente souvent d'une seule station ; mais alors on mesure pour chaque objet la distance de la planchette à cet objet, & on la rapporte en parties de l'échelle du plan, le long de la règle dirigée sur cet objet.

Du Quart-de-cercle.

Quoique le quart-de-cercle dont il s'agit ici, n'ait aucun rapport avec la trigonométrie, ni avec l'art de lever les plans, nous n'en placerons pas moins ici la description parmi les instrumens qui servent à la mesure des angles.

On appelle *quart-de-cercle* dans l'artillerie, tout instrument propre à faire connoître le degré d'inclinaison des bouches à feu, quoique quelques-uns de ces instrumens ne soient composés que d'un arc de 45 degrés.

Celui dont on a fait le plus d'usage, est le quart-de-cercle ACD, *fig. 217*, qui, outre ses deux rayons ou règles CA, CD, & son limbe AD, divisé en 90 parties, porte une règle AB perpendiculaire à l'extrémité du rayon CA; au centre C est attaché un fil qui porte le plomb I, dont nous allons voir l'usage.

Lorsqu'on veut mesurer l'inclinaison d'un mortier, avec ce quart-de-cercle, on lui donne l'une ou l'autre des deux dispositions, représentées par les *fig. 218* & *219*; dans la première (*fig. 218*), la règle AB est appliquée sur la coupe du mortier, & dans la seconde (*fig. 219*), elle est placée sur la plate-bande, & parallèlement à l'axe; dans l'une & dans l'autre, on s'assure que le plan du quart-de-cercle est vertical, lorsque le fil-à-plomb CI ne fait que raser le limbe de l'instrument.

Dans la *fig. 218*, l'inclinaison du mortier est mesurée par l'angle DCI ou l'arc DI, compris entre le fil-à-plomb & le rayon CD, parallèle à la règle AB, parce que cette inclinaison est le complément de l'angle, que l'axe du mortier, ou sa parallèle CA, fait avec la verticale ou CI.

Dans la *fig.* 219, l'inclinaison du mortier est mesurée par l'angle ACI que fait le fil-à-plomb avec le rayon CA perpendiculaire à la règle AB.

Les *fig.* 220 & 221 représentent le même instrument réduit à 45^d. Dans la position indiquée par la *fig.* 220, on ne peut mesurer que les inclinaisons au-dessous de 45^d; & la position indiquée par la *fig.* 221, ne peut servir que pour celles qui sont au-dessus de 45 degrés.

Dans la *fig.* 220, l'angle ACI mesure l'inclinaison du mortier; & dans la *fig.* 221 l'inclinaison est mesurée par le complément de ACI.

La *fig.* 222 représente l'instrument que l'on emploie pour mesurer l'inclinaison de l'axe des pièces de canon.

AB est une règle de fer, large d'environ 15 lignes, épaisse de 4, & de 3 à 4 pieds de longueur. A son extrémité B est fixé un plateau de fer BE, auquel, & sur son bord, la règle AB est perpendiculaire. Ce plateau, de même épaisseur que la règle, est circulaire, & d'un diamètre un peu moindre que celui de la pièce. Il est percé en son milieu d'un trou, pour donner passage à l'air quand on l'introduit dans le canon.

L'autre extrémité A de la règle AB, porte fixement un secteur circulaire de cuivre, d'environ 15 pouces de rayon, dont le limbe CD eſt divifé en degrés & demi-degrés. La graduation commence à l'extrémité C du rayon AC perpendiculaire à la règle, & s'étend juſqu'à 45^d de C vers D; & ſeulement juſqu'à 4 ou 5 degrés à l'oppoſite. Du centre, pend un fil ou un cheveu chargé d'un plomb, renfermé dans un garde-filet, pour le mettre à l'abri du vent. Ce garde-filet eſt une boîte de cuivre longue & étroite, mobile autour du centre A; il eſt percé vers le bas d'un petit trou, dont l'ouverture eſt garnie d'un verre ou d'une loupe, pour mieux reconnoître la diviſion du limbe qui répond au fil. Le fond de ce garde-filet peut auſſi loger un petit vaſe rempli d'eau, dans laquelle on fait plonger le plomb, afin d'arrêter ſes vibrations.

Cet inſtrument n'eſt pas deſtiné pour la guerre; mais on l'emploie utilement pour des expériences qui demandent de la préciſion.

(*tt*) N°. 318, page 264.

L'uſage de cet inſtrument exige une autre pièce que l'on appelle la *mire*. C'eſt un carton ou une feuille de fer-blanc (*fig. 164*), d'environ un pied en quarré, partagé en deux également par une ligne horizontale MN qui ſépare la partie inférieure noircie, de la partie ſupérieure qui reſte blanche. On attache ce carton sur une règle, de manière que MN soit perpendiculaire à la longueur de la règle. Celle-ci doit entrer à coulisse dans une rainure le long d'une double toise OP, divisée en pieds, pouces & lignes; la règle, en parcourant ainsi la rainure, permet de porter la ligne de mire où il en est besoin, & de l'y fixer.

Pour faire usage de ce niveau, on le place à distances à-peu-près égales des deux points dont on veut avoir la différence de niveau. Il n'est pas nécessaire que ce soit dans l'alignement de ces deux points. On pose la mire successivement à chacun de ces points, de manière que la double toise soit verticale. On hausse ou baisse la mire MN, jusqu'à ce que l'observateur, qui est au niveau $CABD$, apperçoive la ligne MN dans le prolongement de la ligne CD; alors la différence de hauteur de la mire MN, dans chacune des deux positions, sera la différence de niveau des deux points dont il s'agit.

Si l'on trouve, par exemple, qu'à l'un de ces points la ligne de mire MN a été élevée jusqu'à $4^P 8^{po}$, & qu'à l'autre elle ait été élevée jusqu'à $3^P 9^{po}$, on en conclura que la différence de niveau de ces deux points est de 11 pouces.

On s'y prendra de même pour tous les autres points qui seront à-peu-près à la même distance de la même station, qui pourront en être apperçus, & dont la différence de niveau avec CD n'excédera pas celle que l'on peut mesurer avec la double toise OP.

Mais lorsque les autres objets seront trop éloignés, ou que la différence de niveau sera trop grande, on prendra à la seconde station l'un des points qu'on a nivellés à la première, afin d'y comparer les autres, & l'on se placera autant qu'on le pourra en un lieu qui soit à-peu-près également éloigné de ce point & des autres.

Si on ne pouvoit pas se placer à distances égales, ou à-peu-près égales des points qu'on veut niveller, alors la différence de niveau entre deux points quelconques ne seroit pas exprimée par la différence des hauteurs de la ligne de mire à chaque point, parce que la différence du niveau vrai au niveau apparent, n'est la même qu'à des distances égales; c'est pourquoi il faudroit, de la hauteur observée pour chaque point, retrancher la *correction du niveau*, c'est-à-dire, la différence du niveau vrai au niveau apparent.

Par exemple, si la mire est placée à 250 toises ou 1500 pieds, & que l'on ait trouvé $4^P\ 8^{po.}$ pour la hauteur de la ligne de mire, au lieu de $4^P\ 8^{po.}$ on ne comptera que $4^P\ 7^{po.}\ 4^l$, en retranchant 8 lignes, qui est la correction du niveau trouvée par ce qui a été dit (315 & 316).

Pour donner quelqu'application, nous suppoferons qu'il foit queftion de *lever & tracer le profil d'un ouvrage de fortification* AGHIOP (fig. 223).

On imaginera cet ouvrage coupé par un plan vertical $AA'P'P$, dans lequel on concevra à une hauteur arbitraire AA', une ligne horizontale $A'P'$.

De tous les angles A, B, C, D, E, &c. on imaginera les verticales AA', BB', CC', DD', EE', &c. on mefurera immédiatement les diftances horizontales qui féparent ces verticales.

A l'égard des diftances verticales, on placera le niveau fur le terre-plein BC du rempart, & la mire fucceffivement à chacun des angles A, B, C, D, E, pour déterminer les hauteurs Aa, Bb, Cc, Dd, Ee; & ayant retranché la première de la hauteur AA' de la ligne arbitraire $A'P'$, on ajoutera les autres au refte $A'a$, & l'on aura les verticales $B'B$, $C'C$, &c. jufqu'en E.

On placera enfuite le niveau fur le parapet, & la mire fucceffivement aux points E, F, G, pour avoir les différences de niveau Ee', Ff, Gg. On retranchera la première de EE', & ajoutant les autres au refte, on aura les verticales FF', GG'.

On fe conduira de la même manière pour la partie $KLMNOP$, en plaçant le niveau fur le glacis.

A l'égard de la partie $GHIK$, comme les

ADDITIONS. 435

points H & I sont trop bas pour qu'on puisse faire usage de la double toise; le moyen le plus simple est de suspendre un poids à un cordeau, attaché au bout d'une perche, que l'on posera horizontalement en G & en K, de manière que ce poids descende aux pieds H de l'escarpe, & I de la contrescarpe, & de mesurer la longueur du cordeau dans chaque position. On ajoutera la première à GG', & la seconde à KK', pour avoir HH' & II'.

Toutes ces distances, tant horizontales que verticales, étant ainsi mesurées, on formera facilement le profil, en tirant sur le papier une ligne pour représenter $A'P'$; portant successivement sur cette ligne des nombres de parties de l'échelle égaux aux nombres de mesures trouvées pour les distances horizontales, & élevant à l'extrémité de chacune une perpendiculaire à laquelle on donne autant de parties de l'échelle qu'on a trouvé de mesures pour la distance verticale correspondante.

Joignant les extrémités de ces verticales, on a le profil demandé.

Si l'on trouvoit quelque difficulté à mesurer les distances horizontales; par exemple, pour le talud intérieur AB, on mesureroit la longueur absolue de ce talud; & le triangle-rectangle AQB, dont on connoît *AB* par la mesure actuelle, & *QB* par le nivellement, donneroit *AQ*, pag. 363.

Le nivellement a encore d'autres usages ; nous ne les parcourrons pas ici, mais nous nous en occuperons dans le Traité de pratique qui terminera ce Cours. Nous y ferons connoître aussi quelques autres espèces de niveau. *Bézout.*

(*uu*) N°. 325, page 269.

Cette proposition peut être fausse, lorsque les deux points pris dans un arc de grand cercle sont éloignés l'un de l'autre de la moitié de la circonférence. Pour que cette proportion fût généralement vraie, il faudroit l'énoncer de la manière suivante : *Un point quelconque* A *de la surface de la sphère, est le pole d'un grand cercle, lorsque ce point se trouve éloigné de* 90° *de deux points* B & E *pris dans un arc de ce grand cercle, pourvu que cet arc soit plus petit que la moitié de la circonférence.*

(*xx*) N°. 337, page 277.

Sans avoir recours au triangle supplémentaire, il seroit facile de se convaincre que la somme des trois angles d'un triangle sphérique, ne peut jamais être égale à trois fois 180°. En effet, pour que la somme des trois angles d'un triangle sphérique fût égale à trois fois 180°, il faudroit, ou que ces trois angles fuffent chacun de 180°, ou bien que l'un de ces angles étant plus petit, les deux autres fuffent chacun plus grands que 180°, ou enfin que deux de ces mêmes angles étant chacun plus petit que 180°, l'autre fût encore plus grand que 180°. Or, un angle ne peut être ni égal à 180°, ni plus grand que 180°; donc il faut nécessairement que la fomme des trois angles d'un triangle fphérique foit plus petite que trois fois 180°.

(yy) N°. 350, page 285.

Dans tout triangle fphérique rectangle, le rayon eft au finus de l'hypothénufe, comme le finus d'un des angles obliques eft au finus du côté oppofé.

Je fuppofe (*fig. 241*) que le triangle ABC foit rectangle en A, & que les côtés BA & BC foient prolongés jufqu'à ce qu'ils aient 90°. L'arc FH fera la mefure de l'angle B, FG en fera le finus, FE, ou HE, ou BE fera le rayon de la fphère, CL fera le finus de l'hypothénufe, & CK le finus de l'arc perpendiculaire CA. Or, en menant la ligne KL, on voit que le triangle CKL rectangle en K, eft femblable au triangle FGE rectangle en G, puifqu'ils ont leurs côtés parallèles. On a donc $FE : CL :: FG : CK$, c'est-à-dire, que le rayon eft au finus de l'hypothénufe, comme le finus de l'angle B eft au finus de l'arc oppofé *CA*. On prouveroit de même que le rayon eft au finus de l'hypothénufe, comme le finus de l'angle *C* eft au finus de l'arc oppofé *A B*.

(ϟϟ) Nº. 351, page 286.

Dans tout triangle fphérique rectangle, le rayon eft au finus d'un des côtés de l'angle droit, comme la tangente de l'angle oblique oppofé à l'autre côté de l'angle droit eft à la tangente de ce même côté.

Soit le triangle *CAB* rectangle en *A* (*fig.* 241) prolongeons les côtés *BA* & *BC* jufqu'à ce qu'ils aient 90°. *H I* fera la tangente de l'arc *H F*, ou de l'angle *B*. *AN* fera la tangente de l'arc *AC*; *AM* fera le finus de l'arc *AB*. Les deux triangles *I H E* & *A M N*, rectangles en *H* & en *A*, feront femblables, puifqu'ils auront leurs côtés parallèles. On aura donc *HE* : *AM* :: *HI* : *AN*, c'eft-à-dire, le rayon eft au finus de l'arc *AB*, comme la tangente de l'angle *B* eft à la tangente de l'arc *AC*. On démontreroit de la même manière que le rayon eft au finus de l'arc *AC*, comme la tangente de l'angle *ACB* eft à la tangente de l'arc *AB*.

ADDITIONS. 439

(*aa*) N°. 362, page 317.

D'un point quelconque C *de la surface de la sphère, décrire un grand cercle* F H G.

D'un point *C*, & avec un rayon quelconque *CB* (*fig.* 242), je décris un petit cercle *B I K*, & sur ce petit cercle je marque trois points *B, I, N*. Les distances *N B, N I, I B* étant connues, je trace un triangle dont les côtés seront égaux aux distances *N B, N I, I B*, & ensuite je fais passer une circonférence de cercle par les trois sommets des angles de ce triangle. Cette circonférence sera égale à celle du petit cercle *BINK*, & son diamètre sera par conséquent égal à la ligne *BK*.

Sur une ligne *o c*, j'élève la perpendiculaire *m b*, que je fais égale au rayon du petit cercle *B I K*; du point *b*, & avec un rayon égal à la distance *C B*, je décris un arc de cercle, qui coupera la ligne *o c* au point *c*. Les deux triangles *b m c* & *B M C* seront égaux, puisque le côté *B M* sera égal au côté *b m*, le côté *B C* au côté *b c*, & que les deux angles *c m b* & *C M B* sont droits.

Actuellement sur le milieu de la corde *b c*, j'élève la perpendiculaire *d o*. Les deux triangles *c o d* & *C O D* seront égaux. En effet, le côté *d c* est égal au côté *D C*, l'angle *c d o* est droit, ainsi que l'angle *CDO*, l'angle *ocd* eſt égal à l'angle *OCD*; donc la ligne *co* eſt égale à la ligne *CO* qui eſt le rayon de la ſphère. Du point *o*, de la ligne *oc*, j'élève la perpendiculaire *oe*, & du point *C* & avec le rayon *ec*, je décris ſur la ſurface de la ſphère la circonférence *FHG*. Cette circonférence ſera celle du grand cercle demandé.

ADDITIONS.

TABLE DES DIFFÉRENTES MESURES.

MESURES DES SURFACES.

CARACTÈRES.

Toife quarrée........................	T T
Pied de toife quarrée ou toife-pied.....	T P
Pouce de toife quarrée ou toife-pouce...	T p
Ligne de toife quarrée ou toife-ligne....	T l
Point de toife quarrée ou toife-point...	T pt
Prime de toife ou toife-prime.........	T'

SUBDIVISIONS.

					T'
				1 T pt	12
			1 T l	12	144
		1 T p	12	144	1728
	1 T P	12	144	1728	20736
1 TT	6	72	864	10368	124419

Pied quarré........................ P P
Pouce de pied quarré ou pied-pouce... P p
Ligne de pied quarré ou pied-ligne..... P l
Point de pied quarré ou pied-point..... P pt
Prime de pied quarré ou pied-prime..... P′

				P′
			1 P pt	12
		1 P l	12	144
	1 P p	12	144	1728
1 P P	12	144	1728	20736

MESURES DES SOLIDES.

Toise-cube........................ T T T
Pied de toise-cube ou toise-toise-pied.... T T P
Pouce de toise-cube ou toise-toise-pouce. T T p
Ligne de toise-cube ou toise-toise-ligne.. T T l
Point de toise-cube ou toise-toise-point.. T T pt
Prime de toise-cube ou toise-toise-prime.. T T′

ADDITIONS. 443

					T T'
				1 TT pt	12
			1 TTl	12	144
		1 TT p	12	144	1728
	1TTP	12	144	1728	20736
1TTT	6	72	864	10368	124416

Pied-cube.................................. PPP
Pouce de pied-cube ou pied-pied-pouce.... PP$_p$
Ligne de pied-cube ou pied-pied-ligne..... PPl
Point de pied-cube ou pied-pied-point.... PP$_{pt}$
Prime de pied-cube ou pied-pied-prime.... PP'

				P P'
			1 PP pt	12
		1 PPl	12	144
	1 PP p	12	144	1728
1PPP	12	144	1728	20736

444 ADDITIONS.

Solive.................................. S
Pied de solive........................ S P
Pouce de solive....................... S p
Ligne de solive....................... S l
Point de solive....................... S pt

					1 S pt
				1 S l	12
			1 S p	12	144
		1 S P	12	144	1728
	1 PPP	2	24	288	3456
1 Solive	3	6	72	864	10368

CIRCONFÉRENCE DU CERCLE.

Circonférence........................ Cir.
Degré................................. d
Minute................................ ′
Seconde.............................. ″
Tierce................................ ‴

ADDITIONS.

				Tierces
			1 seconde	60
		1 minute	60	3600
	1 degré	60	36000	216000
Circonfér.	360	21600	1296000	77760000

Rapport du diam. à la circonférence. } suiv. Archimède :: 7 : 22
} suiv. Metius :: 113 : 355

Le même rapport approché à
moins d'un 100000000^e près 1 : 3,14159265

Valeur de l'arc de $\begin{cases} 1^d & 0,01745329 \\ 1' & 0,00029089 \\ 1'' & 0,00000485 \end{cases}$ le rayon étant 1.

Logarithme du rapport de la circonfér.
au diamètre.................... 0,4971499

ADDITIONS.

MESURES ITINÉRAIRES.

Le degré terreſtre.............. 57030^{t}
Diamètre de la Terre........... 65335157
La lieue de 25 au degré.......... 2281
La lieue marine ou de 20 au degré.. 2851,$\frac{1}{2}$
La grande lieue d'Allem. de 15 au deg. 3802
La lieue commune d'Allemagne.... 3333
La petite lieue d'Allem.=$\frac{4}{5}$de la grande. 3042
Le mille de Flandre.............. 3221
Le mille de France, d'Angl. & d'Italie. 950$\frac{1}{2}$
Le ſtade...................... 85

FIN.

TABLE DES PRINCIPES.

La ligne est l'étendue en longueur seulement, n°. 1.

La surface est l'étendue en longueur & largeur seulement, *ibid*.

Le corps est l'étendue en longueur, largeur & profondeur, *ibid*.

Le point n'a aucune étendue; ce n'est que le terme de l'étendue, n°. 2.

La ligne droite est le plus court chemin d'un point à un autre, *ibid*.

La ligne courbe est la trace d'un point, qui dans son mouvement se détourne infiniment peu à chaque pas, *ibid*.

La ligne droite est la mesure des lignes, n°. 4.

La surface plane est celle à laquelle on peut appliquer exactement une ligne droite dans tous les sens, n°. 5.

Le cercle est une surface plane, terminée par une ligne courbe qu'on nomme *circonférence*, dont tous les points sont également éloignés d'un point de ce plan, appelé *centre*, n°. 6.

Toute portion de la circonférence s'appelle *arc de cercle*, *ibid*.

Le rayon est la distance du centre à la circonférence, *ib*.

Une corde ou soutendante, est une ligne droite, terminée de part & d'autre par la circonférence; c'est un diamètre lorsqu'elle passe par le centre, *ibid*.

Les cordes égales du même cercle, ou de cercles égaux, soutendent des arcs égaux, & réciproquement, n°. 7.

L'angle est l'ouverture de deux lignes qui se rencontrent en un point qu'on nomme *sommet*, n°. 9.

Un angle a pour mesure l'arc de cercle compris entre ses côtés, et décrit de son sommet comme centre, n°. 12.

Un angle droit a pour mesure le quart de la circonférence, n°. 16.

L'angle obtus est plus grand que l'angle droit, & l'angle aigu est moindre que l'angle droit, *ibid.*

Deux angles de suite valent ensemble deux angles droits, n°. 17.

Tous les angles rectilignes qui ont leur sommet au même point, & sont tracés dans un même plan, valent ensemble quatre angles droits, n°. 18.

Le supplément d'un angle est sa différence à deux angles droits; & le complément d'un angle est sa différence à un droit, n°s. 19 & 21.

Les supplémens ou complémens du même angle, ou d'angles égaux, sont égaux, *ibid.*

Les angles opposés au sommet sont égaux, n°. 20.

Une ligne est perpendiculaire à une autre quand elle la rencontre sans pencher plus d'un côté que de l'autre, & quand elle penche de l'un ou de l'autre côté, elle est oblique, n°s. 23 & 28.

D'un même point, pris dans une ligne ou hors d'une ligne, on ne peut mener dans le même plan qu'une seule perpendiculaire à cette ligne, n°s. 25 & 26.

De toutes les droites menées d'un même point sur une ligne, la perpendiculaire est la plus courte; les obliques qui s'éloignent le plus de la perpendiculaire, sont les plus longues; les obliques également éloignées de la perpendiculaire sont égales, & réciproquement, n°. 27.

Tout point d'une perpendiculaire élevée sur le milieu d'une ligne, est également éloigné des extrémités de cette ligne, & tout point hors de cette ligne perpendiculaire n'est pas également éloigné de ces mêmes extrémités, n°s. 29 & 30.

Deux lignes droites sont parallèles lorsqu'elles sont par-tout également éloignées l'une de l'autre, n°. 36.

Deux droites parallèles étant coupées par une sécante, les angles internes-externes du même côté sont égaux; les angles alternes-internes ou externes sont égaux; les angles internes du même côté, pris ensemble, valent deux droits, ainsi que les externes du même côté, & réciproquement, n°. 37 & suiv.

Deux angles tournés d'un même côté, & qui ont leurs côtés parallèles, sont égaux, n°. 43.

Une ligne droite ne peut rencontrer la circonférence en plus de deux points, n°. 46.

Dans un même demi-cercle les plus grandes cordes sous-tendent les plus grands arcs, & réciproquement, *ib.*

Une sécante est une ligne qui est en partie au-dehors & en partie au-dedans du cercle. Une tangente est une ligne appliquée contre la circonférence, *ibid.*

Une tangente ne peut rencontrer la circonférence qu'en un seul point, n°. 47.

Le rayon mené du centre au point d'attouchement, est perpendiculaire à la tangente, & réciproquement, *ibid.*

Le point d'attouchement de

deux circonférences est dans la droite qui joint leurs centres, n°. 49.

Le centre d'un cercle, le milieu d'une corde & le milieu de son arc, sont dans une même droite perpendiculaire à cette corde; en sorte qu'une droite perpendiculaire à la corde qui passe par un de ces points, passe aussi par les deux autres, & réciproquement, n°. 52 & suiv.

Deux cordes parallèles interceptent entr'elles des arcs égaux, n°. 59.

Un angle qui a son sommet à la circonférence, & qui est formé par deux cordes ou par une tangente & une corde, a pour mesure la moitié de l'arc compris entre ses côtés, n°. 63.

Les angles à la circonférence, qui comprennent entre leurs côtés des arcs égaux ou le même arc, sont égaux entr'eux, n°. 64.

Un angle à la circonférence est droit quand ses côtés passent par les extrémités du diamètre, n°. 65.

Un angle à la circonférence

GÉOMÉTRIE. F f

formé par une corde & le prolongement d'une autre, a pour mesure la moitié des deux arcs soutendus par ces cordes, n°. 69.

Un angle qui a son sommet entre le centre & la circonférence, a pour mesure la moitié des deux arcs compris entre ses côtés & leurs prolongemens, n°. 70.

Un angle qui a son sommet hors du cercle, a pour mesure la moitié de la différence des deux arcs compris entre ses côtés, n°. 71.

Un triangle rectiligne est un espace renfermé par trois lignes droites, n°. 73.

Dans tout triangle, la somme de deux côtés est plus grande que le troisième, *ibid.*

Un triangle est équilatéral quand ses trois côtés sont égaux, isocèle quand deux seulement sont égaux, scalène quand les trois côtés sont inégaux, *ibid.*

Un triangle qui a un angle droit est nommé *rectangle*; celui qui a un angle obtus, *obtus-angle*; & celui qui a ses trois angles aigus, *acutangle*, n°. 75.

La somme des trois angles de tout triangle rectiligne, vaut deux angles droits, n°. 74.

L'angle extérieur d'un triangle vaut la somme des deux angles intérieurs opposés, n°. 75.

Dans tout triangle, les angles opposés aux côtés égaux, sont égaux, & réciproquement, n°. 77.

Dans un même triangle, le plus grand côté est opposé au plus grand angle, & le plus petit côté au plus petit angle, & réciproquement, n°. 78.

Deux triangles sont parfaitement égaux; 1°. quand ils ont un angle égal compris entre deux côtés égaux chacun à chacun, n°. 80.

2°. Quand ils ont un côté égal adjacent à deux angles égaux chacun à chacun, n°. 81.

3°. Lorsqu'ils ont les trois côtés égaux chacun à chacun, n°. 83.

Si deux parallèles sont interceptées entre deux autres

parallèles, elles font égales, & réciproquement, n°. 82.

Un polygone eft une figure de plufieurs côtés, n°. 84.

On appelle *diagonale* toute ligne menée, dans un polygone, d'un angle à un autre, n°. 82.

La fomme de tous les angles d'un polygone quelconque eft égale à deux fois autant d'angles droits qu'il y a de côtés moins deux, & les angles extérieurs valent quatre angles droits, n°s. 86 & 87.

Un polygone eft régulier lorfque tous fes côtés & fes angles font égaux, n°. 88.

On peut faire paffer une circonférence de cercle par tous les angles d'un polygone régulier, n°. 89.

Le côté de l'hexagone régulier eft égal au rayon du cercle circonfcrit, n°. 92.

L'apothême d'un polygone régulier eft une perpendiculaire menée du centre fur l'un des côtés; tous les apothêmes d'un polygone régulier font égaux, n°. 91.

Dans toute proportion géométrique, la fomme des antécédens eft à la fomme des conféquens, comme la différence des antécédens eft à la différence des conféquens, n°. 96.

La fomme des deux premiers termes d'une proportion, eft à la fomme des deux derniers, comme la différence des deux premiers eft à la différence des deux derniers, n°. 98.

Une droite menée dans un triangle parallèlement à l'un des côtés, coupe les deux autres côtés en parties proportionnelles, & réciproquement, n°. 102.

Si d'un même point on mène plufieurs droites qui rencontrent deux parallèles; ces droites feront coupées proportionnellement par les parallèles, n°. 103.

Une droite qui divife un angle d'un triangle, en deux également, coupe le côté oppofé en deux parties proportionnelles aux côtés adjacens, n°. 104.

Deux triangles font femblables; 1°. quand ils ont

leurs angles égaux chacun à chacun, n°. 109.

Et par conséquent, lorsque deux angles de l'un sont égaux chacun à chacun à deux angles de l'autre, n°. 110.

Quand les côtés de l'un sont parallèles ou perpendiculaires aux côtés de l'autre, n°. 111.

2°. Lorsqu'ils ont un angle égal compris entre deux côtés proportionnels, n°. 113.

3°. Quand les trois côtés de l'un sont proportionnels aux trois côtés de l'autre, n°. 114.

La perpendiculaire abaissée de l'angle droit d'un triangle rectangle, sur l'hypothénuse, le partage en deux triangles qui lui sont semblables, & par conséquent semblables entr'eux, n°. 112.

La perpendiculaire menée de l'angle droit sur l'hypothénuse, est moyenne proportionnelle entre les deux parties de l'hypothénuse, *ibid.*

Chaque côté de l'angle droit, est moyen proportionnel entre l'hypothénuse & le segment correspondant, *ib.*

Si par un même point on mène plusieurs droites qui rencontrent deux parallèles, les parties de l'une de ces parallèles seront proportionnelles aux parties correspondantes de l'autre, n°. 115.

Deux cordes qui se coupent dans un cercle, ont leurs parties réciproquement proportionnelles, n°. 124.

Une perpendiculaire abaissée d'un point de la circonférence sur un diamètre, est moyenne proportionnelle entre les parties de ce diamètre, n°. 125.

Deux sécantes menées d'un même point pris hors du cercle, sont réciproquement proportionnelles à leurs parties extérieures, n°. 127.

Si d'un même point pris hors du cercle, on mène une tangente & une sécante, la tangente est moyenne proportionnelle entre la sécante entière & sa partie extérieure, n°. 129.

TABLE DES PRINCIPES. 453

Une droite est coupée en moyenne & extrême raison, lorsqu'elle est coupée en deux parties, dont l'une est moyenne proportionnelle entre la ligne entière & l'autre partie, n°. 130.

Si de deux angles correspondans de deux polygones semblables, on mène des diagonales aux autres angles, les deux polygones seront partagés en un même nombre de triangles semblables chacun à chacun, & réciproquement, n°s. 132, 133.

Les contours des figures semblables sont entr'eux comme leurs côtés homologues, n°. 134.

Les cercles étant des figures semblables, leurs circonférences sont entr'elles comme leurs rayons, ou comme leurs diamètres, n°. 136.

Un parallélogramme est un quadrilatère, dont les côtés opposés sont parallèles, n°. 139.

On l'appelle *rhomboïde* quand ses côtés contigus ne sont pas égaux entr'eux, &

qu'aucun de ses angles n'est droit, *ibid.*

Rhombe, quand les quatre côtés sont égaux entr'eux, & qu'il n'a point d'angles droits, *ibid.*

Rectangle, quand les angles sont droits & les côtés contigus inégaux, *ibid.*

Quarré, quand tous les côtés sont égaux & les angles droits, *ibid.*

Le trapèze est un quadrilatère qui n'a que deux côtés opposés parallèles, *ibid.*

Un triangle rectiligne est la moitié d'un parallélogramme de même base & de même hauteur, n°. 140.

Les parallélogrammes de même base & de même hauteur sont égaux en surface, n°. 141.

Il en est de même des triangles, 142.

La surface d'un parallélogramme est égale au produit de sa base par sa hauteur, 145.

La surface d'un triangle est égale à la moitié du produit de sa base par sa hauteur, n°. 147.

La surface d'un trapèze est

égale au produit de sa hauteur, par une ligne menée parallèlement aux deux bases & à distance égale de ces bases, n°. 148.

La surface d'un polygone régulier est égale à la moitié du produit de son contour, par l'apothême, n°. 150.

La surface d'un cercle est égale à sa circonférence multipliée par la moitié du rayon, n°. 151.

Un secteur circulaire est une portion de cercle terminée par un arc & deux rayons ; & l'on nomme *segment circulaire* une surface terminée par un arc & sa corde, n°. 153.

On appelle *toisé des surfaces* la manière de trouver la valeur d'une surface, dont les dimensions sont évaluées en toises & parties de la toise, n°. 155.

On trouve à la table les différentes subdivisions de la toise quarrée, pag. 441.

Les surfaces des parallélogrammes & des triangles, sont entr'elles comme les produits de leurs bases & de leurs hauteurs, n°s. 157 & 158.

Les parallélogrammes de même base sont entr'eux comme leurs hauteurs, & ceux qui ont même hauteur sont entr'eux comme leurs bases, *ibid.*

Il en est de même des triangles, *ibid.*

Le quarré du rayon est à la surface du cercle, comme le diamètre est à la circonférence, *add. x.*

Les surfaces des parallélogrammes ou des triangles semblables, sont entr'elles comme les quarrés de leurs côtés homologues, n°s 159 & 160.

Cette propriété s'étend à toutes les figures semblables, n°. 161.

Les cercles étant des figures semblables, leurs surfaces sont entr'elles comme les quarrés de leurs rayons ou de leurs diamètres, n°. 162.

Dans tout triangle rectangle, le quarré de l'hypothénuse est égal à la somme des quarrés construits sur les deux autres côtés, n°. 164.

Le quarré de l'hypothénuse est à chacun des quarrés des autres côtés, comme l'hypothénuse est à chacun de ses segmens correspondans à ses côtés, n°. 168.

Si de différens points de la circonférence d'un cercle, on mène des cordes à l'extrémité d'un diamètre & des perpendiculaires à ce diamètre, les quarrés des cordes seront proportionnels aux parties du même diamètre, comprises entre les perpendiculaires correspondantes, & l'extrémité du diamètre où ces cordes aboutissent, n°. 170.

Une ligne droite ne peut être en partie dans un plan, & en partie élevée ou abaissée à son égard, n°. 172.

Deux droites qui se coupent sont dans un même plan, n°. 174.

La rencontre ou l'intersection de deux plans est une ligne droite, n°. 175.

Par une même ligne droite on peut faire passer une infinité de plans différens, *ibid*.

Une ligne est perpendiculaire à un plan quand elle ne penche d'aucun côté de ce plan, n°. 178.

Une ligne est perpendiculaire à un plan, lorsqu'elle est perpendiculaire à deux lignes menées par son pied dans ce plan, n°. 180.

Si d'un point pris hors d'un plan on abaisse une perpendiculaire & une oblique à ce plan, que l'on joigne leurs pieds par une droite, & que par le pied de l'oblique on mène dans le même plan, une perpendiculaire à cette droite, elle sera aussi perpendiculaire à l'oblique, n°. 181.

Un plan est perpendiculaire à un autre plan, quand il passe par une droite perpendiculaire à ce dernier, n°. 184.

Si deux plans sont perpendiculaires l'un à l'autre, & que d'un point pris dans un de ces plans, on mène une perpendiculaire à leur commune section, elle sera perpendiculaire à l'autre plan, & réciproquement, n°. 184.

Deux perpendiculaires à un

même plan sont parallèles, n°. 186.

Deux droites parallèles à une troisième sont parallèles entr'elles, n°. 187.

La commune section de deux plans perpendiculaires à un troisième, est perpendiculaire à ce dernier, n°. 188.

Un angle-plan est l'ouverture de deux plans qui se rencontrent, n°. 189.

La mesure d'un angle-plan est la même que celle de l'angle-rectiligne formé par deux droites menées dans ces plans perpendiculairement au même point de leur section commune, n°. 191.

Deux plans sont parallèles quand ils sont par-tout également éloignés l'un de l'autre, n°. 195.

Si deux plans parallèles sont coupés par un troisième, leurs sections sont parallèles, n°. 197.

Les angles-plans, formés par des plans qui se rencontrent ou qui se coupent, ont les mêmes propriétés que les angles-rectilignes, n°. 198.

Si d'un point pris hors d'un plan rectiligne, on mène plusieurs lignes à ce plan, elles seront coupées proportionnellement par un plan parallèle au premier, & formeront dans ces plans des figures semblables, en joignant leurs points de rencontre par des droites, n°. 199.

Ces figures semblables sont entr'elles comme les quarrés de leurs distances au point de concours des lignes qui rencontrent les plans, n°. 202.

Si du même point de concours on mène à ces plans d'autres droites, qui y formeront pareillement des figures semblables; ces figures seront proportionnelles aux premières, n°. 201.

Un prisme est un solide engendré par un plan qui se meut parallèlement à lui-même le long d'une droite, n°. 204.

Un prisme est droit ou oblique suivant que ses arêtes sont perpendiculaires ou obliques au plan générateur, *ib.*

Un parallélipipède est un prisme, dont la base est un parallélogramme ; on le nomme *parallélipipède rectangle* lorsqu'il est droit, & que sa base est un rectangle, *ibid.*

Le cube est un parallélipipède rectangle, dont la base est un quarré, & la hauteur égale au côté de ce quarré, *ibid.*

Le cylindre est un prisme, dont la base est un cercle, & l'on nomme *axe du cylindre* la droite qui joint les centres des deux bases opposées, n°. 205.

La pyramide est un solide terminé par un polygone qui lui sert de base, & par autant de faces triangulaires, qu'il y a de côtés dans cette base, lesquelles se réunissent en un même point, qu'on appelle le *sommet de la pyramide*, n°. 206.

Une pyramide est régulière lorsque le polygone qui lui sert de base est régulier, & qu'en même temps la perpendiculaire abaissée du sommet passe par le centre de ce polygone, *ibid.*

Le cône est une pyramide, dont la base est un cercle ; il est droit ou oblique, suivant que la droite menée du sommet au centre de la base est perpendiculaire ou oblique à cette base, n°. 207.

La sphère est un solide, engendré par la révolution d'un demi-cercle autour de son diamètre, n°. 208.

On appelle *grand cercle de la sphère* celui qui a même diamètre que la sphère, *ibid.*

Le secteur sphérique est un solide engendré par la révolution d'un secteur circulaire autour du rayon ; & l'on nomme *calotte sphérique* la surface engendrée dans cette révolution, par l'arc du secteur circulaire, *ibid.*

Le segment sphérique est un solide formé par la révolution d'un demi-segment circulaire autour de sa flèche, *ibid.*

On appelle *solides semblables* ceux qui sont terminés par un même nombre de faces semblables chacune à chacune, & semblablement disposées, n°. 209.

Les arêtes & les sommets des angles solides correspondans, sont des lignes & des points, semblablement disposés dans deux solides semblables, n°. 210.

Les triangles, dont les côtés joignent, dans deux solides semblables, les sommets de deux angles solides correspondans, sont semblables, & semblablement disposés, n°. 211.

Les diagonales qui joignent les sommets d'angles solides, correspondans de deux solides semblables, sont entr'elles comme les arêtes homologues, n°. 212.

Les perpendiculaires abaissées des sommets de deux angles solides, correspondans dans deux solides semblables, sont proportionnelles aux arêtes homologues, n°. 213.

La surface d'un prisme, sans y comprendre ses deux bases, est égale au produit de la directrice, multipliée par le contour d'une section, à laquelle cette directrice est perpendiculaire, n°. 215.

Si le prisme est droit, la surface, sans y comprendre les deux bases, est égale au contour de sa base, multipliée par sa hauteur, n°. 216.

La surface d'un cylindre droit, non compris les deux bases, est égale au produit de sa hauteur par la circonférence de sa base, n°. 217.

La surface d'une pyramide régulière est égale au contour de sa base multipliée par la moitié de l'apothême de la pyramide, n°. 218.

La surface d'un cône droit est égale au produit de la circonférence de sa base, par la moitié du côté de ce cône, n°. 219.

La surface d'un cône droit tronqué, à bases parallèles, est égale au produit du côté de ce tronc, par la circonférence de la section faite à égales distances des bases opposées, n°. 221.

La surface d'une sphère est égale au produit de la cir-

TABLE DES PRINCIPES. 459

conférence d'un de fes grands cercles, multipliée par le diamètre, n°. 222.

Elle est égale à la furface convexe du cylindre circonfcrit, n°. 223.

Elle est auffi quadruple de celle de fon grand cercle, n°. 224.

La furface d'une calotte fphérique est égale au produit de fa flèche, par la circonférence de l'un des grands cercles de la fphère, n°. 225.

Les furfaces des prifmes droits (fans y comprendre celles des bafes), font entr'elles comme les produits de leurs hauteurs, par les contours de leurs bafes, n°. 227.

Les furfaces des prifmes droits de même hauteur, font entr'elles comme les contours de leurs bafes ; elles font comme les hauteurs, fi les contours font égaux, n°. 228.

Les furfaces des cônes droits font entr'elles comme les produits de leurs côtés, par les circonférences des bafes, ou par les rayons, ou par les diamètres de ces bafes, n°. 230.

Les furfaces des folides femblables, font entr'elles comme les quarrés de leurs lignes homologues, n°. 231.

Les furfaces de deux fphères font entr'elles comme les quarrés de leurs rayons ou de leurs diamètres, n°. 232.

Deux prifmes de même bafe & de même hauteur, font égaux en folidité, n°. 234.

La folidité d'un prifme quelconque est égale au produit de fa bafe, par fa hauteur, n°. 236.

La folidité d'une pyramide ou d'un cône, est égale au tiers du produit de fa bafe, par fa hauteur, n°. 242.

La folidité de la fphère est égale aux deux tiers du cylindre circonfcrit, n°. 244.

La folidité d'un fecteur fphérique est égale au produit de la furface de fa calotte, par le tiers du rayon, n°. 247.

La folidité d'un fegment fphérique est égale à celle d'un

cylindre, qui a pour rayon la flèche, & pour hauteur le rayon moins le tiers de la flèche, n°. 248.

On appelle *prisme tronqué* le solide qui reste lorsqu'on a séparé une partie d'un prisme par un plan incliné à la base, n°. 250.

Si des trois angles de l'une des bases d'un prisme triangulaire tronqué, on abaisse des perpendiculaires sur l'autre base, sa solidité est égale au produit de cette dernière base, multipliée par le tiers de la somme des trois perpendiculaires, n°. 252.

On appelle *toisé des solides* la manière de trouver la valeur d'un solide dont les dimensions sont évaluées en toises & parties de la toise, n°. 256.

Les différentes divisions de la toise-cube sont rapportées dans la table, pag. 443.

La mesure en usage pour les bois, s'appelle *solive* ; on en trouve les subdivisions dans la table, n°. 261.

Les prismes sont entr'eux comme les produits de leurs bases & de leurs hauteurs, n°. 263.

Les prismes de même hauteur sont entr'eux comme leurs bases, & ceux qui ont même base sont entr'eux comme leurs hauteurs, *ibid*.

Les solidités de deux corps semblables, sont entr'elles comme les cubes de leurs lignes homologues, n°. 266.

Les solidités de deux sphères sont entr'elles comme les cubes de leurs rayons ou de leurs diamètres, *ibid*.

La trigonométrie plane enseigne à déterminer trois des six parties d'un triangle rectiligne, par la connoissance des trois autres parties, parmi lesquelles il doit se trouver au moins un côté, n°. 267.

Quand on connoît deux côtés d'un triangle, & l'angle opposé à l'un de ces côtés, on ne peut déterminer l'angle opposé à l'autre, qu'autant que l'on connoît si le troisième angle est aigu ou obtus, *ibid*.

Le sinus droit, ou simplement le finus d'un arc ou d'un angle, eft la moitié de la corde d'un arc double de celui qui mefure cet angle, n°. 268.

Le cofinus d'un arc ou d'un angle, eft le finus du complément de cet arc ou de cet angle, *ibid.*

Le finus-verfe d'un arc eft la différence entre le rayon & le cofinus de cet arc, *ibid.*

Le finus & le cofinus d'un angle font les mêmes que le finus & le cofinus de fon fupplément, n°. 275.

Le finus de 90^d eft égal au rayon; on le nomme auffi *finus total*, n°. 274.

Le finus de 30^d eft égal à la moitié du finus total, & la tangente de 45^d eft égale au rayon, n°. 271.

La tangente & la fécante d'un angle, font les mêmes que la tangente & la fécante de fon fupplément, n°. 278.

Le cofinus d'un arc eft égal à la racine quarrée de la différence du quarré de fon finus au quarré du rayon, n°. 281.

Le finus de la moitié d'un arc eft égal à la moitié de la racine quarrée du quarré du finus de l'arc entier, joint au quarré de fon finus-verfe, n°. 282.

Le finus d'un arc double eft égal à deux fois le finus de l'arc fimple, multiplié par fon cofinus, & divifé par le rayon, n°. 283.

Le finus de la fomme ou de la différence de deux arcs, eft égal à la fomme ou à la différence des produits du finus de l'un, multiplié par le cofinus de l'autre, divifée par le rayon, n°. 284.

Le cofinus de la fomme ou de la différence de deux arcs eft égal à la différence ou à la fomme des produits des deux finus & des deux cofinus de ces arcs, divifée par le rayon, n°. 285.

La fomme des finus de deux arcs eft à la différence de ces mêmes finus, comme la tangente de la moitié de la somme de ces deux arcs à la tangente de la moitié de leur différence, n°. 286.

Dans tout triangle-rectangle, 1°. Le rayon ou sinus total, est au sinus d'un des angles aigus, comme l'hypothénuse est au côté opposé à cet angle aigu, n°. 295.

2°. Le rayon est à la tangente d'un des angles aigus, comme le côté adjacent à cet angle est au côté qui lui est opposé, n°. 295.

Dans tout triangle-rectiligne, les sinus des angles sont proportionnels aux côtés qui leur sont opposés, n°. 298.

La plus grande de deux quantités est égale à la moitié de leur somme, plus la moitié de leur différence; & la plus petite est égale à la moitié de leur somme, moins la moitié de leur différence, n°. 301.

Dans tout triangle-rectiligne, si d'un angle on abaisse une perpendiculaire sur le côté opposé, ce côté sera à la somme des deux autres, comme leur différence est à la différence ou à la somme des segmens, formés par la perpendiculaire, n°. 306.

Dans tout triangle-rectiligne, la somme de deux côtés est à leur différence, comme la tangente de la moitié de la somme des deux angles opposés à ces côtés, est à la tangente de la moitié de la différence de ces mêmes angles, n°. 305.

Un triangle sphérique est une partie de la surface de la sphère comprise entre trois arcs de cercle qui ont tous trois pour centre commun le centre même de la sphère, n°. 319.

Un angle sphérique n'est autre chose que l'angle compris entre les plans de ses côtés, n°. 320.

Les angles que forment les arcs de grands angles qui se rencontrent sur la surface de la sphère, ont les mêmes propriétés que les angles-plans, n°. 321.

Deux côtés d'un triangle sphérique sont perpendiculaires entr'eux, quand les plans qui les renferment sont perpendiculaires entr'eux, n°. 322.

Les côtés contigus d'un triangle sphérique ne peuvent plus se rencontrer qu'à une distance de 180° depuis leur origine, n°. 323.

Les pôles d'un grand cercle sont également éloignés de tous les points de la circonférence de ce grand cercle, & leur distance à chacun de ces points, est mesurée par un arc de grand cercle de 90°, n°. 325.

Si un point quelconque de la surface de la sphère se trouve éloigné de 90°, de deux points pris dans un arc de grand cercle, ce point est le pôle de ce grand cercle, *ibid*.

Quand un arc de grand cercle est perpendiculaire sur un autre arc de grand cercle, il passe nécessairement par le pôle de celui-ci, n°. 326.

Si deux arcs de grand cercle sont perpendiculaires à un troisième arc de grand cercle, le point où ils se rencontrent est le pôle de celui-ci, n°. 327.

Un angle sphérique a pour mesure un arc de grand cercle que ses côtés (prolongés s'il est nécessaire) comprennent à la distance de 90° depuis le sommet, n°. 328.

Chaque côté d'un triangle sphérique est plus petit que la somme des deux autres, n°. 334.

La somme des trois côtés d'un triangle sphérique est toujours moindre que 360°, n°. 335.

La somme des trois angles d'un triangle sphérique vaut toujours moins que trois fois 180°, & plus que 180, n°. 337.

Un triangle sphérique peut avoir ses trois angles droits, & même ses trois angles obtus, n°. 338.

Deux triangles sphériques tracés sur une même sphère, ou sur des sphères égales, sont égaux ; 1°. lorsqu'ils ont un côté égal adjacent à deux angles égaux chacun à chacun ; 2°. lorsqu'ils ont un angle égal compris entre deux côtés égaux chacun à chacun; 3°. lorsqu'ils ont les trois côtés égaux chacun à chacun ; 4°. lorsqu'ils ont les trois angles égaux chacun à chacun, n°. 340.

Dans un triangle sphérique isocèle, les deux angles opposés aux côtés égaux, sont égaux ; & réciproquement si deux angles d'un triangle sphérique sont égaux, les côtés qui leur sont opposés, sont aussi égaux, n°. 341.

Dans tout triangle sphérique, le plus grand côté est opposé au plus grand angle, & réciproquement, n°. 342.

Chacun des deux angles obliques d'un triangle sphérique rectangle, est de même espèce que le côté qui lui est opposé, c'est-à-dire, qu'il est de 90°, si ce côté est de 90° ; & plus grand ou plus petit que 90°, selon que ce côté est plus grand ou plus petit que 90°, n°. 344.

Si les deux côtés, ou les deux angles d'un triangle sphérique rectangle sont tous deux plus petits ou tous deux plus grands que 90°, l'hypothénuse sera toujours plus petite que 90° ; & au contraire, elle sera plus grande que 90°, si les deux côtés, ou les deux angles sont de différente espèce, n°. 345.

Selon que l'hypothénuse sera plus petite ou plus grande que 90°, les côtés seront de même ou de différente espèce entr'eux ; & il en sera de même des angles obliques, n°. 347.

Selon que l'hypothénuse & un côté seront de même ou de différente espèce, l'autre côté sera plus petit ou plus grand que 90°,

& il en sera de même de l'angle opposé à ce dernier côté ; n°. 347.

Dans tout triangle sphérique, on a toujours cette proportion : Le sinus d'un des angles, est au sinus du côté opposé à cet angle, comme le sinus d'un autre angle, est au sinus du côté opposé à celui-ci, n°. 349.

Le rayon est au sinus de l'hypothénuse, comme le sinus d'un des angles obliques est au sinus du côté opposé, n°. 350.

Dans tout triangle sphérique rectangle, le rayon est au sinus d'un des côtés de l'angle droit, comme la tangente de l'angle oblique adjacent à ce côté, est à la tangente du côté opposé, n°. 351.

Dans tout triangle sphérique, si d'un angle quelconque on abaisse un arc de grand cercle perpendiculairement sur le côté opposé, on aura toujours cette proportion : le cosinus de l'un des segmens est au cosinus de l'autre segment, comme le cosinus du côté contigu au premier segment, est au cosinus du côté contigu au second segment, n°. 357.

Les mêmes choses étant supposées que dans la proposition précédente, on a cette autre proportion : le sinus de l'un des segmens est au sinus de l'autre segment, comme la cotangente de l'angle adjacent au premier segment est à la cotangente de l'angle adjacent au second segment, n°. 358.

Dans tout triangle sphérique, si d'un angle quelconque, on abaisse un arc perpendiculaire sur le côté opposé, on a cette proportion : la tangente de la moitié du côté sur lequel tombe l'arc perpendiculaire, est à la tangente de la moitié de la somme des deux autres côtés, comme la tangente de la moitié de leur différence est à la tan-

gente de la moitié de la dif- tié de leur fomme, fi l'arc
férence des deux fegmens, perpendiculaire tombe hors
ou à la tangente de la moi- du côté oppofé, n°. 359.

FIN DE LA TABLE DES PRINCIPES.

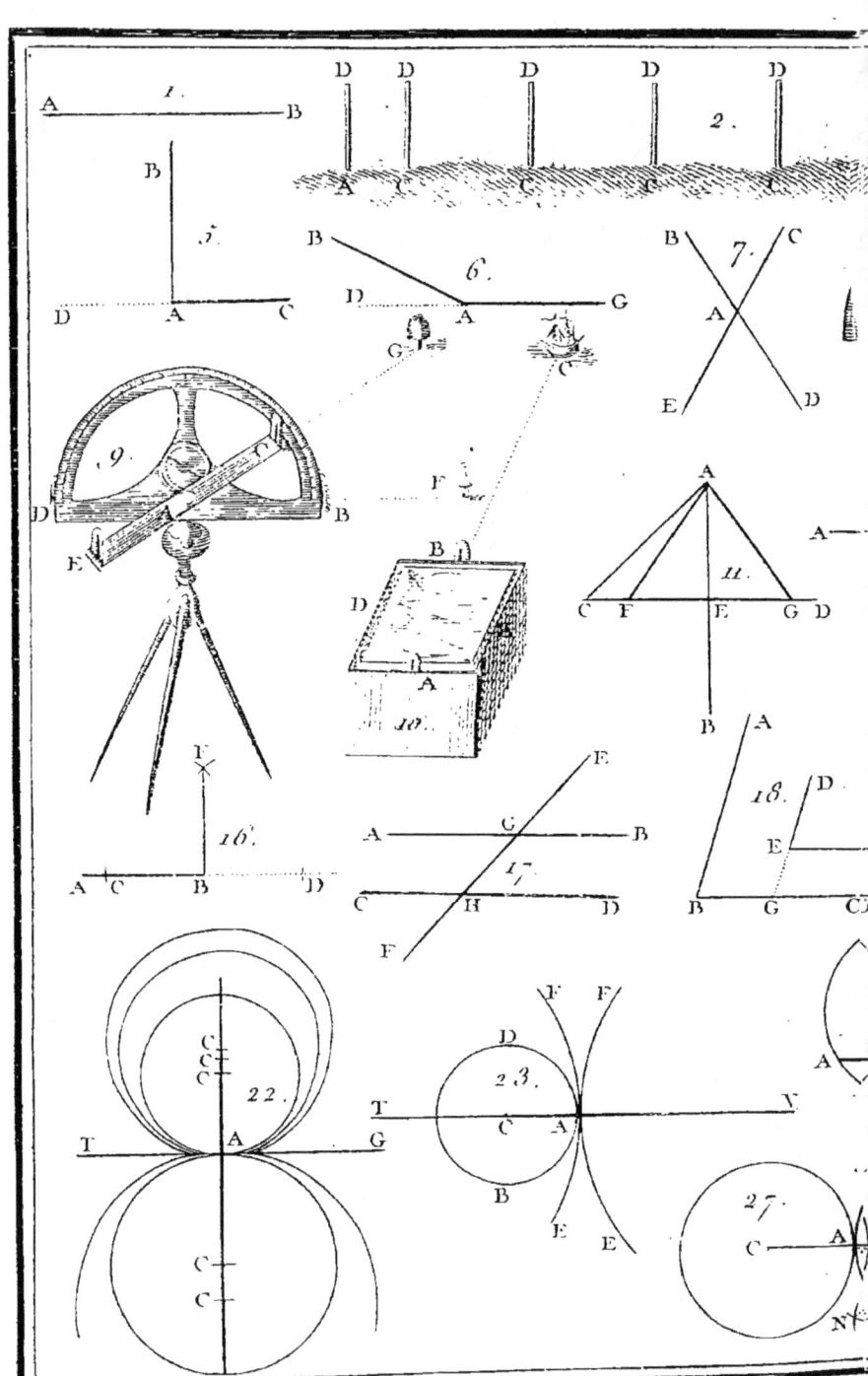

Géometrie Pl. I.

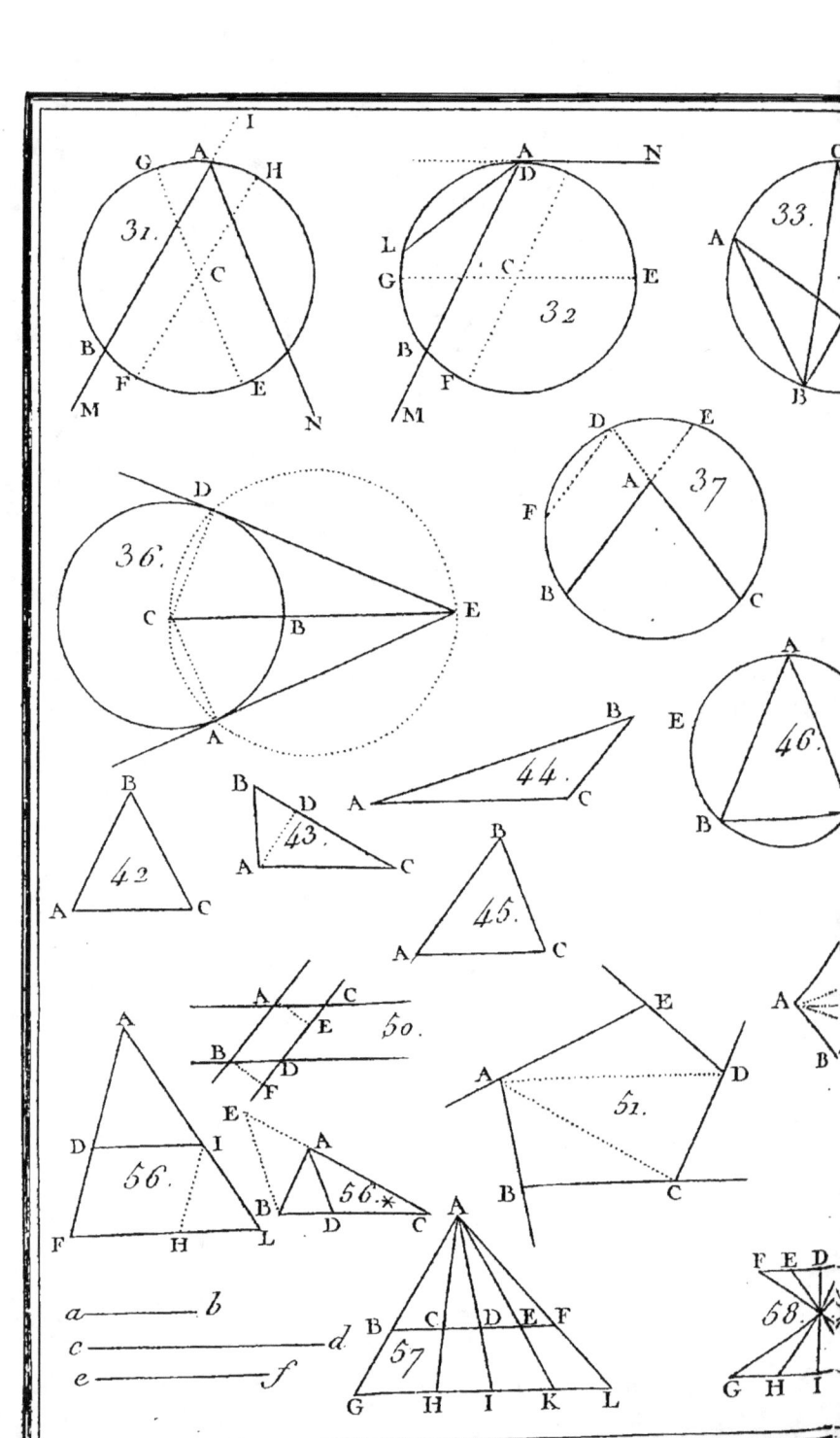

Géométrie Pl. II.

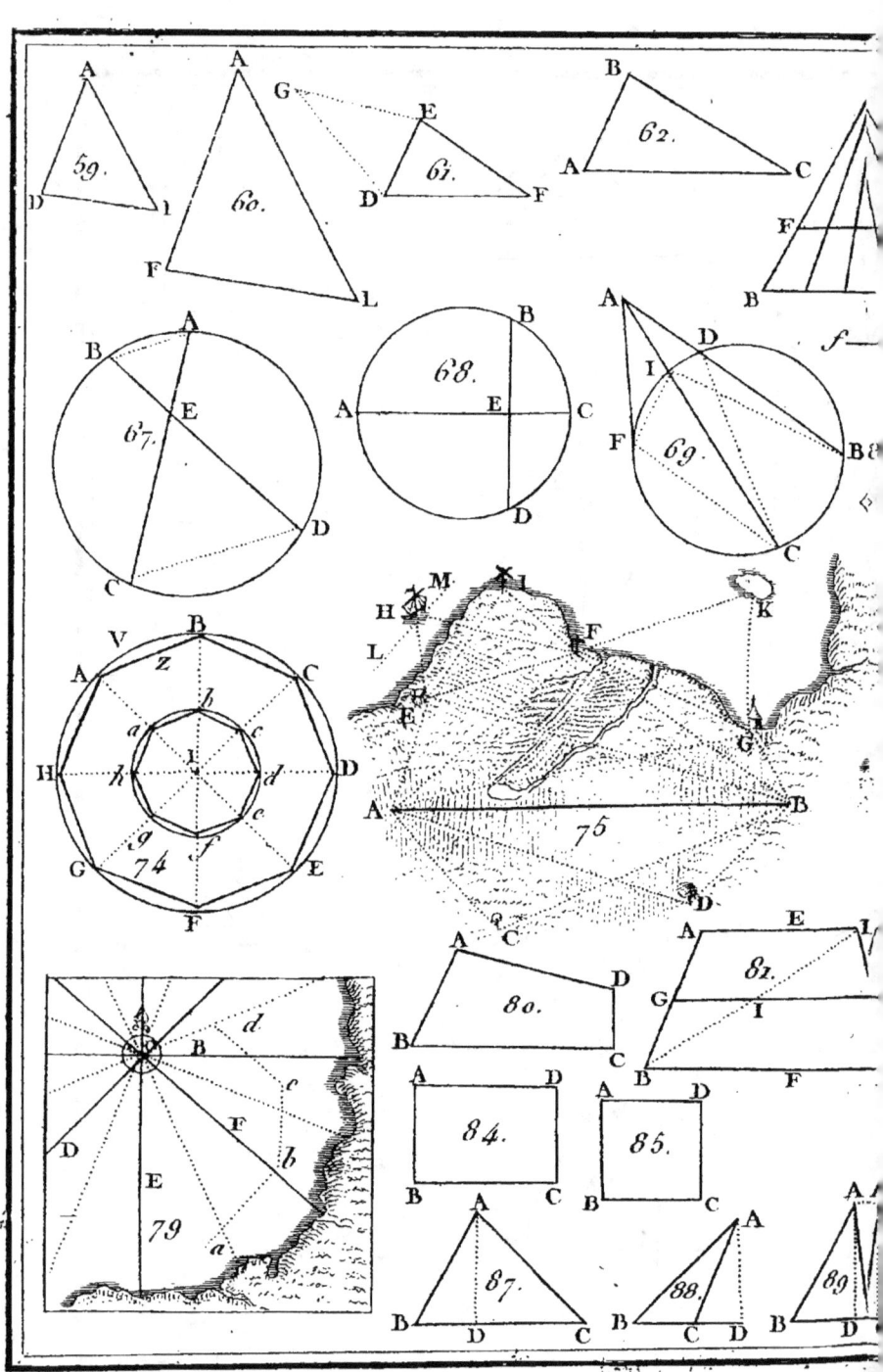

Geometrie Pl.III.

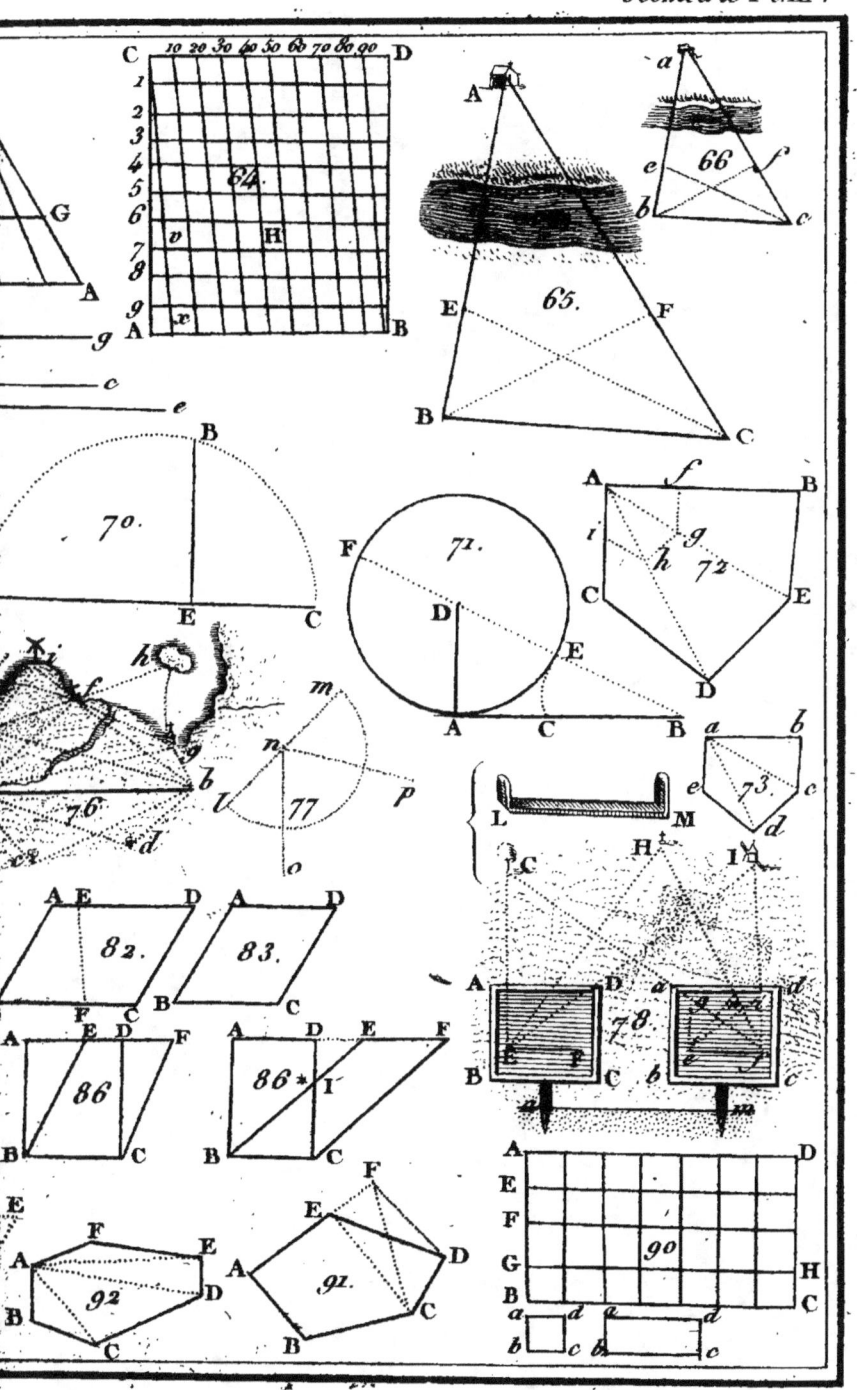

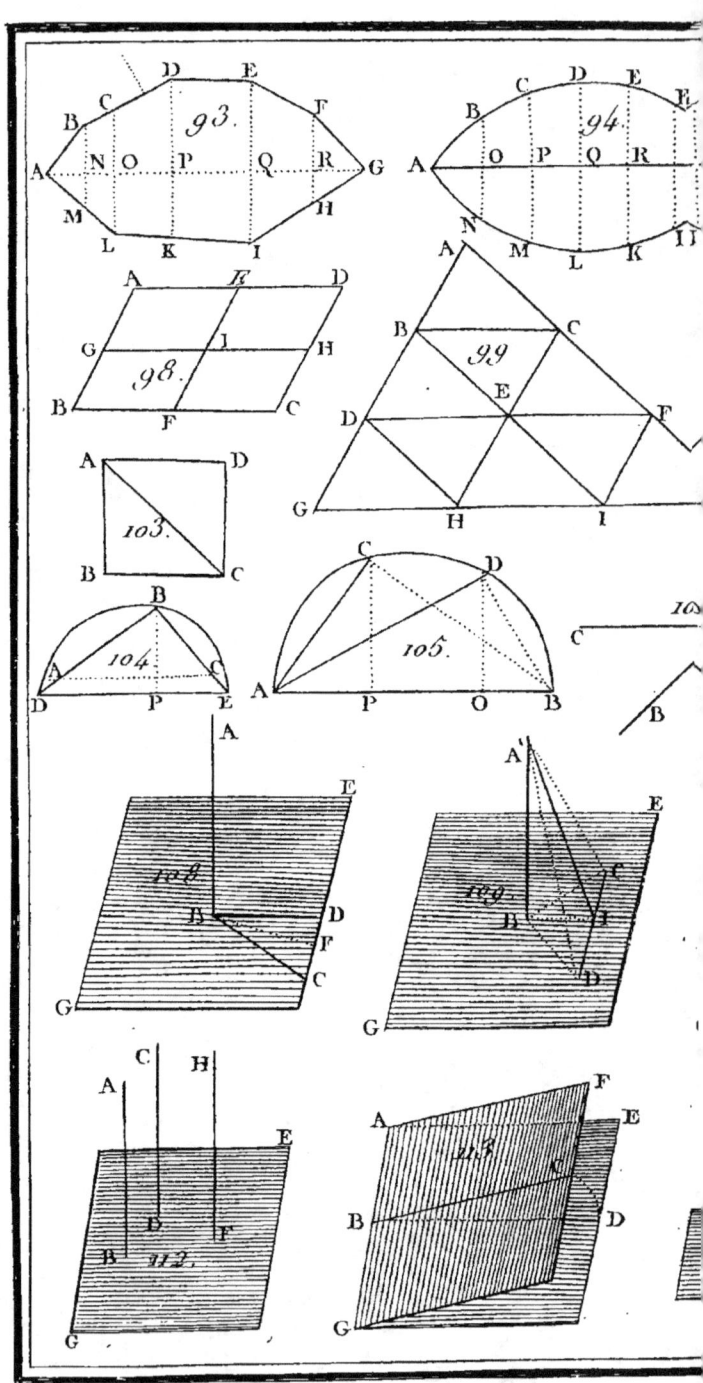

Géométrie Pl. IV.

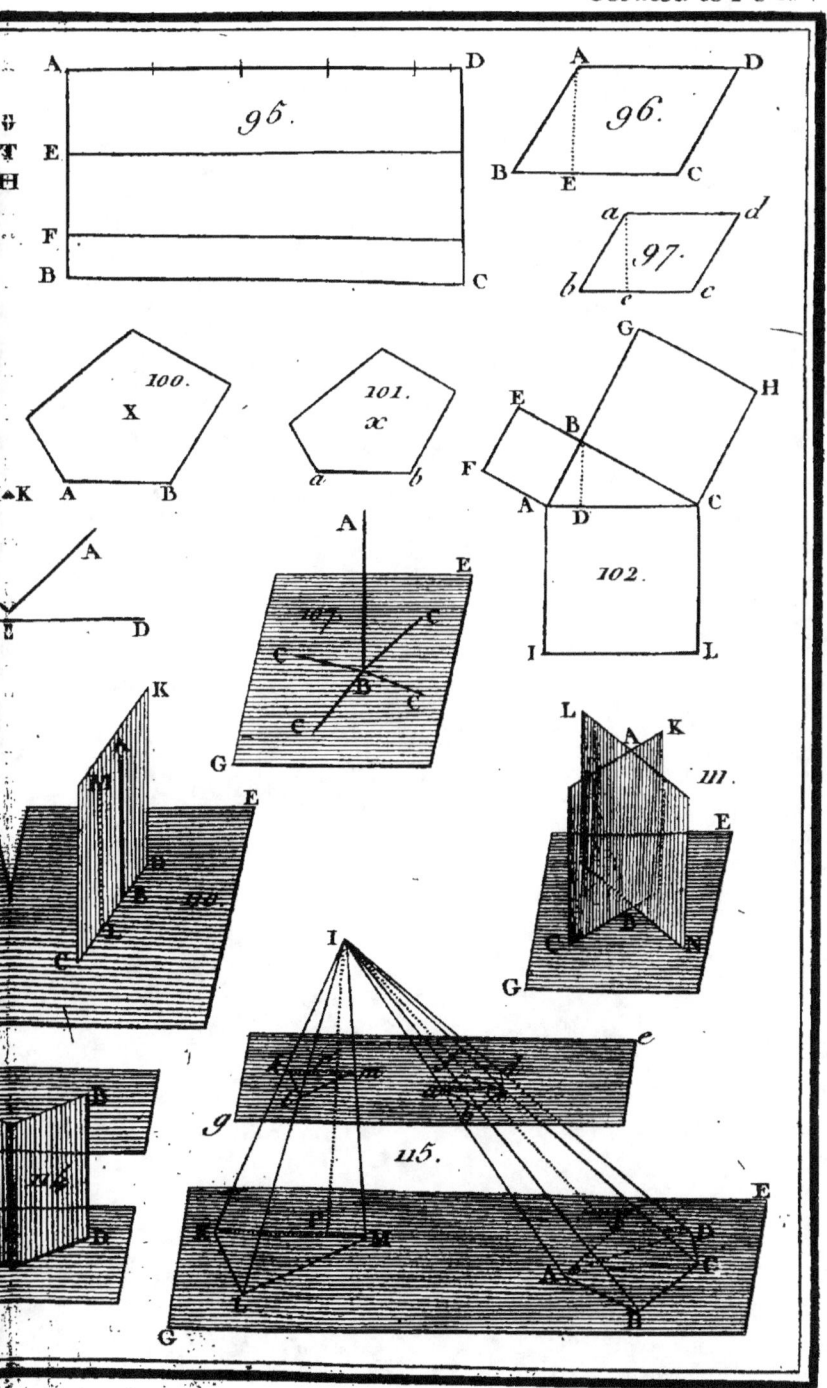

Géométrie Pl. V.

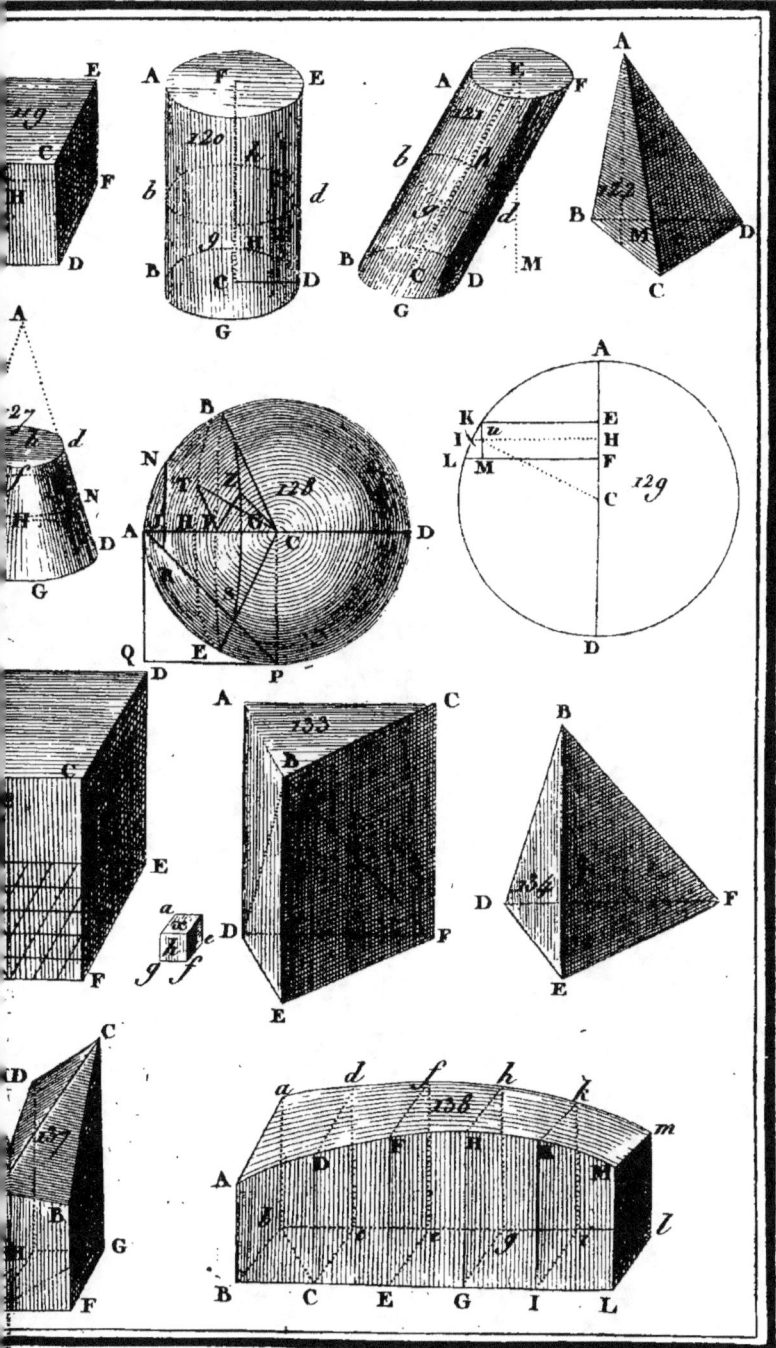

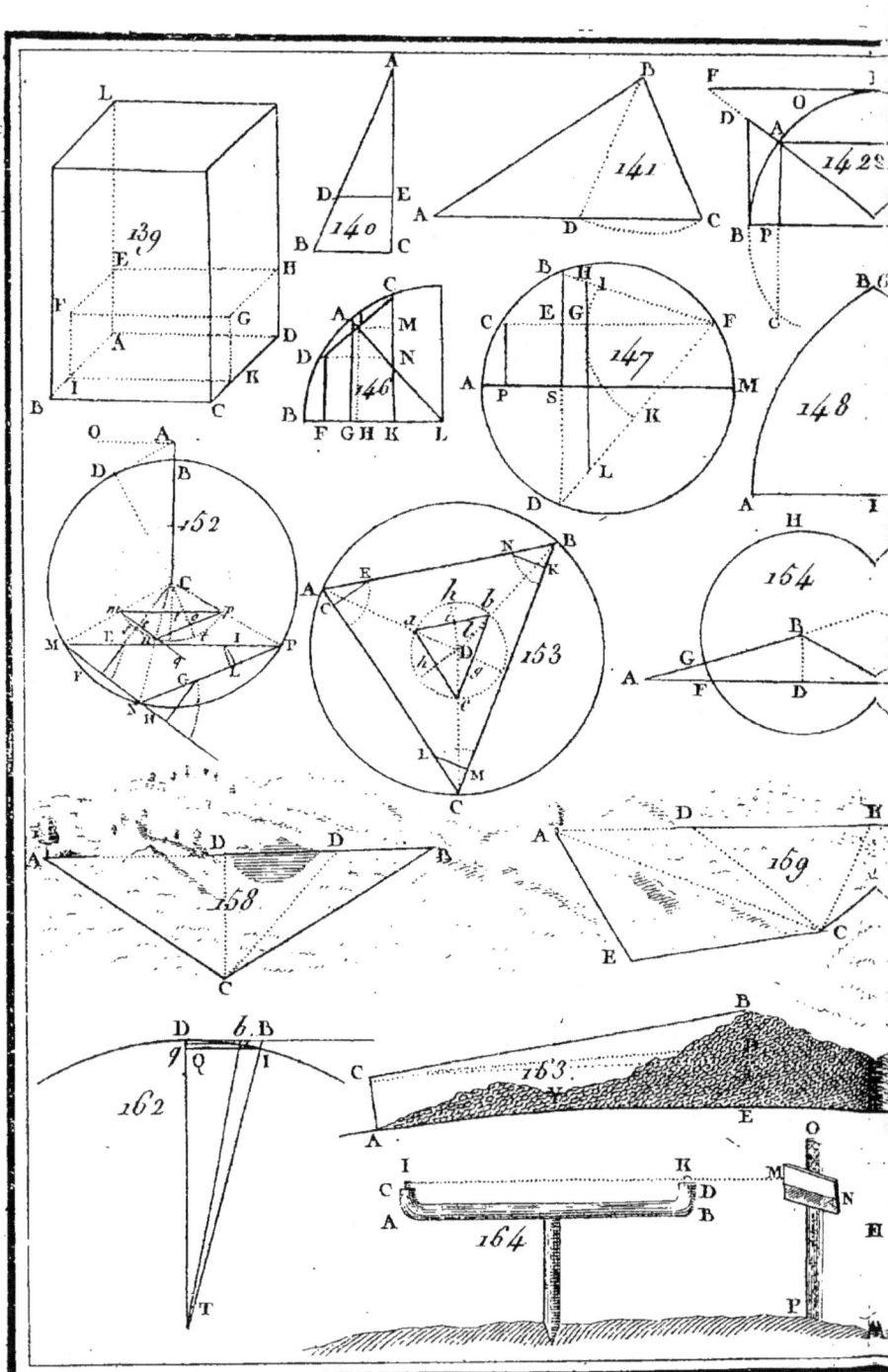

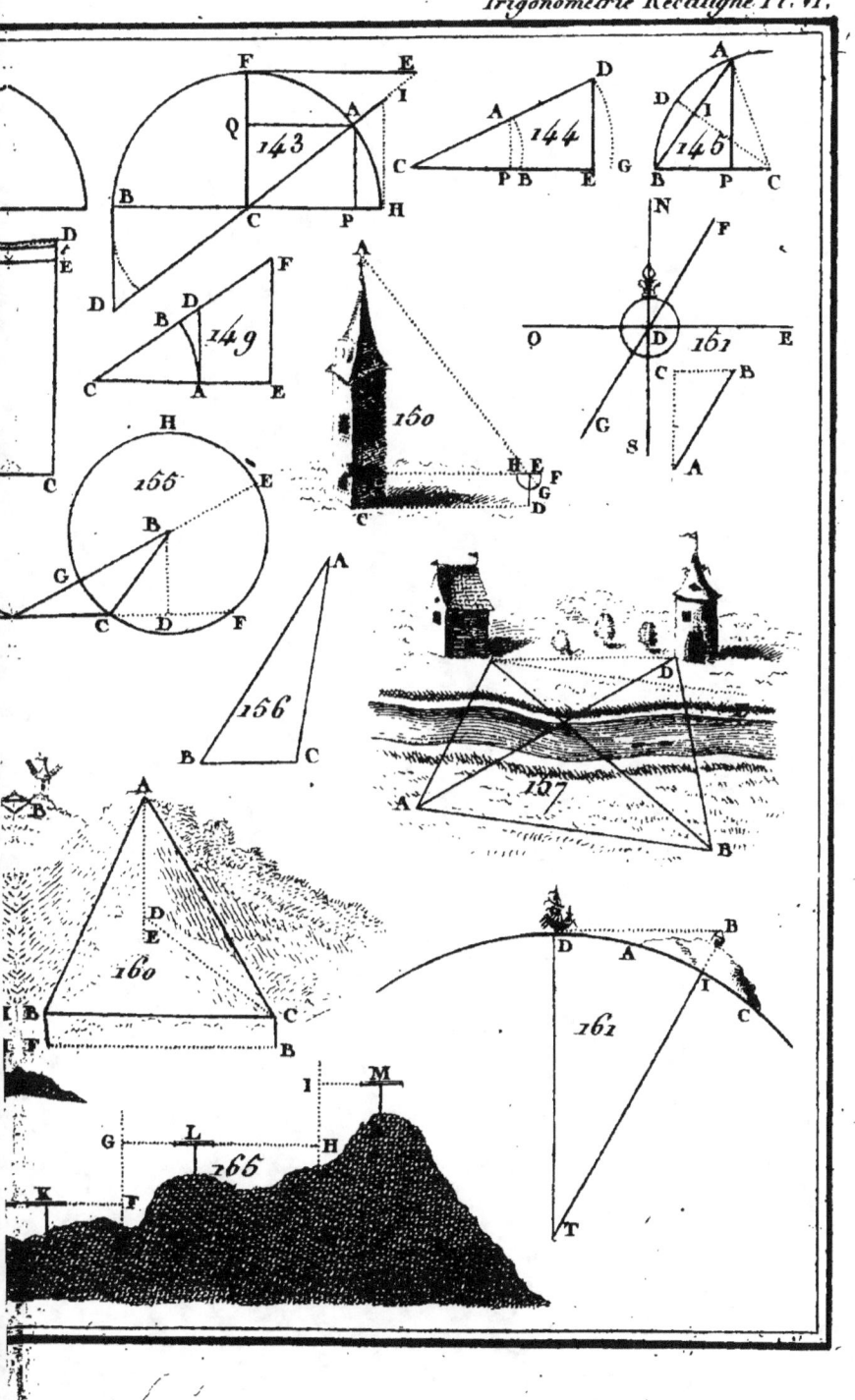

Trigonométrie Rectiligne Pl. VI.

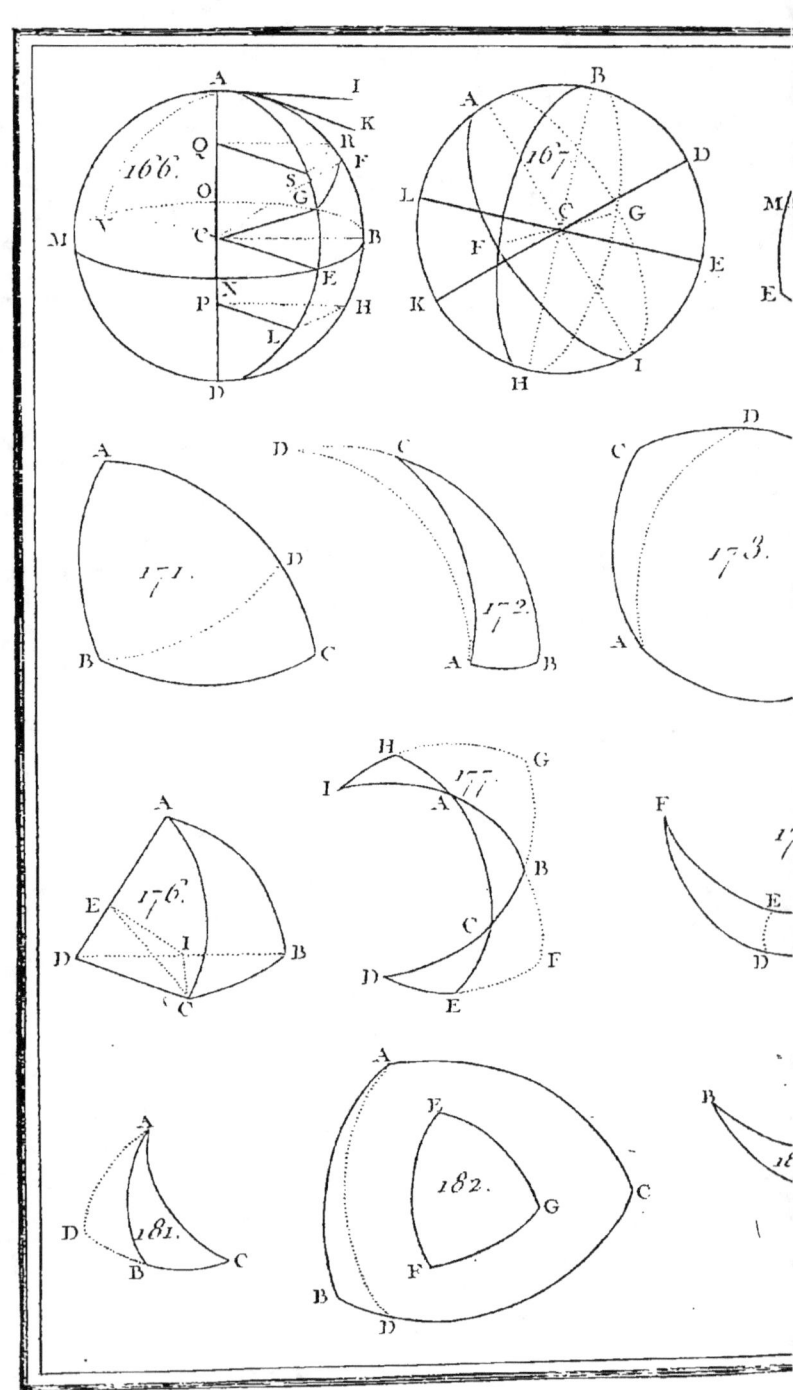

Trigonométrie Sphérique Pl. VII.

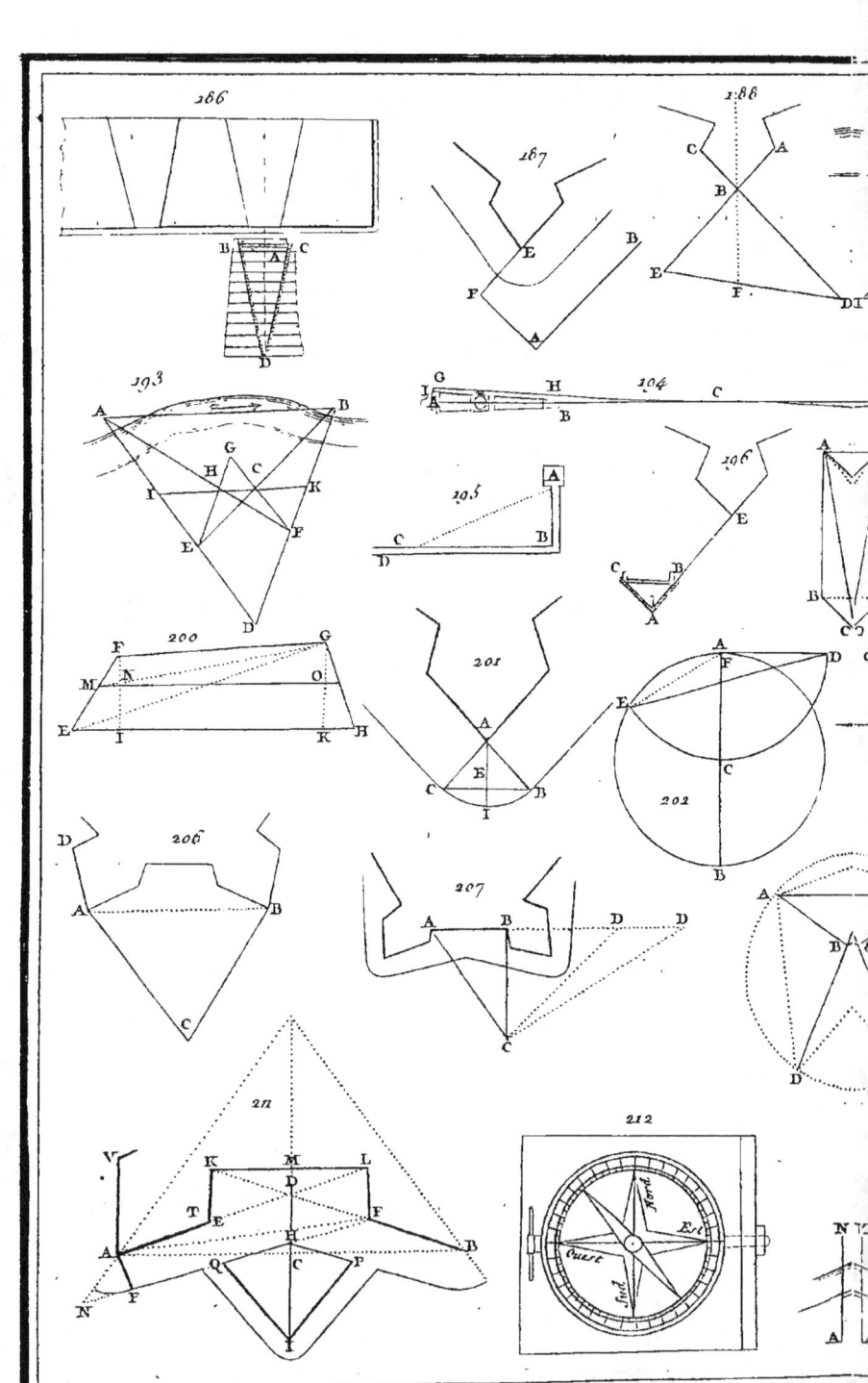

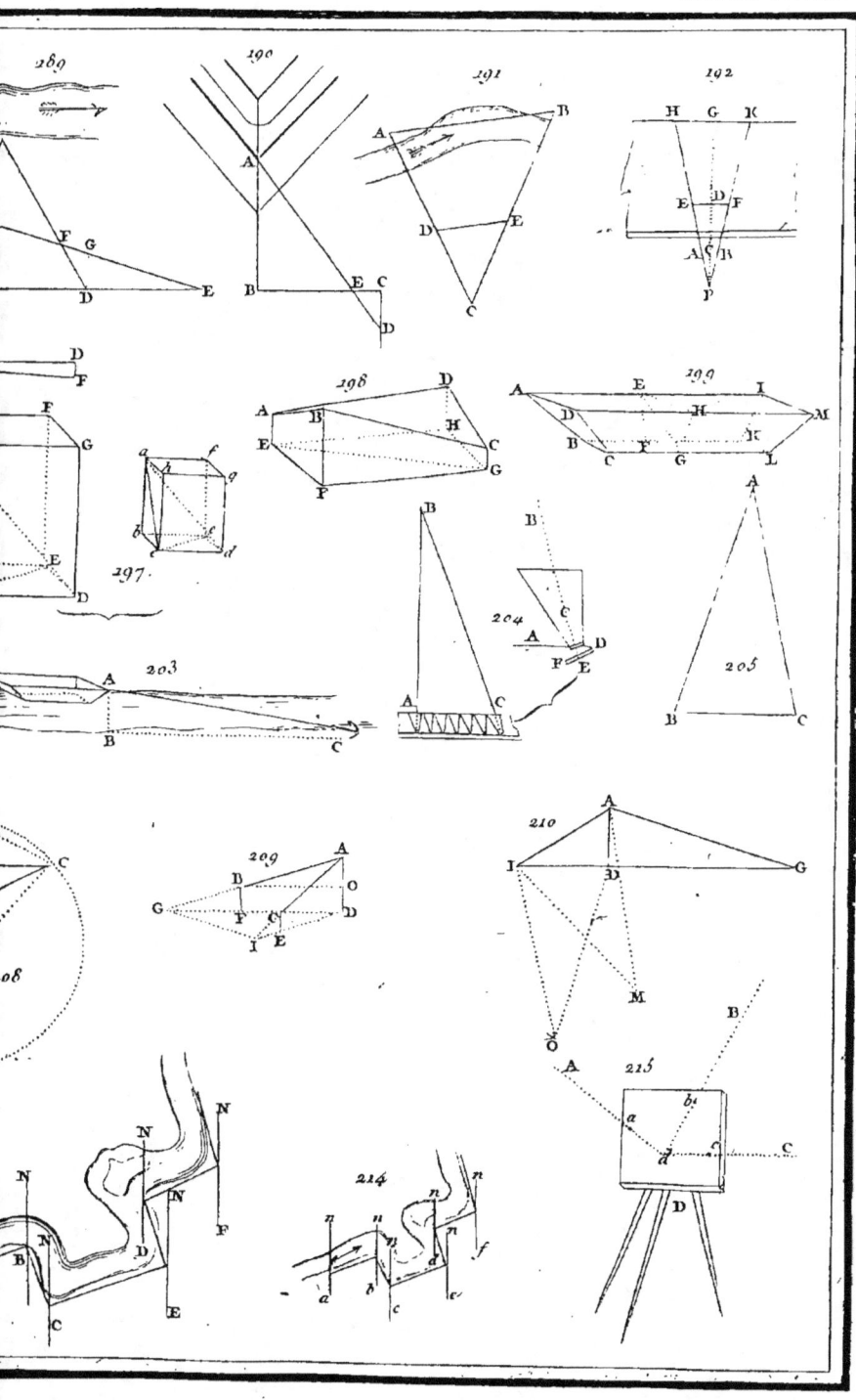

Géométrie Pl. VIII.

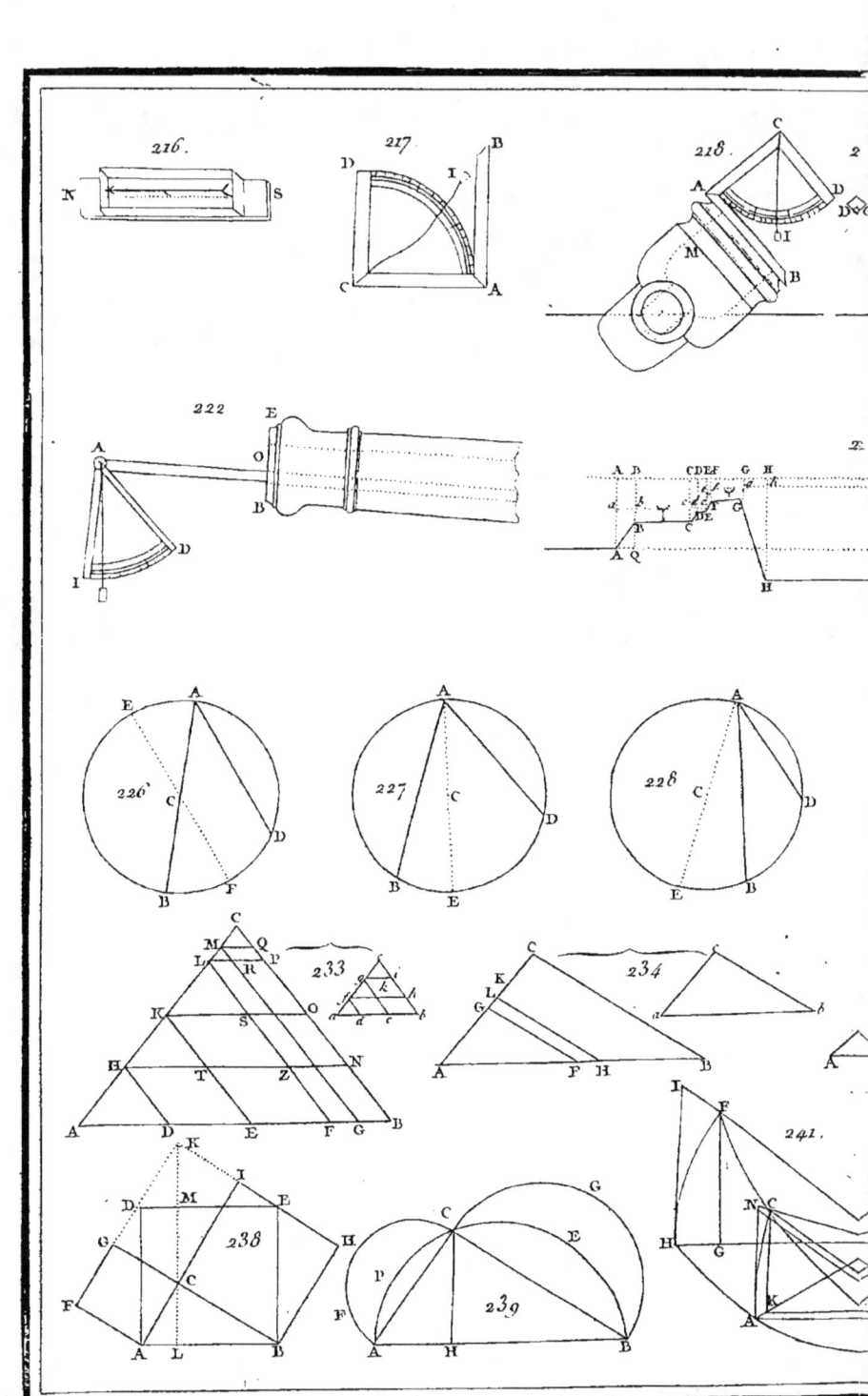

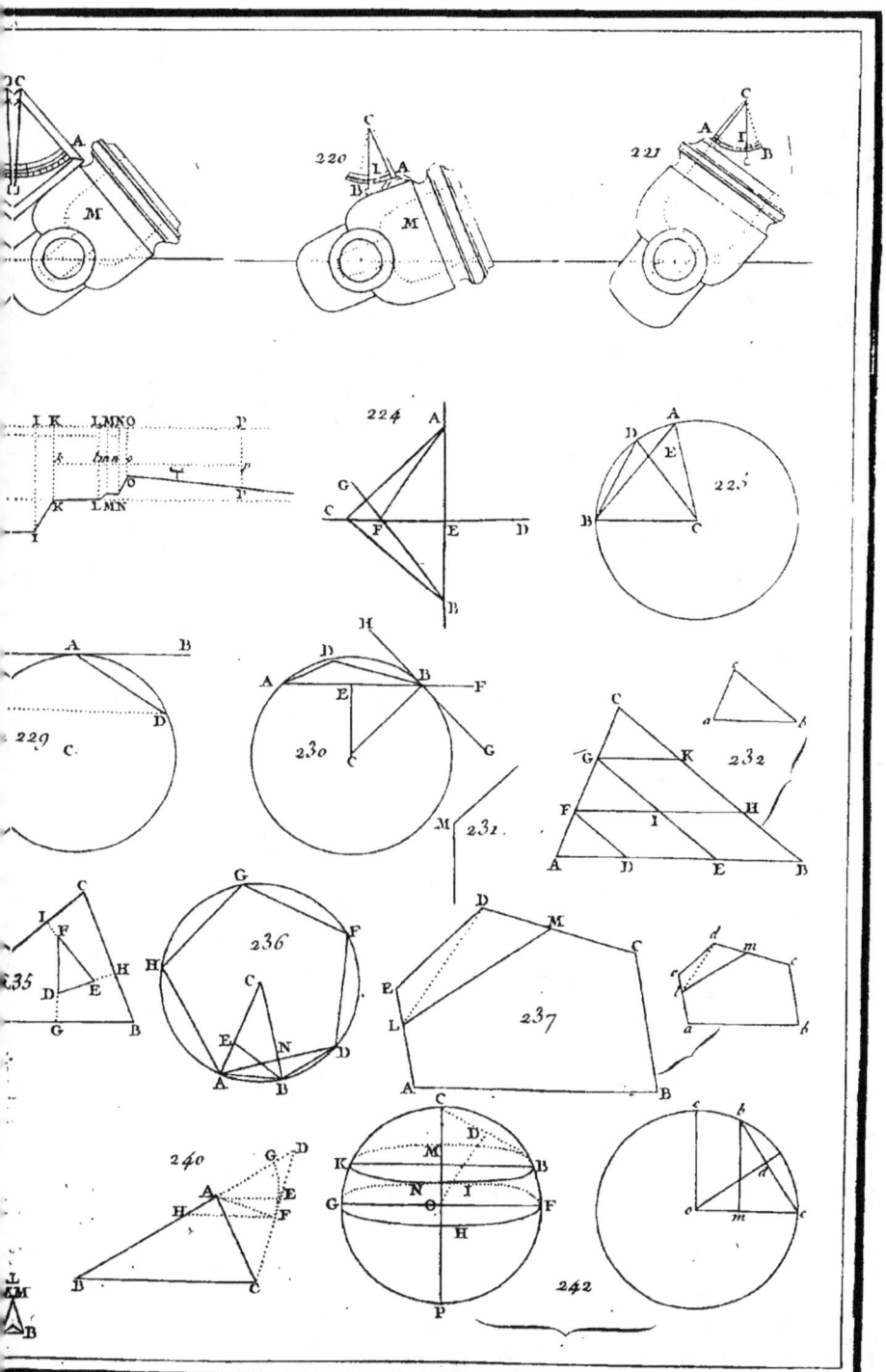

Geometrie Pl. IX.

www.ingramcontent.com/pod-product-compliance
Lightning Source LLC
Chambersburg PA
CBHW051134230426
43670CB00007B/799